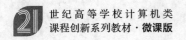
21世纪高等学校计算机类
课程创新系列教材·微课版

计算机网络技术基础

第2版·微课视频版

解文博 / 主编

解相吾 左慧平 / 副主编

清华大学出版社

北京

内 容 简 介

为满足广大读者学习计算机网络技术的需要,本书全面系统地介绍计算机网络的发展概况、数据通信的基础知识、计算机网络体系结构、OSI 参考模型及 TCP/IP 参考模型、IP 地址及域名、子网划分的方法、局域网的相关特征及常用的网络设备、广域网的基础知识、常见的网络操作系统及安装方法、网络安全知识等。本书以理论联系实际为原则,让学生对计算机网络实用技术有一个基本的了解,如局域网的资源共享、网线制作、组建对等网、安装操作系统、网络管理、网络安全防范等操作,并能够熟练应用相关技术解决相应的实际问题,在边学边做中快速地掌握网络基础知识,提高处理实际问题的能力,为以后的学习与工作打下扎实的职业技能基础。

本书可作为高校计算机类、网络技术类和通信技术类相关专业的教材,也可供有关工程技术人员参考。

图书在版编目(CIP)数据

计算机网络技术基础:微课视频版/解文博主编.
2版. --北京:清华大学出版社,2024.9. -- (21 世纪
高等学校计算机类课程创新系列教材). -- ISBN 978-7
-302-67182-4

Ⅰ. TP393

中国国家版本馆 CIP 数据核字第 2024N3X244 号

责任编辑:陈景辉
封面设计:刘 键
责任校对:李建庄
责任印制:刘海龙

出版发行:清华大学出版社
　　　　网　　　址:https://www.tup.com.cn,https://www.wqxuetang.com
　　　　地　　　址:北京清华大学学研大厦 A 座　　　邮　　编:100084
　　　　社 总 机:010-83470000　　　　　　　　　　邮　　购:010-62786544
　　　　投稿与读者服务:010-62776969,c-service@tup.tsinghua.edu.cn
　　　　质量反馈:010-62772015,zhiliang@tup.tsinghua.edu.cn
　　　　课件下载:https://www.tup.com.cn,010-83470236
印 装 者:三河市天利华印刷装订有限公司
经　　销:全国新华书店
开　　本:185mm×260mm　　印　张:20　　　　字　　数:484 千字
版　　次:2019 年 9 月第 1 版　　2024 年 9 月第 2 版　　印　　次:2024 年 9 月第 1 次印刷
印　　数:1~1500
定　　价:59.90 元

产品编号:099228-01

前　言

党的二十大报告强调："必须坚持科技是第一生产力、人才是第一资源、创新是第一动力，深入实施科教兴国战略、人才强国战略、创新驱动发展战略，开辟发展新领域新赛道，不断塑造发展新动能新优势"。

计算机网络是信息社会的基础，计算机网络对人类生活产生了深远的影响。计算机网络技术是当今最为热门的学科之一，它不仅是计算机相关专业学生必须掌握的知识，也是广大读者应该了解和掌握的知识。

本书是面向高校的计算机类专业教材，全书从技术应用能力要求和实际工作的需求出发，采用理论实践"一体化"的教学方式，以基于学习产出的教育模式（Outcomes-based Education，OBE）理念为指导，按照基于学历资质框架模式（Degree Qualifications Profile，DQP）实践教学体系的要求，以"预期学习成果"为导向，巧妙地将知识点和技能训练融于其中，从简单到复杂，详细介绍计算机网络应用技术，通过"学习目标""基础知识""实施过程""知识拓展""思考与练习"等环节详解项目知识点和操作步骤，理论与实践融合，由浅入深、循序渐进地介绍计算机相关知识与操作技能，使读者既能够掌握一定的理论知识，又可以熟练掌握相应的操作技能，充分体现出学用结合和注重实际应用能力的特点。

通过本书的学习与实践，学生可全面系统地掌握计算机网络的发展概况、数据通信的基础知识、计算机网络体系结构、OSI 参考模型及 TCP/IP 参考模型、IP 地址及域名、子网划分的方法、局域网的相关特征、常用的网络设备、广域网的基础知识、常见的网络操作系统、网络安全知识等内容，并对计算机网络实用技术有一个基本的了解，如局域网的资源共享、网线制作、组建对等网、代理服务器的应用、安装操作系统、网络管理、网络安全防范等，并能够熟练应用相关技术解决实际问题，在边学边做中快速掌握网络基础知识，增强处理实际问题的能力，为以后的学习与工作打下扎实的职业技能基础。

随着信息化步伐的加快和计算机应用的普及，计算机网络操作系统在不断地升级换代。第 2 版是在第 1 版的基础上进行调整和更新，并对第 1 版中存在的差错和不当之处进行更正；将第 1 版中的第 7 章 Internet 服务与应用改为电子版，供读者自行扫码阅读；将第 1 版中的第 8 章网络操作系统的内容彻底更新，内容由原来的 Windows Server 2008 操作系统改为最新的 Windows Server 2022 操作系统。

全书共 8 章，在各章的"实施过程"中安排了不同的任务，共计 28 个，参考教学课时为80 学时，各学校可根据本校实际情况进行增减。

本书特色

（1）知识全面，结构完整。

本书系统地介绍计算机网络的发展概况、数据通信基本概念、计算机网络的体系结构、网络操作系统、网络安全技术等,旨在帮助读者掌握计算机网络技术,为后续的"操作系统原理"课程打下基础。

(2)注重理论,突出实践。

本书从技术应用能力要求和实际工作需求出发,强调理论与实践的结合,按照"学中做,做中学"的教学理念组织教材内容,让读者在边学边做中快速地掌握网络基础知识,夯实解决实际问题的能力。

(3)深入浅出、循序渐进。

全书以基于成果导向的教育 OBE 理念为指导,按照基于 DQP 的实践教学体系要求,巧妙地将各章的知识点和实践任务融于一体,由浅入深、循序渐进地讲解知识点,让读者能够灵活运用计算机网络技术。

配套资源

为了便于教学,本书配有微课视频、教学课件、教学大纲、教案、教学日历、习题题库、期末试卷及答案、课程思政案例、实训指导。

(1)获取教学视频方式:先扫描本书封底的文泉云盘防盗码,再扫描书中相应的视频二维码,观看教学视频。

(2)获取其他配套资源方式:扫描封底"书圈"公众号二维码,关注后自行获取。

扩展阅读

课程思政案例

读者对象

本书可作为高校计算机类、网络技术类和通信技术类相关专业的教材,也可供有关工程技术人员参考。

本书由湖北咸宁职业技术学院解文博任主编,广东岭南职业技术学院解相吾、左慧平任副主编。

在编写过程中得到了湖北咸宁职业技术学院和广东岭南职业技术学院老师们的大力支持和帮助,同时,在编写过程中参考了许多相关书籍和文献资料,并得到了清华大学出版社的大力支持,在此表示衷心的感谢。

由于计算机网络技术发展迅速,作者水平有限,书中疏漏之处在所难免,敬请广大读者批评指正。

编　者

2024 年 5 月

目 录

V

第1章 初识计算机网络

本章学习目标

- 掌握计算机网络的概念。
- 了解计算机网络的发展历史、功能和分类。
- 掌握计算机网络的组成。
- 掌握计算机网络的主要性能指标。

视频讲解

1.1 认识计算机网络

计算机网络是信息社会的基础。21世纪已进入计算机网络时代,计算机网络对人类生活产生了深远的影响,人们通过网络查找信息、结交朋友、进行购物……网络为人们增添了很多乐趣并正在成为人们生活中不可缺少的组成部分,使用网络已成为一件十分普遍的事情。除了为人们的生活、学习和工作提供方便外,网络还支撑着现代社会的正常运转,可以毫不夸张地说,若没有网络,就像没有电一样令人们的生活黯淡无光。这里所说的"网络"就是"计算机网络"。计算机网络具有快速、准确的特点,一旦建好,就自动运行,几乎不需要人工干预。计算机网络的这些特点与现代社会的快节奏十分吻合。实践证明,合理、巧妙地利用计算机网络可以极大地提高效率、缩短时空距离。

会使用网络并不等于懂得网络,而懂得网络将会更加有效地使用网络。同时,懂得网络还可以建造和管理网络,甚至可以拥有属于自己的网络。

1.1.1 计算机网络概述

1. 计算机网络的定义

什么是计算机网络?顾名思义,"计算机网络"由"计算机"和"网络"两部分构成,"计算机"用来修饰"网络",说明这里所说的网络是专为计算机服务的,而不是电信网络、有线电视网络。下面给出计算机网络的一般定义。

所谓计算机网络,就是利用通信设备和线路将地理位置不同、功能独立的多个计算机系统互连起来,并通过功能完善的网络软件实现网络中资源共享和信息传递的系统。

理解这个定义要抓住以下4个要点。

(1) 连接对象,即"地理位置不同、功能独立的计算机系统"。其中,"功能独立"是指该计算机即使不连网也具有信息处理能力,连网后不但可以从网络上获取信息,还能向网络提供可用资源(如信息资源、软/硬件资源等),这样,接入网络的计算机越多,网络的资源就越丰富;"地理位置不同"强调了计算机网络应能适应任意的距离范围,从几米到数万千米甚至更远。

(2) 如何连接,即"利用通信设备和线路"进行连接。这里所说的通信设备和线路可以是公用的(如电话网),也可以是自建的,可以是有线的,也可以是无线的。只要能够传输计算机数据,都可以用来连网。

(3) 连网的目的,即"实现网络中资源共享和信息传递"。网络中的资源主要指计算机资源(如存储的信息和信息处理能力等)和网络线路资源(传输数据的能力)。随着技术的发展,连网的目的也在发生变化,但信息传递和资源共享仍然是最基本的。

(4) 为了实现连网的目的,还必须有"功能完善的网络软件"。这实际上是计算机网络的精髓,也是计算机网络区别于其他网络的标志,简单地使用通信设备和线路将计算机连接在一起还不能实现计算机之间的信息传递和资源共享。本书的大部分篇幅都是介绍构造这些软件的技术和标准,主要包括网络通信协议、信息交换方式及网络操作系统等。

从上面的定义可以看出,计算机网络是现代计算机技术与通信技术密切结合的产物,是随社会对信息共享和信息传递的要求而发展起来的。现代计算机技术和通信技术为计算机网络的产生提供了物质基础,社会对信息共享和信息传递的需求加速了计算机网络的产生和发展过程。

2. 计算机网络的主要特征

(1) 自治系统。参与网络的各主机功能是相对独立的,即便离开了网络,这些主机也能单独完成一些任务,实现很多功能。

(2) 共享资源。共享资源是建设与使用网络的最终目的,包括硬件、软件和数据资源的共享。

(3) 遵守统一的通信协议。入网的计算机在互相通信的过程中必须要遵守统一的通信协议,这样才能做到互相配合,互相协调完成任务。

(4) 使用各种传输介质互联。各种介质包括有线介质和无线介质。

1.1.2 计算机网络的演变和发展

1. 计算机网络的产生

计算机网络出现于 20 世纪 60 年代,由美国军方投资研制,其目的是构造一种崭新的、能够适应现代战争需要且残存性很强的网络。在战争中,即使这种网络的部分遭到破坏,残存部分仍能正常工作。该项目由美国军方的高级研究计划局(ARPA)负责,1969 年年底,实验系统建成,命名为"阿帕网"(ARPANET)。20 世纪 70 年代,随着 ARPANET 规模的不断增大,ARPA 设立了新的研究项目,支持学术界和工业界进行相关研究。研究的主要内容就是采用一种新的方法将不同的计算机局域网互联,形成互联网。这些研究人员称之为 internetwork,简称 Internet。随后,ARPA 赞助开发了一种通用的实现网络互联的通信协议标准 TCP/IP,于 1980 年在 ARPANET 上实现,并要求所有与 ARPANET 连接的计算机均使用 TCP/IP,从而形成了以 ARPANET 为基础的 Internet,彻底解决了不同计算机和系统之间的问题。因此,ARPANET 是 Internet 的原型网。由于 ARPANET 的实验任务已经完成,1990 年,ARPANET 正式宣布关闭。同年,美国联邦网协会修改了政策,允许任何组织申请加入,开启了 Internet 高速发展的时代。随后,世界各地不同种类的网络与美国 Internet 相连,逐渐形成了全球的 Internet。ARPANET 是广域网,采用分组交换技术,是计算机网络发展史上的里程碑。

计算机网络的另一个雏形是远程联机系统,在 20 世纪 50 年代开始使用。由于当时的计算机系统非常昂贵,为了充分利用宝贵的计算机资源,允许多人同时使用一台计算机,特别是远程使用,人们发明了称为"终端"的设备。该设备比较简单,价格远远低于主计算机,由显示器、键盘和简单的通信硬件组成,终端通过通信线路与主计算机相连,其作用是将远地用户通过键盘输入的命令和数据传送给主计算机,将主计算机的执行结果回送终端并在屏幕上显示。由于终端不具有独立的处理能力,因此远程联机系统并不是真正意义上的计算机网络。

进入 20 世纪 70 年代,随着半导体技术的出现,计算机的价格开始大幅下降,更多的人可以使用功能独立的计算机。随之出现的需求是如何将一个房间和一栋建筑中的多台计算机连接起来实现信息和资源共享。1973 年,美国施乐公司(Xerox)发明了第一种实用的局域网技术,命名为以太网(Ethernet)。局域网在技术上与广域网不同,是当时传输速度较快的计算机网络技术之一。

2. 计算机网络的发展阶段

计算机网络的形成经历了一个从简单到复杂的过程,即从为解决远程计算机信息的收集和处理而形成的联机系统开始,发展到以资源共享为目的而互联起来的计算机群。计算机网络的发展经历了 4 个主要阶段。

(1) 面向终端的计算机通信网。

计算机网络的发展始于 20 世纪 60 年代,当时的计算机只能单独使用,无法互联。在这个时期,计算机网络只是一些局域网,主要用于连接同一机房内的计算机,从而实现资源共享。这个时期的局域网主要采用总线型拓扑结构,数据传输速度较慢,网络规模较小。

(2) 以通信子网为中心的分组交换网。

20 世纪 70 年代,分组交换技术的出现,使得计算机网络的规模和速度都得到了显著提升。分组交换技术将数据分成若干数据包进行传输,每个数据包都含有目的地址和源地址等信息,可以在网络中自由传输。这样,计算机之间不再需要直接连接,只需要通过中间设备进行数据传输即可。这个阶段的代表性网络是 ARPANET。

(3) 基于 TCP/IP 的计算机网络。

20 世纪 80 年代,TCP/IP 的出现,使得计算机网络得到了进一步的统一和标准化,实现了不同类型的计算机和网络可以互相通信,开启了互联网时代。TCP/IP 是一种通信协议,它规定了数据如何在网络中传输和接收。这个阶段的代表性网络是互联网,它是由多个网络互相连接而成的全球计算机网络。

(4) 宽带综合业务数字网。

本阶段始于 20 世纪 80 年代末,相继出现了快速以太网、光纤分布式数字接口(FDDI)、快速分组交换技术(包括帧中继、ATM)、千兆以太网、B-ISDN 等一系列新型网络技术,这是高速与综合化计算机网络阶段。Internet 就是这一代网络的典型代表。随着技术的不断进步和应用的不断拓展,计算机网络将继续发展,为人们的生活和工作带来更多的便利和创新。

3. Internet 标准化工作

对 Internet 的发展产生非常重要作用的是 Internet 的标准化工作。Internet 在制定其标准上很有特色,其最大的特点是面向公众。Internet 所有的技术文档都可以从 Internet 上免费下载,而且任何人都可以用电子邮件随时发表对某个文档的意见或建议,这种方式对 Internet 的迅速发展影响很大。

1992 年,成立了一个国际性组织叫作 Internet 协会(Internet Society,ISOC)。ISOC 成立的宗旨是为全球互联网的发展创造有益、开放的条件,并就互联网技术制定相应的标准、发布信息、进行培训等。ISOC 下面有一个技术组织叫作 Internet 体系结构委员会(IAB),负责管理 Internet 有关协议的开发。IAB 又下设以下两个工程部。

(1) Internet 工程任务组(Internet Engineering Task Force,IETF)。目前,其已成为全球互联网界最具权威的大型技术研究组织。IETF 大量的技术性工作均由其内部的各类工作组协作完成。这些工作组按不同类别,如路由、传输、安全等专项课题而分别组建。

(2) Internet 研究任务组(Internet Research Task Force,IRTF)。由众多专业研究小组构成,研究互联网协议、应用、架构和技术。其中,多数是长期运作的小组,也存在少量临时的短期研究小组。各成员均为个人代表,并不代表任何组织的利益。

IETF 产生两种文件,第一种叫作 Internet Draft,即"Internet 草案";第二种叫作 RFC,意思是意见征求或请求评论文件。任何人都可以提交 Internet 草案,没有任何特殊限制,TETF 的一些很多重要文件都是从 Internet 草案开始的。

所有的 RFC 文档都可以从 Internet 上免费下载,但并非所有的 RFC 文档都是 Internet 标准,只有一小部分 RFC 文档最后才能变成 Internet 标准。

制定 Internet 的正式标准要经过以下 4 个阶段。

① Internet 草案。这个阶段还不是 RFC 文档。

② 建议标准。从这个阶段开始就成为 RFC 文档。

③ 草案标准。

④ Internet 标准。

1.1.3 计算机网络的组成

由计算机网络的定义可知,计算机网络的组成主要包括 3 部分:计算机(包括客户端、服务器)、网络设备(包括路由器、交换机、防火墙等)和传输介质(包括有线和无线)。

网络上的每个连接称为节点,节点可以分为两类:一类是转接节点,主要承担通信子网的信息传输和转接的作用;另一类是访问节点,是资源子网中的计算机或终端,主要是信息资源的来源和发送信息的目的地,如图 1-1 所示。计算机网络中,一般转接节点构成通信子网,访问节点构成资源子网。

1. 通信子网

通信子网由通信设备和线路组成,主要用于完成数据通信任务,不同类型的网络,其通信子网的物理组成各不相同。它们可以是专用的(只能用来构造计算机网络),也可以是通用的。局域网最简单,它的通信子网由物理传输介质和主机网络接口板(网卡)组成。而广域网除物理传输介质和主机网络接口板(网卡)外,必须靠通信子网的转接节点传递信息。

2. 资源子网

资源子网一般由主机系统、终端、相关的外部设备和各种软硬件资源、数据资源组成。资源子网负责全网的数据处理和向网络用户提供各种网络资源及服务,如图 1-2 所示。

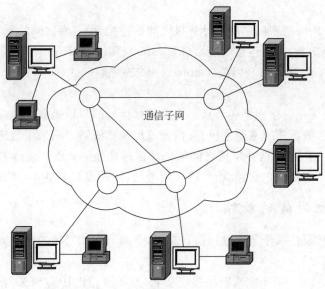

图 1-1　计算机网络的组成

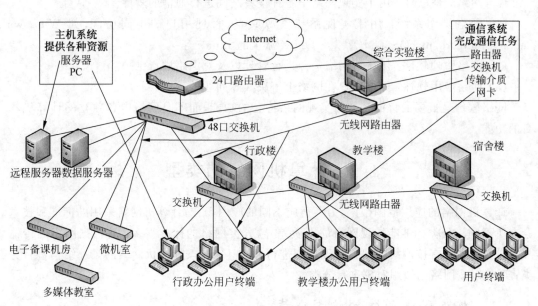

图 1-2　资源子网的构成

常用的网络单元及其在网络中的作用如下。

（1）主计算机。

主计算机（HOST）是计算机网络中承担数据处理的计算机系统，可以是单机系统，也可以是多机系统。主计算机应具有完成批处理能力的硬件和操作系统，并具有相应的接口。

（2）通信处理机。

通信处理机（IMP）也称节点计算机或前端处理机。它是主计算机与通信线路之间设置的计算机，负责通信控制和通信处理工作；它可以连接多台主机，也可以将多个终端接入网内。通信处理机是为了减轻主计算机负担，提高主机效率而设置的。在局域网中，通常不专门设置通信处理机，这部分功能由主计算机承担。

初识计算机网络

6

(3) 网络互联设备。

网络互联设备用来实现网络中各计算机之间的连接、网与网之间的互联、数据信号的变换以及路由选择等功能,主要包括中继器(Repeater)、集线器(Hub)、调制解调器(Modem)、网桥(Bridge)、路由器(Router)、网关(Gateway)和交换机(Switch)等。

(4) 通信线路。

通信线路主要用来连接网络各节点。按照数据信号的传输速率不同,通信线路分高速、中速、低速 3 种。一般低速终端与主机、通信处理机及集线器之间采用低速通信线路;各主计算机之间,包括主机与通信处理机之间采用高速通信线路;通信线路中的物理介质通常采用双绞线、光纤等有线通信线路,也可以采用微波、红外线和卫星等无线通信线路。

1.1.4　计算机网络的软件

计算机网络中,要使两个节点进行信息交换,必须有功能完善的网络软件。这些软件主要有以下 5 种。

(1) 网络协议软件:用于实现网络协议功能,如 TCP/IP、IPX/SPX 等。

(2) 网络通信软件:用于实现网络中各种设备之间进行通信的软件。

(3) 网络操作系统:用于实现系统资源共享,管理用户的不同访问,如 Windows Server、NetWare、macOS、UNIX 以及 UNIX 派生的 Linux 等。

(4) 网络管理软件:用于对网络资源进行管理以及对网络进行维护。

(5) 网络应用软件:网络用户在网络上解决实际问题的软件。

网络软件最重要的特征是如何实现网络特有的功能,而不是网络中各独立的计算机本身的功能。

1.2　计算机网络的类型

计算机网络的应用范围很广,为了适应不同的应用场合,计算机网络采用的标准和技术会有所不同。分类标准能体现网络的本质差异,分类网络的标准很多:有根据网络的传输技术进行分类;有按网络的覆盖地理范围进行分类;也有按计算机网络的拓扑结构进行分类;还可以按网络的使用对象进行分类。

1.2.1　根据网络的传输技术分类

网络所采用的传输技术决定了网络的主要技术特点,因此根据网络所采用的传输技术对网络进行分类是一种很重要的方法。

在通信技术中,通信信道的类型有两类:广播通信信道与点到点通信信道。在广播信道中,多个节点共享一个通信信道,一个节点广播信息,其他节点则接收信息。而在点到点通信信道中,一条通信线路只能连接一对节点,如果两个节点之间没有直接连接的线路,那么它们只能通过中间节点转接。显然,网络要通过通信信道完成数据传输任务。因此,网络所采用的传输技术也只可能有两类,即广播(Broadcast)式与点到点(Point-to-Point)式。这样,相应的计算机网络也以此分为两类:广播式网络和点到点式网络。

1. 广播网络

在广播式网络中,所有的计算机或设备使用一个共享的通信介质进行数据传播,网络中的所有节点都能收到任何节点发出的数据信息。由于发送的分组中带有目的地址与源地址,接收到该分组的计算机将检查目的地址是否与本节点地址相同,如果被接收报文分组的目的地址与本节点地址相同,则接收该分组,否则丢弃该分组。

(1) 单播(Unicast):发送的信息中包含明确的目的地址,所有节点都检查该地址。如果与自己的地址相同,则处理该信息;如果不同,则忽略。

(2) 组播(Multicast):将信息传输给网络中的部分节点。

(3) 广播(Broadcast):在发送的信息中使用一个指定的代码标识目的地址,将信息发送给所有的目标节点。当使用这个指定代码传输信息时,所有节点都接收并处理该信息。

2. 点对点网络

在点对点式网络中,每条物理线路连接一对计算机。网络中的计算机或设备以点对点的方式进行数据传输,假如两台计算机之间没有直接连接的线路,那么它们之间的分组传输就要通过中间节点的接收、存储、转发,直到目的节点,两个节点间可能有多条单独的链路(路由)。决定分组从通信子网的源节点到达目的节点的路由是路由选择算法。这种传播方式应用于广域网中。

1.2.2 按网络的覆盖地理范围进行分类

网络的覆盖范围指能够进行正常通信的区域。按此标准,计算机通信网络一般可分为局域网(Local Area Network,LAN)、城域网(Metropolitan Area Network,MAN)和广域网(Wide Area Network,WAN)等网络形式。

1. 局域网

局域网是在有限距离内联网的通信网。其覆盖范围一般在几百米到20km,属于一个部门或单位组建的小范围网。计算机局域网被广泛应用于连接校园、工厂以及机关的个人计算机或工作站,以利于个人计算机或工作站之间共享资源和数据通信。

局域网中经常使用共享信道,即所有的机器都接在同一条电缆上。传统局域网具有高数据传输率(10Mb/s或100Mb/s)、低延迟和低误码率的特点。由于光纤技术的出现,局域网实际的覆盖范围已经大大增加。

局域网支持所有通信设备互联,以同轴电缆或双绞线构成通信信道,并能提供宽频带通信及信息资源的共享能力。这种网使用分组交换技术,既可传送数据,也可以传输语音和视频图像信号,特别适合于自动化办公,是目前应用最为广泛的一种。图1-3所示为使用3种不同线缆的布线方案。

根据史达林分类法,局域网可以按照传输技术进行分类,主要包括以下6种类型。

(1) 以太网(Ethernet)。这是最常见的局域网技术之一,使用载波侦听多点接入/碰撞检测(Carrier Sense Multiple Access with Collision Detection,CSMA/CD)作为访问控制方法。

(2) 令牌环(Token Ring)。这种网络使用令牌传递的方式来控制网络上的数据传输。每一节点收到令牌后才能发送数据,发送完毕后将令牌传递给下一节点。

(3) 光纤分布式数据接口(Fiber Distributed Data Interface,FDDI)。FDDI是一种以光

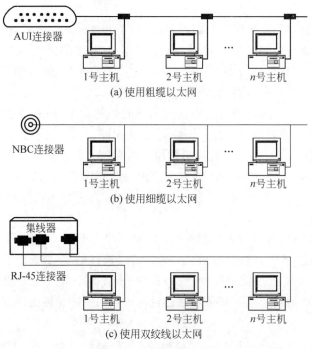

图 1-3　使用 3 种不同线缆的布线方案

纤作为传输介质的局域网技术,它使用令牌环协议,并且可以支持较长的传输距离。

(4) 异步传输模式(Asynchronous Transfer Mode,ATM)。ATM 是一种基于分组交换的技术,它将数据分成固定长度的单元(称为细胞)进行传输,适用于局域网和广域网。

(5) 局域网交换(Local Area Network Switching)。局域网交换技术,如交换式以太网(Switched Ethernet),使用交换机在网络设备之间建立虚拟电路,从而提高网络性能。

(6) 无线局域网(Wireless LAN,WLAN)。无线局域网使用无线电波作为传输介质,最常见的标准是 IEEE 802.11 系列,也就是我们常说的 Wi-Fi。

2. 城域网

城域网的规模比局域网大,所采用的技术基本上与局域网类似。其通信距离介于广域网与局域网之间,覆盖范围在几千米到几十千米(一般为 10~50km)。它实际上是一个能覆盖一个城市的大型局域网,以光纤能提供的速率进行数据传输。其运行方式与 LAN 相似,基本上是一种大型 LAN,通常使用与 LAN 相似的技术。

城域网的拓扑结构采用与局域网类似的总线型或环状,传输介质以光纤为主,数据传输速率一般在 100Mb/s 以上,所有连网的设备均通过专门的连接装置与传输介质相连。一个城域网可作为一个骨干网,将位于同一城市不同地点的主机、数据库及多个局域网互联起来。城域网不仅能传输数据,还可以提供宽带服务,如传输语音、图像等信息。其主要应用是局域网的互联,专用小交换机(PBX)的互联,主机到主机的互联,电视图像传输以及与广域网互联。

3. 广域网

广域网的范围很广,其网络的覆盖范围通常为几十千米到几千千米(一般大于 50km)。广域网通常跨接很大的物理范围,可以超越城市和国家乃至遍及全球。广域网包含很多用来运行用户应用程序的机器集合,我们通常把这些机器叫作主机(Host);把这些主机连接在一起的是通信子网(Communication Subnet)。通信子网实际是一数据网,其任务是在主机之间传送报文。将计算机网络中纯通信部分的子网与应用部分的主机分离开就可以简化网络的设计。

实际应用中,通信子网包含大量租用线路或专用线路,每一条线路连着一对接口信息处理机(IMP)。当报文从源节点经过中间 IMP 发往远方目的节点时,每个 IMP 将输入的报文完整接收下来并存储起来,然后选择一条空闲的输出线路,继续向前传送,因此这种子网又称为点到点(Point-to-Point)的存储转发(Store-and-Forward)子网。目前,除了使用卫星的广域网外,几乎所有的广域网都采用存储转发方式。

广域网是按照一定的网络体系结构和相应的协议实现的,主要用于交互终端与主机的连接、计算机之间文件或批处理作业传输以及电子邮件传输等。不过随着吉比特以太网的出现,原来划分的局域网、城域网和广域网的界限也将随之消失,因为吉比特以太网可以用于局域网、城域网甚至广域网,只是采用不同速率的以太网而已。

广域网由许多交换机组成,交换机之间采用点到点线路连接。几乎所有的点到点通信方式都可以用来建立广域网,包括租用线路、光纤、微波、卫星信道。而广域网交换机实际上也可以是一台计算机,由处理器和输入/输出设备进行数据包的收发处理。

1.2.3 计算机网络的拓扑结构

"拓扑"这个名词来自几何学。网络拓扑结构是指用传输媒体互连各种设备的物理布局。计算机网络的拓扑结构有时很复杂,但基本的拓扑结构可归纳为 6 种,即星状、网状、环状、树状、总线型、混合型。

1. 星状拓扑

如图 1-4(a)所示,星状拓扑结构的中心节点是主节点,所有计算机都通过通信线路直接连接到中心交换设备上,任何两个节点通信,都必须通过中心节点。中心节点可以使用功能很强的计算机,它具有数据处理和存储转发双重功能;也可以为程控交换机或集线器,起各节点的连通作用。星状网的优点是结构简单;缺点是如果中心交换设备出了故障,则整个网络将瘫痪。

2. 网状拓扑

网状拓扑由多个节点或用户互联而成,其结构如图 1-4(b)所示。它是一种完全互联的网,其结构特点是网内任何两节点之间均有直达线路相连。如果网内有 N 个节点,全网就有 $N(N-1)/2$ 条传输链路,显然当节点数增加时,传输链路必将迅速增加。这样的网络结构冗余度较大,稳定性较好,但线路利用率不高,经济性较差,适用于局域网之间业务量较大或节点分支链路较少的地区。

3. 环状拓扑

环状拓扑结构网络中各节点计算机连成一个闭合环路,如图 1-4(c)所示。与总线型拓扑类似,所有计算机共用一条通信线路,不同的是这条通信线路首尾相连构成一个闭合环。环路上信息从某一节点单向发送到另一节点,传送路径固定,其拓扑结构简单,传输时延确定,但是环中每一节点与连接点之间的通信线路都会成为通信的"瓶颈"。环可以是单向的,也可以是双向的。单向环状网络的数据只能沿一个方向传输。

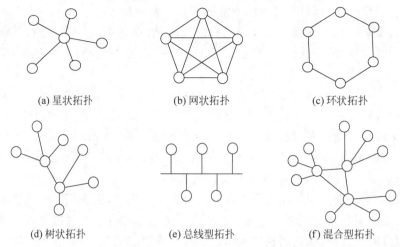

(a) 星状拓扑　　　　(b) 网状拓扑　　　　(c) 环状拓扑

(d) 树状拓扑　　　　(e) 总线型拓扑　　　　(f) 混合型拓扑

图 1-4　网络拓扑结构示意

4. 树状拓扑

树状拓扑由星状拓扑演变而来,树状网络是分层结构,形状像一棵倒置的树,顶端是树根,树根以下带分支,每个分支还可再带子分支,其中树根和分支点为网络交换设备,如图 1-4(d)所示。现代的 Internet 基本上采用这种结构,它适用于分级管理和控制系统。与星状结构相比,通信线路的总长度短,网络建设成本低,易于扩展。

5. 总线型拓扑

总线型结构如图 1-4(e)所示。它属于共享传输介质型网络,网中所有的节点都连接在一个公共传输总线上,任何时候只允许一个用户占用总线发送或接收数据。这种网络结构需要的传输链路少,增减节点比较方便,但稳定性较差,网络范围也受到限制。

总线型网主要用于计算机局域网、电信接入网等网络中。

6. 混合型拓扑

混合型拓扑结构如图 1-4(f)所示。从网络结构上看,混合型拓扑是由网状拓扑和星状拓扑复合而成的。组网时根据业务量的需要,以星状拓扑为基础,在业务量较大的转接交换中心区间采用网状拓扑结构,所以整个网络比较经济且稳定性较好。混合型拓扑具有网状拓扑和星状拓扑的优点,是通信网中常采用的一种网络结构,但网络设计应以交换设备和传输链路的总费用最小为原则。

了解网络采用的拓扑结构对管理和维护网络十分有用,特别是当网络出现故障时,如网络局部或全部不能通信、网络的传输速度明显下降等,通过分析拓扑结构可以很快找出问题所在,并加以解决。

1.2.4　按网络的使用对象进行分类

1. 公用网

公用网(Public Network)是由国家指定的专业电信公司进行建设和经营的网络。"公用"的含义是指所有愿意按电信公司规定交纳费用的人都可以使用,所以"公用网"也可称为"公众网"。

2. 专用网

专用网(Private Network)是由某个单位根据自身业务特点和工作需要而建设的网络。由于安全和费用的问题,这些网络通常不向本单位以外的人提供服务。如银行、电力网络。

1.2.5 按网络采用的交换方式进行分类

1. 电路交换

两用户之间进行通信时必须建立一端到另一端的物理通路。但由于用户间架设直达的线路费用太高,所以采用交换机方式实现用户之间的互联。在这种工作模式下,双方在通信过程中始终占有整个端到端的通路。

2. 报文交换

报文交换类似于发送信件,在报文交换网中,网络节点通常为一台专用的计算机。当发送信息的计算机要发送数据时,以报文方式进行,每个报文由传输的数据和报头组成,通信子网根据报头目的地址为报文进行路径选择。通信子网为两台通信主机转发信息时,是在两个节点间的一段链路上逐段传输的,不需要在两台主机之间建立多个节点组成的电路通道。

3. 分组交换

在分组交换网中,通信子网不像报文交换那样以报文为单位进行转发,而是将报文分成更小的等长分组。以分组方式进行转发的方式更为灵活,且使发送端的报文传送时间更短。

4. 混合交换

在网络中,同时采用电路交换和分组交换。

1.3 计算机网络的主要性能指标

1. 带宽

带宽原是通信和电子技术中的一个术语,指线路上允许通过的信号频段范围。如果某条线路允许通过的信号频段为 $20\sim3220\,\mathrm{Hz}$,则该线路的带宽为 $3200\,\mathrm{Hz}$。

目前网络广泛采用数字信号传送方式,带宽等同于传输速率。

数字信道传输数字信号的速率称为数据率或比特率,带宽的单位是比特每秒(bps,即 b/s),即通信线路每秒所能传输的比特数。例如,以太网的带宽为 $10\,\mathrm{Mb/s}$,意味着每秒能传输 10 兆比特,传输每比特用 $0.1\mu\mathrm{s}$。

2. 吞吐量

吞吐量是指对网络、设备、端口、虚电路或其他设施,单位时间内成功地传送数据的数量(以比特、字节、分组等测量)。由于诸多原因,使得吞吐量常常远小于所用介质本身可以提供的最大数字带宽。

3. 时延

时延是指一个报文或分组从一个网络(或一条链路)的一端传输到另一端所需的时间。若某个终端 A 发送一组长度为 M 字节的数据给终端 B,从 A 发送第一位数据,到终端 B 收到最后一位数据的时间间隔为时延。

电信号在介质上的传播速率一般取 2/3 倍的光速,即 $2\times10^8\,\mathrm{m/s}$。

1.4 计算机网络的功能和应用

1. 计算机网络的功能

计算机网络自从诞生的第一天起,就为人们的生活带来了许多便利。目前计算机网络主要提供的功能有数据传递服务、资源及信息共享、处理大型项目、分布式处理(包括办公自动化及智能大厦的实现)等。

(1)数据传送服务。人们利用网络发送电子邮件,可以将地理位置分散的生产单位或业务部门通过计算机网络连接起来进行集中控制或管理,例如气象资料的收集等。

(2)资源共享。资源共享目前包括共享软件、硬件和数据资源。通过资源管理上的配置,网络上的任何一个节点都可以使用别的计算机的资源。最典型的如铁路售票系统,铁路售票窗口的任何一台计算机都可以通过网络查询铁路中心服务器的车票数据库,以确定某车次的某座号车票是否售出。

(3)提高网络的稳定性和可靠性。网络中的计算机通过网络彼此互为后备机,一旦某台计算机出现故障,其处理的任务就可交给另外的计算机代理。当某台计算机负担过重时,可将新的任务交给网络中较空闲的计算机完成。

(4)容易进行分布式处理。计算机网络还可以使一些功能较低的计算机共同合作完成只有大型机才能完成的大型项目,而其费用比大型机要低得多。对于较大型的综合问题,当一台计算机不能完成处理任务时,可按一定的算法将任务分解成小的任务或几个阶段,交给不同的计算机分工协作完成,达到均衡使用网络资源进行分布处理的目的。在控制方面,可以采用计算机网络管理整栋大厦,使大厦各要害部门用计算机分散控制、计算机网络集中管理以实现智能化。

2. 计算机网络的应用

(1)作为一般企业内部管理作业,计算机网络可以有如下的应用。

① 会计总账系统:这是一个包含公司的应收、应付、人事工资、报税等相关账目的管理系统。

② 采购、订单系统:本系统一般用于制造业,管理采购事项和订单等相关问题。

③ 生产管理系统:适用于制造业,专门管理生产上的相关事项。

④ 业务开发系统:适用于各行各业,专门记录与客户相关事项给业务人员参考。

⑤ 销售管理系统:用来管理产品销售情形。

⑥ 库存管理系统:用来管理库存产品的各项细节。

⑦ 图书管理系统:适用于图书管理相关行业,处理书籍相关事项。

⑧ 发行管理系统:适用于出版业,用来管理书籍、杂志等相关事项。

⑨ KTV 管理系统:适用于娱乐界,可以进行点歌及各项相关管理事项。

⑩ 医疗管理系统:适用于医院、诊所等相关行业,用来管理药品、病人数据等相关事项。

(2)作为个人用户,可通过计算机网络获取相关的信息服务,主要有以下 3 类。

① 远程信息的访问。可通过远程网络访问各类信息,如阅读新闻、商业广告、旅游、医疗、保健、远程教育、网上购物和资料查询等。

② 用户之间的通信。可发送电子邮件、即时聊天、网络电话和视频会议等。

③ 家庭娱乐信息服务。宽带网络提供的交互电影、高清晰的虚拟现实游戏将给用户带来许多乐趣。

 实施过程

任务 认识计算机机房的网络，学会使用 Cisco Packet Tracer 模拟软件

（一）要求

（1）根据机房管理老师对本机房网络拓扑结构的介绍，谈谈对计算机网络拓扑结构的认识，并运用 Packet Tracer 6.0 模拟软件画出本机房网络的拓扑结构图。

（2）用所操作的机器设置网络"标识"。

（3）认识组成局域网的主要硬件设备，了解它们在联网中所起的作用。

（4）撰写实验报告。

（二）Packet Tracer 模拟软件的使用

Packet Tracer 是 Cisco（思科）公司开发的一款模拟软件。在安装向导的指引下，安装非常方便。

1. Packet Tracer 6.0 的基本界面

安装完成后，打开 Packet Tracer 6.0，界面如图 1-5 所示。左起上方第一行是菜单栏，栏中有文件（File）、编辑（Edit）、选项（Options）、查看（View）、工具（Tools）、扩展（Extensions）和帮助（Help）按钮。第二行是主工具栏，提供了文件按钮中命令的快捷方式。第三行是转换栏，可实现逻辑工作区和物理工作区之间的切换，如图 1-6 所示。接下来是用来创建网络拓扑的工作区，可监视模拟过程，查看各种信息和统计数据。工作区下方是实时/模拟转换栏，如图 1-7 所示。

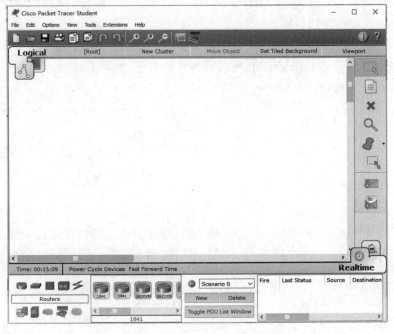

图 1-5 Packet Tracer 6.0 界面

图 1-6　逻辑/物理工作区转换栏

图 1-7　实时/模拟转换栏

在设备工具栏内,有各种可供选择的设备类型,如图 1-8 所示。从左至右,上列依次为路由器、交换机、集线器、无线设备、设备之间的连线,下列依次为终端、防火墙、仿真广域网、自定义设备(Custom Made Devices)、多用户连接(Multiuser Connection)。

单击 Connections 图标之后,在右边会看到如图 1-9 所示的各种类型的线,依次为自动选线、控制线、直通线、交叉线、光纤、电话线、同轴电缆、DCE、DTE、八位数据线。

图 1-8　设备工具栏

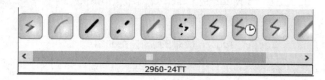

图 1-9　各类线型

界面右侧为常用工具栏,如图 1-10 所示。从上到下依次为选定/取消、标签(先选中)、删除、查看(选中后,在路由器、计算机上可看到各种表,如路由表等)、任意形态、调整形状大小、添加简单数据包和添加复杂数据包等。右下方为用户数据包窗口,如图 1-11所示。

2. 添加网络设备及构建网络

(1) 在设备类型库内先找到需要添加的设备的类型,然后从该类型中寻找要添加的设备。例如,交换机需要先选择交换机,然后选择具体型号,如图 1-12 所示。

图 1-10　常用工具栏

图 1-11　用户数据包窗口

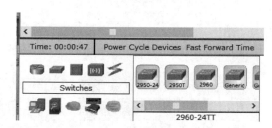

图 1-12　设备类型库

（2）将选定的交换机用鼠标拖放到工作区，如图 1-13 所示。

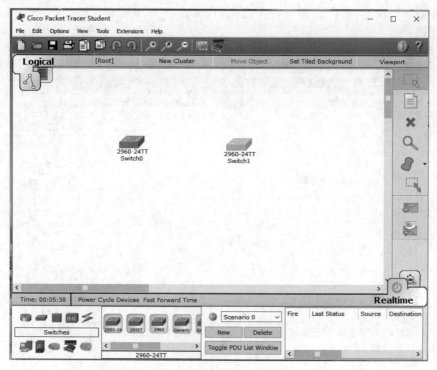

图 1-13　选定的交换机用鼠标拖放到工作区

（3）在设备类型库中找到 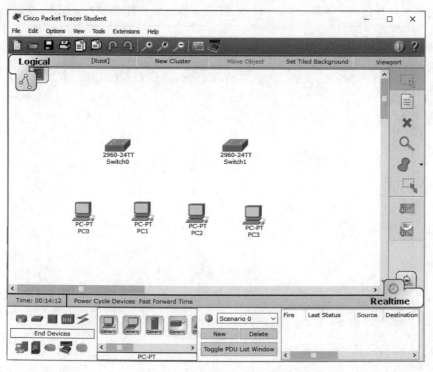，添加计算机（PC），如图 1-14 所示。

图 1-14　添加计算机到工作区

（4）单击连线图标，在设备库中选择合适的连线，每种连线代表一种连接方式，如果不确定应该使用何种连接，可以使用自动连接，让软件自动选择相应的连接方式，如图1-15所示。

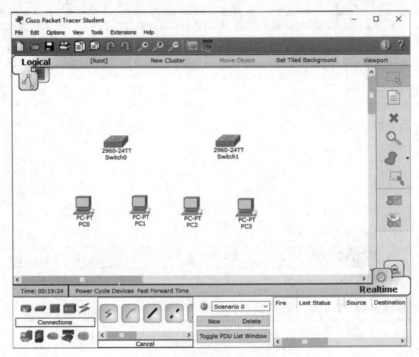

图1-15　在设备库中选择合适的连线

（5）连接计算机与交换机，并选择计算机和交换机要连接的接口，如图1-16所示。

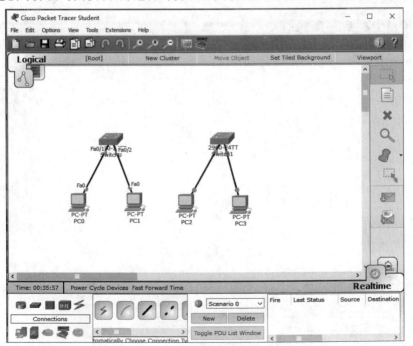

图1-16　连接计算机与交换机

（6）连接交换机与交换机，连好以后如图 1-17 所示。

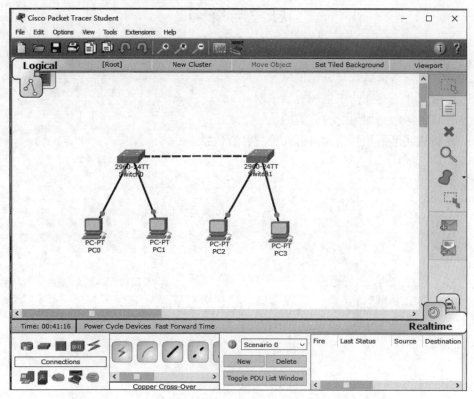

图 1-17　连接交换机与交换机

小　　结

　　21世纪已进入计算机网络时代，人们通过网络查找信息、结交朋友、进行购物……网络为人们增添了很多乐趣并正在成为人们生活中不可缺少的组成部分。

　　计算机网络就是利用通信设备和线路将地理位置不同、功能独立的多个计算机系统互联起来，并通过功能完善的网络软件实现网络中资源共享和信息传递的系统。

　　计算机网络主要由计算机（包括客户端和服务器）、网络设备（包括路由器、交换机、防火墙等）和传输介质（包括有线和无线）3部分构成。从功能上可以将计算机网络分为资源子网和通信子网两部分。

　　网络上的每个连接称为节点，节点主要由计算机、终端、通信处理机和通信设备等网络单元组成。节点可以分为两类：一类是转接节点，主要承担通信子网的信息传输和转接的作用；另一类是访问节点，是资源子网中的计算机或终端，主要是信息资源的来源和发送信息的目的地。计算机网络中，一般转接节点构成通信子网，访问节点构成资源子网。

　　节点的位置和电缆的连接方法构成网络的拓扑结构。计算机网络的拓扑结构可归纳为星状、总线型、混合型、环状、树状和网状等几种。

　　计算机网络主要提供的功能有数据传递服务、资源及信息共享、处理大型项目、分布式处理等。

思考与练习

1. 什么是计算机网络？
2. 计算机网络由哪几部分组成？
3. 请解释什么是通信子网和资源子网。
4. 计算机网络是如何进行分类的？
5. 计算机网络的拓扑结构有哪几种？各有何特点？

第2章 网络数据通信基础

本章学习目标

- 掌握数据通信的基本概念。
- 掌握数据传输原理。
- 掌握双绞线直通线和交叉线的制作方法。
- 掌握综合布线的安装方法。

视频讲解

2.1 数据通信的基本概念

当今社会已步入信息时代,各式各样传输信息的网络把整个世界连成一体,无论是机器与机器之间,还是机器与人之间的通信联系,都将通过这些网络进行。这些网络可以是有线的,也可以是无线的,给人们带来了极大的便利。

有线网络最为常见的是线缆。早期的线缆主要是铜线,人们称之为电线(缆)。后来,人们发现用光导纤维传输信息的效果比电缆更为经济和理想。一是通信容量大;二是设备简单,维护方便;三是能够节省大量的有色金属;四是通信的保密性强。

无线网络又称无线信道,在无线信道中,无线电波可以在空中自由传播,它不需要铺设专门的线路,具有方便快捷、节省投资、接入灵活、抗灾应变能力强等特点。

数据通信是计算机与计算机或计算机与其他数据终端之间存储、处理、传输和交换信息的一种通信技术,是计算机技术与通信技术相结合的产物,它克服了时间和空间上的限制,使人们可以利用终端在远距离同时使用计算机,大幅提高了计算机的利用率,扩大了计算机的应用范围,也促进了通信技术的发展。

数据通信是依照通信协议、路由数据传输技术在两个功能单元之间传递数据信息的。

2.1.1 信息、数据和信号

1. 信息

信息(Information)是指要表示和传送的对象。一般而言,信息是指对接收信息者有一定意义的某一有待传递、交换、提取或存储的内容,是客观世界和主观世界共同作用的产物。这是一个比较抽象的概念,可以有多种表现形式,如语言、文字、数据和图像等。它是变化的,不可预知的。

信息的每一种表现形式其实质都是一种信号。信息作为一种内容不能单独存在,它必须依靠某一种信号才能传递出去,就如同货物要依靠某种交通工具才能运输一样。另外,同一种信息也可以有不同的表现形式,即可以用不同的信号来表达,可以是语言,也可以是文字或其他形式的信号。在各种形式的信号中,又以电(光)信号最为重要。其他形式的信号都可以转换成电信号进行传递。

简单地说,信息是对人们有用的知识。

2. 数据

数据(Data)是指对客观事件进行记录并可以鉴别的符号,是对客观事物的性质、状态以及相互关系等进行记载的物理符号或这些物理符号的组合,是把事件的某些属性规范化后的表现形式,一般可以理解为信息的数字化形式。

数字化是对模拟世界的一种量化。"数字"(Digital)相对"模拟"(Analog)而言,即用 0 和 1 的各种组合来表征客观世界,例如,5 用 0101 表示,7 用 0111 表示等。它总是以某种媒体作为载体进行存储和传递。

在计算机科学中,数据是指所有能输入计算机并被计算机程序处理的符号的介质的总称,是具有一定意义的数字、字母、符号和模拟量等的通称。数据可以是符号、文字、数字、语音、图像、视频等。而信息是数据的内涵,信息是加载于数据之上并对数据做具有含义的解释。数据和信息是不可分离的,信息依赖数据来表达,数据则生动具体表达出信息。

3. 信号

信号(Signal)是携带信息的载体。是消息的表现形式或运载工具。信号常常由信息变换而来,它是与消息对应的某种物理量,通常是时间的函数,而消息则是信号的具体内容,消息蕴涵于信号之中。信息的传递、变换、存储和提取必须借助于一定形式的信号来完成。

信号是数据的具体物理表现,具有确定的物理描述。例如电信号、电磁信号、光信号、载波信号、脉冲信号等。"信号是以某种特性参数的变化来代表信息的",可以是模拟的,也可以是数字的,如图 2-1 所示。信息的传递依据信号的变化进行。

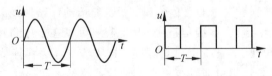

图 2-1　信号的波形

(1) 数字信号:当通信中的数据用离散的电信号表示时,就称为数字信号。

(2) 模拟信号:当通信中的数据用连续载波表示时,就称为模拟信号。

2.1.2　数据通信系统的基本结构

通信系统中若没有噪声,则是一种理想模型,如图 2-2 所示。

图 2-2　通信系统理想模型

信源是指产生各种信息(如语音、文字、图像及数据等)的信息源,它可以是发出信息的人或机器(如电话机、计算机等)。不同的信息源构成不同形式的通信系统。

信宿是信息传输的终点,也就是信息的接收者。

信源和信宿指的是直接发出和接收信息的人和终端设备。信源与信宿通过通信线路(两节点间的连线,即链路)进行通信。

实际上,噪声是或多或少存在的,因此为了保证在信源和信宿之间能够实现正确的信息传输与交换,除了使用一些克服干扰与差错的检测和控制方法外,还要借助于其他各种通信技术来解决这个问题,如调制、编码、复用等。

数据通信的基本目的是在两用户之间交换信息。数据通信系统是指以电子计算机为中心,用通信线路连接分布在远地的数据终端设备而完成数据通信的系统。

数据通信系统也可以认为是由3个基本部分组成的,即数据终端设备 DTE、数据电路终端设备 DCE 和传输信道。

数据终端设备 DTE 是数据通信系统的输入和输出设备,其主要功能是完成数据的输入与输出、数据处理和存储以及通信控制等。

数据电路终端设备 DCE 是数据信号的变换设备,其作用是在电信传输网络能提供的信道特性和质量的基础上,实现正确的数据传输,并实现收发之间的同步。如调制解调器设备。

2.1.3　信道

信道是信号传输时的通道。通俗地说,信道就是指以传输介质为基础的信号通路,是将信号从发送端传送到接收端的通道。具体地说,信道是指由有线或无线电线路提供的信号通路。抽象地说,信道是指定的一段频带,它让信号通过,同时又给信号以限制和损耗。

1. 狭义信道和广义信道

信道通常有狭义和广义之分,如果信道仅是指信号的传输介质,这种信道称为狭义信道。如果信道不仅是传输介质,而且包括通信系统中的一些转换装置,这种信道称为广义信道。

狭义信道是指接在发端设备和收端设备中间的传输介质。通常按具体介质的不同类型又可分为有线信道和无线信道。无线信道利用电磁波(如中长波地表波传播、超短波及微波视距传播(含卫星中继)、短波电离层反射、超短波流星余迹散射、对流层散射、电离层散射、超短波超视距绕射、波导传播、光波视距传播等)的传播来传播信号;有线信道利用架空明线、对称电缆、同轴电缆、光导纤维(光缆)及波导等介质来传播信号。

有线信道是现代通信网中最常用的信道之一。如对称电缆(又称电话电缆)广泛应用于(市内)近程传输。无线信道的传输介质比较多。可以这样认为,凡不属于有线信道的介质均为无线信道的介质。在移动通信设备中,无线信道通常有语音信道(VC)和控制信道(CC)两种类型。无线信道的传输特性没有有线信道的传输特性稳定和可靠,但无线信道具有方便、灵活、通信者可移动等优点。

广义信道除包括传输介质外,还可能包括有关的转换装置,这些装置可以是发送设备、接收设备、馈线与天线、调制器、解调器等,通常将这种扩大了范围的信道称为广义信道。

广义信道通常也可分成两种,即调制信道和编码信道。调制信道是从研究调制与解调的基本问题出发而构成的,它的范围是从调制器输出端到解调器输入端。因为从调制和解调的角度来看,由调制器输出端到解调器输入端的所有转换器及传输介质,不管其中间过程如何,它们只是把已调信号进行了某种变换而已,我们只需关心变换的最终结果,而无须关心形成这个最终结果的详细过程。因此,研究调制与解调问题时,定义一个调制信道是方便和恰当的。由于乘性干扰对调制信道的影响,可把调制信道分为两大类:一类称为恒参信道;另一类称为随参信道(或叫作变参信道)。一般情况下,人们认为有线信道绝大部分为恒参信道,而无线信道大部分为随参信道。

在数字通信系统中,如果仅着眼于编码和译码问题,则可得到另一种广义信道——编码信道。编码信道是包括调制信道、调制器及解调器在内的信道。这是因为从编码和译码的角度看,编码器的输出仍是某一个数字序列,而译码器输入同样也是一个数字序列,它们在一般情况下是相同的数字序列。因此,从编码器输出端到译码器输入端的所有转换器及传输介质可用一个完成数字序列变换的方框加以概括,此方框称为编码信道。调制信道和编码信道的示意图如图2-3所示。另外,根据研究对象和关心问题的不同,也可以定义其他形式的广义信道。

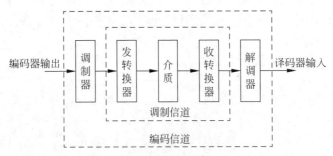

图2-3　调制信道与编码信道示意

编码信道可进一步细分为无记忆编码信道和有记忆编码信道。有记忆编码信道是指信道中码元发生差错的事件不是独立的,即码元发生错误前后是有联系的。

2. 信道的分类方法

(1) 按传输介质分类。

① 有线信道是指使用有形的媒体作为传输介质的信道,如电话线、双绞线、同轴电缆和光缆。

② 无线信道是指以电磁波在空间传播方式传送信息的信道,如无线电、微波、红外线和卫星通信信道。

(2) 按传输信号类型分类。

① 模拟信道是指能传输模拟信号的信道。如语音信号。若利用模拟信道传送数字信号,则要经过模/数(A/D)转换。

② 数字信道是指能传输离散数字信号的信道,如计算机间的通信。利用数字信道传输数字信号虽然不需要进行转换,但仍然要进行数字编码。

(3) 按使用方式分类。

① 专用信道是指一种连接于用户设备之间的固定电路,通常是由电信部门或国家建立的,如铁路。

② 公用信道即公共交换信道,是指一种通过交换机转接,为大量用户提供服务的信道,如公共电话交换网。

2.1.4　数据通信的性能指标

数字通信系统的有效性指标可用传输速率和传输效率来衡量,可靠性指标可用误码率和误信率来表示。有效性和可靠性既是互相矛盾的,又是彼此统一的。传输速率越高,则有效性越好,但可靠性越差。以下从几个不同的角度进行说明。

1. 数据传输率 R_b

数据传输率简称信息速率,又可称为传信率、比特率等。用符号 R_b 表示。R_b 是指单位时间(每秒钟)内传送的二进制代码的有效位(b)数,单位为比特/秒(b/s)。例如,若某信源在 1s 内传送 1200 个符号,且每个符号的平均数据量为 1b,则该信源的 $R_b=1200b/s$。由于数据量与进制 N 有关,因此数据传输速率 R_b 也与 N 有关。

单位时间内信道上所能传输的最大比特数即信道容量,用比特/秒(b/s 或 bps)表示。

2. 波特率 R_B

波特率通常又可称为码元速率、数码率、传码率、码率、信号速率或波形速率,用符号 R_B 来表示。码元速率是指单位时间(每秒钟)内传输码元的数目,单位为波特(Baud),常用符号"B"表示(注意,不能用小写)。例如,某系统在 2s 内共传送 4800 个码元,则系统的传码率为 2400B。

数字信号一般有二进制与多进制之分,但波特率 R_B 信号与进制无关,只与码元宽度 T_b 有关,如图 2-4 所示。

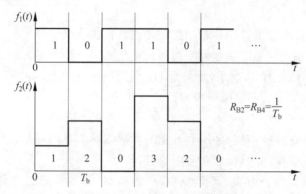

图 2-4 码元速率 R_B 与进制无关

通常在给出系统码元速率时,有必要说明码元的进制,多进制(N)码元速率 R_{BN} 与二进制码元速率 R_{B2} 之间,在保证系统信息速率不变的情况下相互可以转换,转换关系为

$$R_{B2}=R_{BN}\log_2 N$$

式中,R_{B2} 是二进制码元速率,N 为进制数。也就是说,在传送相同信息的情况下,二进制所需带宽是 N 进制所需带宽的 $\log_2 N$ 倍。

3. 可靠性指标

一个数字通信系统的可靠性。具体可用信号在传输过程中出错的概率来表述,即用差错率来衡量。差错率越大,表明系统可靠性越差。差错率有两种表示方法,即误码率 P_e 和误信率(误比特率)P_b。最常用的是误码率。通信系统误码率 P_e 的计算公式为

$$P_e=接收的错误码元数 / 传输的总码元数$$

例如,每平均传输 1000 个码元中差错一个码元,则 $P_e=10^{-3}$。

误信率 P_b 的计算公式为

$$P_b=接收的错误比特数/传输的总比特数$$

二进制时,$P_e=P_b$,N 进制时,与译码方式有关,一般 $P_e>P_b$。

通信系统的有效性和可靠性是一对矛盾,不可兼得。提高了有效性,必然会降低可靠性。传送二进制要比传送 N 进制的可靠性高的主要原因是,二进制是两个电平判决,误码率低,而 N 进制则为 N 个电平判决,误码率必然会提高。

4. 带宽

带宽是通信系统中出现频率很高的术语。因为从理论上讲,除极个别信号外,信号的频谱都是分布得无穷宽的。一般信号虽然频谱很宽,但绝大部分实用信号的主要能量(功率)都是集中在某一个不太宽的频率范围内的。因此,通常根据信号能量(功率)集中的情况,恰当地定义信号的带宽。带宽的单位是赫兹(Hz)。为计算带宽,需要从频率范围内用最高频率减去最低频率。例如,最高频率为 5000Hz,最低频率为 1000Hz,则带宽为 4000Hz。

来自通信系统的带宽被借用到计算机网络系统。虽然计算机网络的通信主干线是数字信道,所传输的是数字信号,但人们习惯沿用带宽一词来表示数字信道所能传输数字信号的最大数据速率。

在通信系统中,带宽常常代表不同的含义。通信系统中经常用到的带宽有以下 3 种。

(1)信号带宽:信号带宽是由信号的能量谱密度 $G(\omega)$ 或功率谱密度 $P(\omega)$ 在频域的分布规律确定的。

(2)信道带宽:信道带宽是由传输电路的传输特性决定的。

(3)系统带宽:系统带宽是由电路系统的传输特性决定的。

上述 3 种带宽均用符号 B 表示,单位为 Hz,计算方法也类似,而表示的概念不同,所以使用中需要根据具体情况说明是哪种带宽。

5. 时延

在计算机网络中,往返时延也是一个重要的性能指标,它表示从发送端发送数据开始,到接收端收到来自发送端的确认,总共经历的时延。

时延是指一个报文或分组从一个网络(或一条链路)的一端传送到另一端所需的时间。时延是由以下几个不同的部分组成的。

(1)传播时延。传播时延是从一个站点开始发送数据到目的站点开始接收数据所需要的时间。传播时延的计算公式是

$$传播时延=信道长度/信道上的传播速率$$

(2)发送时延。发送时延是发送数据所需要的时间,即从一个站点开始接收数据到数据接收结束所需要的时间。发送时延的计算公式是

$$发送时延=数据块长度/信道带宽$$

(3)处理时延。这是数据在交换节点等候发送在缓存的队列中排队所经历的时延。

(4)总时延(传输时延)。总时延又称传输时延,数据经历的总时延就是以上 3 种时延之和:

$$总时延=传播时延+发送时延+处理时延$$

网络性能的两个度量(传播时延和带宽)相乘,就得到另一个很有用的度量:传播时延带宽积,即[(传播时延)×(带宽)]。链路的时延带宽积又称为以比特为单位的链路长度。

2.1.5 数据通信方式

在数据通信中,可以有多种数据传输方式,以适应不同的通信场合。并行传输和串行传

输是两种基本的数据传输方式。通常计算机内部各部件之间以及近距离设备间都采用并行传输方式,而计算机与计算机或计算机与终端之间的远距离传输都采用串行传输方式。另外,信息的传送都是有方向的,从通信双方信息交互的方式来看,通信方式又可以有单工通信方式、半双工通信方式、全双工通信方式 3 种。

1. 并行传输

并行传输是利用多条数据传输线将一个数据的各位同时传送[如图 2-5(a)所示]。一个字符由 8 位二进制数组成,则 8 个数据位同时在两台设备之间传输。

并行传输的优点是传送速率高,缺点是需要多个并行信道,导致费用较高,且并行线路间的电平相互干扰也会影响传输质量,因此仅适用短距离通信。

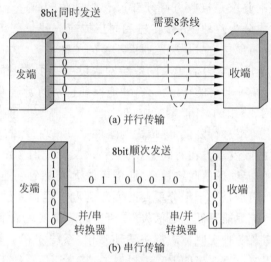

图 2-5　并行传输与串行传输

2. 串行传输

串行传输是利用一条传输线将数据一位一位地顺序传送[如图 2-5(b)所示]。相对于并行传输,串行传输的速率要低得多,但由于只需要一条数据传输信道,减少了设备成本,易于实现,因此被广泛应用于远程数据通信中。

串行通信特点:线路简单(电话或电报线路),成本降低,远距离通信,传输速度慢。

3. 单工通信方式

单工通信是指通信信道是单向信道,消息只能沿一个方向进行传送的一种通信。其工作方式如图 2-6 所示。例如,目前的广播、电视、寻呼、遥控、遥测等。

图 2-6　单工通信方式

4. 半双工通信方式

半双工通信是指通信双方都能收发信息,但接收和发送只能交替进行而不能同时进行(如图 2-7 所示),例如同频对讲机、收发报机等都是这种通信方式。

5. 全双工通信方式

全双工通信是指通信双方可同时进行双向传输信息的工作方式,例如普通电话和手机等。图 2-8 所示的是全双工通信方式的示意。

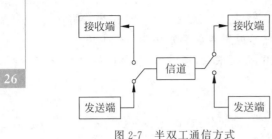

图 2-7　半双工通信方式

图 2-8　全双工通信方式

2.1.6　同步方式

数据通信的一个基本要求是接收方必须知道它所接收的每一位或每个字符的起始时间。数据通信的同步方式分为两种：异步传输和同步传输。

在数字通信系统中，同步与定时是决定通信质量的关键。

通信中的"同步"是指通信双方的接收设备和发送设备必须在时间上协调一致，定时信号频率相同，相位上保持某种严格的特定关系，才能保证正常的通信得以进行。在分组交换网，如帧中继网、ATM 网、分组网、智能网等中，理论上讲是不需要网同步的，但是数字流经分组交换网后，要以一定速率进行复接，经传输网络传送，所以仍然需要同步。

同步是指通信系统的收发双方在时间上步调一致，又称定时。由于通信的目的就是使不在同一地点的各方之间能够通信联络，故在通信系统尤其是数字通信系统以及采用相干解调的模拟通信系统中，同步是一个十分重要的实际问题。通信系统如果出现同步误差或失去同步，就会使通信系统性能降低或通信失效，所以同步是实现数字通信的前提。只有收发两端的载波、码元速率及各种定时标志都协调地工作，系统才有可能真正实现通信功能。不仅要求同频，而且对相位也有严格的要求。可以说，整个通信系统工作正常的前提就是同步系统正常，同步质量的好坏对通信系统的性能指标起着至关重要的作用。

随着通信技术、计算机技术以及自动控制技术的不断发展和进一步融合，网络通信在数字通信中的比例越来越重，成为人们日常生活和工作中必不可少的联络手段。由于通信是由许多交换局、复接设备、多条连接线路和终端机构成的，由此产生及发送的信息码流也五花八门，通信方式也从两点之间发展成为点到多点和多点到多点之间。要实现这些信息的交换和复接等操作，保证网内各用户之间能够进行各种方式的可靠通信和数据交换等，必须要有一个能够控制整个网络的同步系统来进行统一协调，因而需要时钟来提供准确的定时，确保数字传输交换与复接在同步运行的状态下进行，使全网按照一定的节奏有条不紊地工作，这个控制过程就是网同步。时钟性能是影响设备性能及网络通信质量的一个重要因素。

目前实现网同步主要有两类方法。

第一类是建立同步网，使网内各站点的时钟彼此同步。同步网是保证通信网络同步性能的一个重要支撑网，是电信三大支撑网之一，由节点时钟和传递同步定时信号的同步链路构成，其作用是准确地将同步定时信号从基准时钟传送到同步网的各节点，调整网中的各时钟并保持信号同步，满足通信网传输性能和交换性能的需要。建立同步网的方法有主从同步和互同步两种。主从同步是全网设立一个主站，以主站时钟作为全网的标准，其他各站点都以主站时钟为标准进行校正，从而保证网同步。互同步则以各站时钟的平均值作为网时钟来实现同步。

第二类网同步方式是异步复接,也叫独立时钟法,属于准同步方式。在准同步方式下,通信网中各同步节点都设置相互独立、互不控制、标称速率相同、频率精度和稳定度相同的时钟。为使节点之间的滑动率低到可以接收的程度,要求各节点都采用高精度和高稳定度的原子钟。这种方式一般都通过码速调整法或水库法来实现。

在计算机网络中,系统传送的任何信号,究其实质,都是按照各种事先约定的规则编制好的码元序列。发送端是一个码元接一个码元地连续发送的,经过信道传输送到接收端。接收端必须要知道每个码元的开始和结束时间,做到收发两端必须步调一致,即发送端每发送一个码元,接收端就相应接收一个同样的码元。所谓同步,是指接收端按发送端发送的每个码元的起止时间及重复频率来接收数据,并且校对自己的时间,以便与发送端的发送取得一致,实现同步接收。

1. 异步传输

异步传输时每字节作为一个单元独立传输,字节之间的传输间隔任意。为了标志字节的开始和结尾,在每字节的开始加1位起始位,结尾加1位或2位停止位,构成一个一个的"字符",如图2-9所示。

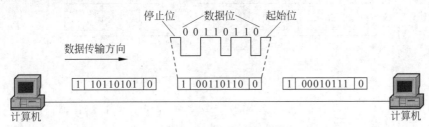

图2-9 "字符"示意

图2-10所示为字母A的代码(1000001)在异步传输时的传输结构。

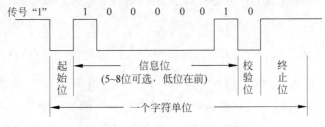

图2-10 异步传输时的传输结构

2. 同步传输

同步传输不是对每个字符单独进行同步,而是对一个数据块进行同步。

同步的方法不是加一位起始/停止位,而是在数据块前面加特殊模式的位组合(如01111110,称为位同步)或同步字符(代码为0010110,称为字符同步),并且通过位填充或字符填充技术保证数据块中的数据不会与同步字符混淆,如图2-11所示。

同步通信规程有以下两种。

(1) 面向比特型规程。它以二进制位作为信息单位,以8位的标志F开始,也以标志F作后同步。现代计算机网络大多采用此类型规程,最典型的是高级数据链路控制规程HDLC,如图2-12所示。

01111110
01111110
A
B
...
X
01111110
同步位模式(一个或多个)
可变长度的位数据块
SYN
SYN
A
B
...
X
SYN
同步字符(一个或多个)
可变长度的字符数据块

图 2-11　同步传输时的传输结构

F
F
8bit
标志
控制字段
数据字段
控制字符
8bit
标志

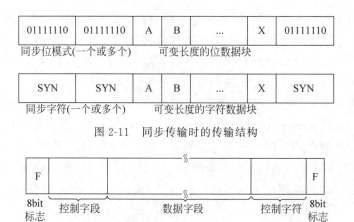

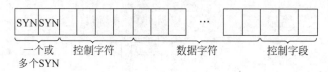

图 2-12　面向比特(bit)型规程(HDLC)

(2) 面向字符型规程。它以字符作为信息单位,字符是 EBCD 码或 ASCII 码,典型代表是 IBM 公司的二进制同步控制规程 BSC,如图 2-13 所示。

SYN
SYN
...
一个或
多个SYN
控制字符
数据字符
控制字段

图 2-13　面向字符型规程(BSC)

在使用面向比特的同步规程时,若在数字位串中出现了 01111110,将使用比特填充的方法予以识别。例如,要发送的数据位串是 01101111110010111110100,进行位填充后为 0110111110100101111100100。

同步通信的优点是取消了每个字符的同步位,提高了效率,实现与大型机的通信;缺点是软硬件费用太高。

2.1.7　基带传输

基带信号就是将数字信号 1 和 0 直接用两种不同的电压来表示,然后送到线路上去传输。基带指的是基本频带,也就是传输数据编码电信号所固有的频带。所谓基带传输就是对基带信号不加调制而直接在线路上进行传输,它将占用线路的全部带宽,也称为数字基带传输。

数字基带信号是数字信息序列的一种电信号表示形式,它包括代表不同数字信息的码元格式(码型)以及体现单个码元的电脉冲形状(波形)。它的主要特点是功率谱集中在零频率附近。

实际上并非所有的原始基带数字信号都能在信道中传输,基带传输系统首要考虑的问题是选择什么样的信号形式,包括确定码元脉冲的波形及码元序列的格式。为了在传输信道中获得优良的传输特性,一般要将信码信号变换为适合于信道传输特性的传输码(又称为线路码),即进行适当的码型变换。

数字基带信号的形式很多,常用的几种二元码的码型就有单极性不归零码、双极性不归零码、单极性归零码、双极性归零码、差分码、HDB_3 等,其中 HDB_3 码应用最广泛。

1. 基本的二元码

（1）单极性不归零码。

单极性不归零码（NRZ）是最简单、最基本的二元码，设消息代码由二进制符号"0""1"组成，其波形如图2-14所示。信号在一个码元时间内，不是有电压（或电流），就是无电压（或电流），电脉冲之间没有间隔，不易区分识别。单极性不归零码除简单高效外，还具有实现廉价的特点。但是，采用单极性不归零码传输信息，若出现连"0"或连"1"的码型时，会失去定时信息，不利于传输中对同步信号的提取；其次，连续的长"1"或长"0"的码型使传输信号出现直流分量，不利于接收端的判决工作。

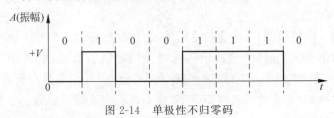

图 2-14　单极性不归零码

单极性不归零码主要用于终端设备及数字调制设备中。单极性不归零码传输时要求信道的一端接地，不能用两根芯线均不接地的电缆等传输线。

（2）双极性不归零码。

双极性不归零码（BNRZ）用宽度等于码元间隔的两个幅度相同但极性相反的矩形脉冲来表示"1"或"0"（如用正极性脉冲表示"1"，用负极性脉冲表示"0"，如图2-15所示）。与单极性不归零码相比，双极性不归零码具有以下优点：①由于实际数字消息序列中码元"1"和"0"出现的概率基本相等，所以这种形式的基带信号直流分量近似为0；②接收双极性码时判决电平为0，稳定不变，抗噪声性能好；③这种双极性不归零码可以在电缆等无接地的传输线上传输，也可用于数字调制器。如计算机中使用的串行 RS-232 接口就采用这种编码传输方式，其特点基本上与单极性不归零码相同。双极性不归零码的主要缺点是：①不能直接从中提取同步信号；②当"1""0"码不等概出现时，仍有直流成分。

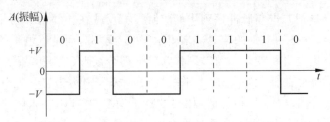

图 2-15　双极性不归零码

（3）单极性归零码。

单极性归零码表示码元的方法与单极性不归零码相同，但矩形脉冲的宽度小于码元间隔，亦即每个脉冲都在相应的码元间隔内回到零电位，所以称为单极性归零码，对于"0"，则不对应脉冲，仍按0电平传输，如图2-16所示。从图2-16中还可以看出，单极性归零码的脉冲宽度 τ 小于码元宽度 T_s，即占空比 τ/T_s 小于1，这样单极性归零码中含有位定时信号分量，但这并不意味着单极性归零码可以广泛应用到信道上传输，它只是后面要讲的其他码型提取同步信号时需要采用的一个过渡码型。即其他适合于信道传输但不能直接提取同步信号的码型,可以先变为单极性归零码再提取同步信号。

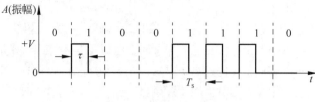

图 2-16 单极性归零码

单极性归零码的长"0"信号仍无法提取同步信号。

(4) 双极性归零码。

双极性归零码(BRZ)与双极性非归零码类似,只是脉冲的带度小于码元间隔,对于任意数据组合之间都有 0 电位相隔。这种编码有利于传输同步信号,但仍有直流分量问题,如图 2-17 所示。双极性归零码除具有双极性码的一般优点外,主要优点就是可以通过简单的变换电路(即全波整流)变换为单极性归零码,从而可以提取同步信号。因此,双极性归零码得到比较广泛的应用。

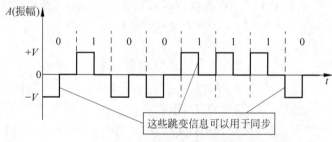

图 2-17 双极性归零码

上述 4 种信号只适用于设备内部及近距离传输,因为它们含有丰富的低频成分乃至直流,不适应具有交流耦合的远距离信道传输。

(5) 差分码。

差分码的特点是把二进制脉冲序列中的"1"或"0"反映在相邻信号码元的相对极性变化上。在差分波形中,不是用电平的绝对值来表示码"1"或"0",而是以电平的跳变或不跳变表示码"1"或"0"。若用电平跳变表示"1",则称为传号差分波形(这是借用了电报通信中把"1"称为传号,"0"称为空号的概念);若用电平跳变表示"0",则称为空号差分波形。差分码中电平只有相对意义,所以是一种相对码,如图 2-18 所示。差分码并未解决简单二元码存在的问题,但是这种码型与信息 1 和 0 不是绝对的对应关系,而只有相对的关系,这种码型的波形与码元本身的极性无关,因此即使接收端接收到的码元极性与发送端的完全相反,也能正确地进行判决。因而它可以用来解决相移键控(PSK)信号解调时的相位模糊问题。

2. 1B/2B 码

原始的二元码如果在编码后用一组两位的二元码来表示,则把这类码称为 1B2B 码。如曼彻斯特码、密勒码和 CMI 码。下面以曼彻斯特码为例进行介绍。

曼彻斯特(Manchester)编码的规律为,对于信息"1"前半周期为 $-V$(或 $+V$),后半周期为 $+V$(或 $-V$);对于信息"0"则前半周期为 $+V$(或 $-V$),后半周期为 $-V$(或 $+V$),如图 2-19(a)所示。这种做法的目的是通过传输每位信息中间的跳变方向表示传输信息,这

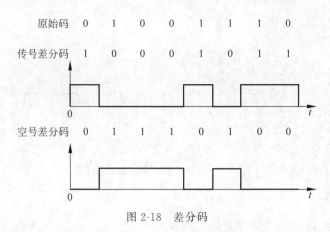

图 2-18　差分码

种编码方式与前几种编码方式相比,每传输一位信息都对应一次跳变,这有利于同步信号的提取。对于每一位信息,其 $+V$ 或 $-V$ 电平占用的时间相同,因此直流分量保持恒定不变,有利于接收端判决电路的工作。但是,信息编码后脉冲频率为信息传输速率的 2 倍。曼彻斯特编码广泛地用于数据终端设备在中速短距离上的传输,如以太网采用曼彻斯特码作为线路传输码。

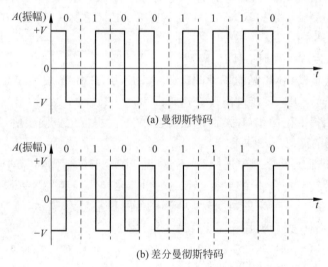

(a) 曼彻斯特码

(b) 差分曼彻斯特码

图 2-19　曼彻斯特码和差分曼彻斯特码

对于差分曼彻斯特编码,与曼彻斯特编码一样,在每个比特时间间隔的中间,信号都会发生跳变,它们之间的区别在于,在比特间隙开始位置有一个附加的跳变,用来表示不同的比特。开始位置有跳变表示比特"0",没有跳变则表示比特"1"。差分曼彻斯特编码常用于令牌环网,如图 2-19(b)所示。

3. 1B/1T 码(三元码)

(1) 极性交替转换码。

极性交替转换码(AMI)的名称很多,如平衡对称码、交替双极性码、传号交替反转码等。其编码规则是,"1"顺序交替地用 $+V$ 和 $-V$ 表示,"0"仍变换为"0"电平,如图 2-20 所示。这种码型实际上是把二进制脉冲序列变为了三电平的符号序列。

AMI 码具有以下优点。

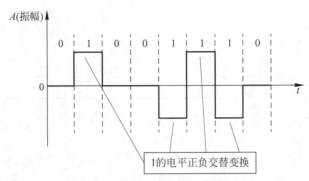

图 2-20　交替双极性码(AMI)

① 在"1"和"0"码不等概条件下也无直流成分。

② 零频率附近的低频分量小,利于在不允许直流和低频信号通过的介质和信道中传输。

③ 由于"1"对应的传输码电平正负交替出现,有利于误码的观察,即使接收端收到的码元极性与发送端完全相反也能正确判别。

④ 只要把 AMI 码经过全波整流,就可以变为单极性码;如果 AMI 码是归零的,那么变为单极性归零码后就可以提取同步信号。因此,AMI 码是脉冲编码调制(PCM)基带线路传输中最常用的码型之一。

(2) 三阶高密度双极性码(HDB$_3$ 码)。

HDB$_3$ 码可以看成 AMI 码的一种改进码型。使用 HDB$_3$ 码是为了解决原信息码中出现一连串长"0"时同步提取困难的问题。这是因为连"0"码时 AMI 输出均为 0 电平,连"0"码这段时间内无法提取位同步信号,而前面非连"0"码时提取的位同步信号又不能保持足够的时间。HDB$_3$ 码的编码原理如下。

① 当输入二进制码元序列中连"0"码不超过 3 个时,HDB$_3$ 码和 AMI 码完全一样。当出现 4 个连"0"码时,应将第 4 个连"0"码改为"1"码,这样将长连"0"码切断为不超过 3 个连"0"的段。这个由"0"码改变来的"1"码称为破坏脉冲,用符号 V 表示,而原来的二进制码元序列中所有的"1"码称为信码,用符号 B 表示,如图 2-21 所示。

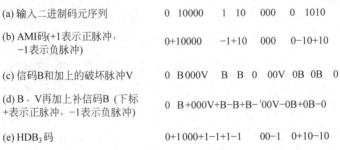

图 2-21　HDB$_3$ 码编码过程

② 当信码中间加破坏脉冲 V 以后,信码 B 和破坏脉冲 V 的正负按以下规则确定:B 码和 V 码各自都应始终保持极性交替变化的规律,以便确保编好的码中没有直流成分;V 码必须与前一个码(信码 B)同极性,以便和正常的 AMI 码区别开来。如果这一条件得不到满足,则应在 4 个连"0"码的第一个"0"码位置上加一个与 V 码(4 个连"0"码的第 4 个"0"码位

置上)同极性的补码,用符号 B 表示。

HDB$_3$ 译码原理过程是,由相邻两个同极性码找出 V 码,同极性码中的后面那个码是 V 码。由 V 码向前数第 3 个码如果不是"0"码,表明它是补信码 B′;把 V 码和 B′码去掉以后留下来的全是信码(但它不一定正负极性交替),把它全波整流后得到的是单极性码。

HDB$_3$ 码除了具有 AMI 码的优点外,还克服了 AMI 码的缺点。即使长连"0"码时也能提取位同步信号。HDB$_3$ 码是应用最广泛的码型,我国四次群以下的 A 律 PCM 终端设备的接口码型均为 HDB$_3$ 码,同时它也是欧洲和日本 PCM 系统中使用的传输码型之一。

AMI 码和 HDB$_3$ 码,它们的每位二进制码都被变换成一个三电平取值(+1、0、-1)的码,属于三电平码,有时把这类码称为 1B/1T 码。

4. 多元码

当数字信息有 M 种符号时,称为 M 元码,相应地要用 M 种电平表示,当 $M>2$ 时,M 元码也称为多元码。在多元码中,每个符号可以用来表示一个二进制码组。换句话说,对于 n 位二进制码组来说,可以用 $M=2^n$ 传输。例如,2 位二进制码组可用 $M=2^2=4$ 元码来传输,用 4 种不同幅度的脉冲来表示。与二元码传输相比,在码元速率相同的条件下,它们的传输带宽是相同的,但是多元码的信息传输速率提高到 $\log_2 M$ Baud。

多元码在频带受限的高速数字传输系统中得到了广泛的应用。例如,若以电话线来传输数据,基本传输速率为 144Baud,ITU 建议的线路码型为 2B1Q。在 2B1Q 中,两个二进制码元用 1 个四元码表示,如图 2-22 所示。

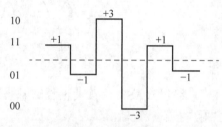

图 2-22　2B1Q 的波形

多元码通常采用格雷码表示,相邻幅度电平所对应的码组之间只相差一个比特,这样就可以减少在接收时因错误判定电平而引起的误比特率。多元码不仅用于基带传输,而且更广泛地用于多进制数字调制的传输中,以提高频带利用率。

以上这些不同的码型之间,可以通过一定电路进行转换。实际系统中可根据不同码型的特点,选择最适用的一种。例如单极性码含有直流分量,因此不宜在线路上传输,通常只用于设备内部;双极性码和交替极性码的直流分量基本上等于零,因此较适合于在线路中传输;多电平信号,由于它的传信率高及抗噪声性能较差,故较宜用于要求高传信率而信道噪声较小的场合。此外,构成数字基带信号的脉冲波形并非一定是矩形的,也可以是其他形状的,例如余弦、三角形等,在这里不一一详述了。

2.1.8　频带传输

通信系统中,为了实现远距离传输和用无线传输,需要将数字信号进行调制处理后再传输,这种传送方法叫作频带(或带通)传输。

频带传输是一种采用调制、解调技术的传输形式。数字频带传输就是先将基带信号变换(调制)成便于在模拟信道中传输的、具有较高频率范围的模拟信号(称为频带信号),再将这种频带信号在模拟信道中传输。因此,这是一种数字信号的模拟传输。

与模拟调制相似,数字调制所用的载波一般也是连续的正弦型信号,而调制信号则为数字基带信号。理论上讲,载波的形式可以是任意的,例如三角波、方波等,适合在带通信道中传输即可。在实际通信中多选用正弦型信号,是因为它具有形式简单、便于产生和接收等特点。现代移动通信系统、数字电视系统都是采用数字频带传输的。

数字调制也可以分为幅度、频率和相位调制,形成与之对应的 3 种基本调制方法,即调幅、调频和调相。由于二进制数字调制信号只有两个状态,因此调制后的载波参量也只有两个取值,如同"开关"控制的效果,所以称为"键控"。其调制过程就像用调制信号去控制一个开关,从两个具有不同参量的载波中选择相应的载波输出,从而形成已调信号。在数字调制中它们称为幅移键控(ASK)、频移键控(FSK)和相移键控(PSK),如图 2-23 所示。

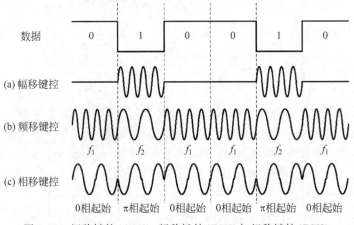

图 2-23　幅移键控(ASK)、频移键控(FSK)与相移键控(PSK)

幅移键控(ASK):载波振幅随基带数字信号的变化而变化;"0"对应于无载波输出;"1"对应于有载波输出。

频移键控(FSK):载波频率随基带数字信号的变化而变化;"0"频率为较低的信号;"1"频率为较高的信号。

相移键控(PSK):载波初始相位随基带数字信号的变化而变化。"0"相位为 $0°$;"1"相位为 $180°$。

现代移动通信系统都使用数字调制。用于调制的信号是由"0"和"1"组成的离散信号,其载波是连续波。为了使数字信号在有限带宽的信道中传输,必须用数字信号对载波进行调制。实际应用中,在发送端用基带数字信号控制高频载波,把基带数字信号变换为频带数字信号——数字调制;在接收端通过解调器把频带数字信号还原成基带数字信号——解调。通常,我们把数字调制与解调合起来称为数字调制,把包括调制和解调过程的传输系统叫作数字信号的频带传输系统。

频带传输系统可以通过图 2-24 所示来描述。由图可见,原始数字序列经基带信号形成器后变成适合于信道传输的基带信号 $s(t)$,然后送到键控器来控制射频载波的振幅、频率或相位,形成数字调制信号,并送至信道。在信道中传输的还有各种干扰。接收滤波器把叠

图 2-24　频带传输系统

加在干扰和噪声中的有用信号提取出来，并经过相应的解调器，恢复出数字基带信号 $s(t)$ 或数字序列。

2.1.9 多路复用技术

在通信系统中，信道上存在着多路信号同时传输的问题。解决多路信号同时传输问题必须考虑信道复用，采用复用技术可以提高电信线路的传输效率，降低成本。将多路信号在发送端合并后通过信道进行传输，然后在接收端分开并恢复为原始各路信号的过程称为复接和分接。从理论上讲，只要各路信号分量相互正交，就能实现信道的复用。常用的复用方式有频分复用、时分复用和波分复用。数字复接技术就是在多路复用的基础上把若干小容量低速数据流合并成一个大容量的高速数据流，再通过高速信道传输，传到接收端再分开，完成这个数字大容量传输的过程就是数字复接。

1. 频分多路复用

频分复用被广泛应用于模拟通信系统，如固定电话系统、有线（闭路）电视系统等。

频分多路复用（FDM）是指将多路信号按频率的不同进行复接并传输的方法，多用于模拟通信中。在 FDM 中，信道的带宽被分成若干互不重叠的频段，每路信号占用其中一个频段，在接收端可采用适当的带通滤波器将多路信号分开，恢复出所需要的原始信号，这个过程就是多路信号复接和分接的过程。FDM 实质上就是每个信号在全部时间内占用部分频率谱。

2. 时分多路复用

在数字通信系统中，模拟信号的数字传输或数字信号的多路传输一般都采用时分多路复用（TDM）方式来提高系统的传输效率。

在 PCM 脉冲编码调制中，由于单路抽样信号在时间上离散的相邻脉冲有很大的空隙，在空隙中插入若干路其他抽样信号，只要各路信号在时间上不重叠并能区分开，那么一个信道就有可能同时传输多路信号，达到多路复用的目的。这种多路复用称为时分多路复用（TDM）。时分多路复用就是对需要传输的多路信号分配以固定的传输时隙，以统一的时间间隔依次循环进行断续传输的方式或过程。

在电路交换网中，不管有没有信息传送，该信道都不能被其他用户使用。但如果有一路或多路信号在该它们传输的时刻没有信号，则事先分配给它们的这一段时间就浪费了。例如，我们打电话时的语音信号就是时断时续的。如果复用的路数比较多，这种时间浪费就不可忽视，因为它降低了信道利用率。为此，人们又提出了统计时分复用（STDM）的概念，又称"异步时分多路复用"。之所以称为"异步"或是"统计"，是因为它利用信道"时隙"的方法与传统的时分复用方法不同，它是将信道时隙实行"按需分配"，即只对那些需要传送信息或正在工作的终端才分配给时隙，这样就使所有的时隙都能饱满地得到使用，可以使服务的终端数大于时隙的个数，提高了信道的利用率，从而起到了"复用"的作用。

3. 波分复用

波分复用（WDM）就是光的频分复用，是把光的波长分割复用，在一根光纤中同时传输多个不同波长光信号的一项技术。其基本原理是在发送端将不同的光信号组合起来，也是复用过程；耦合到光缆线路上在一根光纤中进行传输，在接收端又将组合波长的光信号区分开来，即完成解复用过程，再通过进一步处理，恢复出原信号后送入不同的终端。最初，人们只能在一根光纤上复用两路光信号,这种复用方式称为波分复用。随着光纤通信技术的发展,在一根光纤上复用的路数越来越多。现在已能做到在一根光纤上复用 80 路或更多路数的光信号,这就是密集波分复用(DWDM)的概念。

2.2 数据交换技术

数据网是由相互连接的节点和传输链路构成的,如图 2-25 所示。数据从始节点经由网络传输到终节点。在从始节点到终节点的路由上,各节点需要对数据进行交换。数据交换可以分为电路交换、报文交换、分组交换 3 种方式。

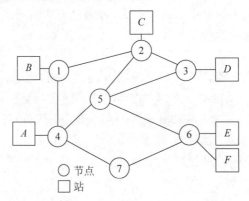

图 2-25　数据交换网结构示意

2.2.1　电路交换

电路交换的概念始于电话交换。利用这种交换方式进行数据通信时,需经过呼叫后在两个数据站之间建立一条专用的传输链路,这是一条把数据源和目的地经由交换节点连接起来的物理链路,在物理链路建立之后再开始传送数据,直到双方通信完毕才能拆除。整个通信过程可以分为电路建立、数据传送和连接释放 3 个阶段。

电路交换系统有采用模拟式交换机的空分交换和数字式交换机的时分交换两种方式。

通过电路交换网传送数据以及通过呼叫建立数据站之间的连接将产生一定的时间延迟,一旦电路建立后,信号经过每个交换节点的延迟可以忽略。需要考虑的仅是信息通过链路的传播延迟。对于短电文、低密度的数据通信来讲,采用电路交换时线路利用率较低。

2.2.2　报文交换

与电路交换不同,在报文交换的过程中不需要在数据源和目的地之间建立一条专用的路径。报文交换与邮政通信相似。信源将欲传输的信息组成一个数据包,即所谓的报文。该报文上写有目的地的地址。这样的数据包送上网络后,每个收到的节点都先将它存放在该节点处,然后按信宿的地址,根据网络的具体传输情况,寻找合适的通路将报文转发到下一个节点,如此逐个节点地传送,直至到达目的地。

由此可见,对报文进行交换是对报文进行存储转发的过程。报文是用户拟发送的完整数据,如计算机文件、电报、电子邮件等。

由报文交换的过程可知,报文交换节点通常是一个专用计算机,带有足够的外存,从而能够对到达的报文进行存储。就性能而言,报文从源传送至目的地需要经历比较长的时间延迟,这一时间延迟主要包括两部分,一部分是每个交换节点接收其全部比特的时间,另一部分是报文在交换节点排队等待并重新传送至下一节点所花费的时间。

报文交换方式主要有以下特点。

(1)在电路交换网中,当网络的负载超过一定程度时,呼叫将被阻塞。而在报文交换网中不会出现这种现象,当网络负载增加时仅仅是传送时间延迟的增加。

(2)链路利用率较高,在报文的传送过程中并不占用从源到目的地的全部链路,网中的链路可以为许多报文所共享。

(3)报文交换是一个存储转发的过程,在每个节点数据从存储器中再一次被传送时,可以对数据的传输速率和码型进行变换,这有利于不同速率的数据站之间进行通信。

(4)在报文交换中可以建立报文优先级别,这样报文传送的快慢不以报文到达的迟早而定,而是以报文的重要性而定。

(5)由于报文交换中报文的传送时间延迟大,而且变化大,即适用于低速、不要求进行"对话"方式通信的场合,因此它不适用于电话通信,也不适用于在公用数据网中较高速率的数据通信。

2.2.3 分组交换

进行分组交换,就是把用户要传送的信息分成若干长度较短、具有统一的格式的数据包,即分组,以"存储—转发"的方式进行交换传输。这些分组的每个分组都有一个分组头,包含用于控制和接收地址的有关信息。这些分组在网内传输时,每个交换节点首先对收到的分组进行暂时存储,检测分组传输中有无差错,分析该分组头中有关选路的信息,进行路由选择,并在选择的路由上进行排队,等到有空闲信道时转发给下一个交换节点或用户终端。分组交换有两种方式:数据报传输分组交换和虚电路传输分组交换。

1. 数据报

数据报方式是通信子网将进入子网的分组当作"小报文"处理,每个分组在通信子网中独立选择路径,被传输到目的地,如图 2-26 所示。数据报分组必须包含目的主机地址和源地址,且传输延迟较大,适用于突发性通信,不适用于长报文、会话式通信。

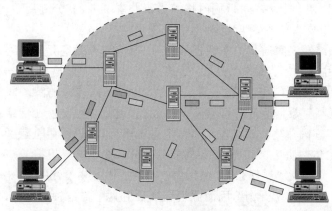

图 2-26　数据报方式

第2章

网络数据通信基础

2. 虚电路

这种方式类似于电路交换方式,虚电路交换方式在通信前需要建立一条端到端的虚电路,然后将报文分成许多报文分组,按事先选好的路径先后发送分组给目的主机,通信结束后拆除这条虚电路。一个端到端的通信往往要经过多个转接节点,即在分组网中端到端所建立的虚电路一般由多个逻辑信道串接而成,并由这些串接的逻辑信道号(标记)来识别这条虚电路,如图 2-27 所示。

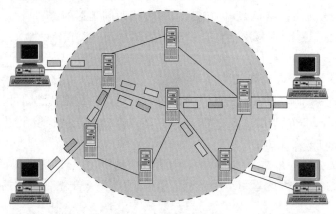

图 2-27　虚电路方式

分组交换综合了电路交换和报文交换的优点。在报文交换中,对数据包的大小没有限制,报文交换把它一次性传送出去。而在分组交换中,要限制数据包的大小,以分组的形式将用户数据从源端传送至目的地。通常,分组的长度是一千比特到几千比特。分组交换的第一步是将报文划分成为一定长度的分组,每个分组都附加有地址信息和差错校验信息等,然后再发送到传输链路上去,中间节点在接收到分组之后,进行存储,再根据分组携带的地址信息进行转发。接收节点对分组进行处理和组合,恢复成原来的报文,再送到目的地。

分组交换适合于数据通信,其主要特征:一是业务的突发性;二是高度的可靠性,而对实时性的要求并不严格。分组交换的技术特点可以归纳如下。

(1)电路利用率高。为了适应数据业务突发性强的特点,在分组交换方式中,数据报文被分解成若干分组,然后按存储—转发方式进行交换处理,不同的报文分组可经由不同的路径送达目的终端。分组交换在线路上采用了动态统计时分复用的技术传送各个分组,每个分组都有控制信息,使多个终端可以同时按需进行共享资源,充分利用空闲电路,因此提高了传输线路(包括用户线和中继线)的利用率。

(2)可在不同终端之间通信。在数据通信中,通信双方往往是异种终端。为了适应这个特点,分组交换中采用了存储转发方式,可以把终端送出的报文变成对方终端能接收的形式,以实现不同速率、不同编码方式、不同同步方式以及不同传输规程终端之间的数据通信。

(3)传输质量高。数据业务的可靠性要求较高,因此分组交换在网络内中继线和用户线上传输时采用了逐段独立的差错控制和分组重发规程,使得网内全程的平均误码率可达 10^{-11} 以下,提高了传输质量,可以满足数据业务的可靠性要求。

(4)适合传送短报文。传送长报文时,由于分割成许多分组,每个分组都有标明接收终端地址等报头,要占用一些"开销",因而分组交换最适宜于传送较短报文,这样可以充分发挥这种交换方式的特点。

2.3 传输介质

传输介质是网络中连接收发双方的物理通路,也是通信中实际传送信息的载体。通常按具体媒介的不同类型,又可分为有线媒介和无线媒介。无线媒介利用电磁波[如中长波地表波传播、超短波及微波视距传播(含卫星中继)、短波电离层反射、超短波流星余迹散射、对流层散射、电离层散射、超短波超视距绕射、波导传播、光波视距传播等]的传播来传播信号;有线媒介利用架空明线、对称电缆、同轴电缆、光导纤维(光缆)及波导等介质来传播信号。普通双绞线可以传输低频与中频信号,同轴电缆可以传输低频到特高频信号,光纤可以传输可见光信号。

传输介质的主要特性包括以下内容。

物理特性:描述传输介质的物理结构。

传输特性:指传输介质允许传送数字或模拟信号,以及调制技术、传输容量与传输的频率范围。

连通特性:指允许进行点—点或多点连接。

地理范围:传输介质的最大传输距离。

抗干扰性:传输介质防止噪声与电磁干扰对传输数据影响的能力。

相对价格:传输介质的安装与维护费用。

2.3.1 双绞线

1. 物理特性

双绞线是由一对或多对绝缘铜导线组成的,为了减小信号传输中串扰及电磁干扰(EMI)影响的程度,通常将这些绝缘铜导线按一定的密度互相缠绕在一起(防止串音或电磁干扰)。一对线可以作为一条通信线路,如图 2-28 所示。

双绞线分为非屏蔽双绞线 UTP(指外面没有金属屏蔽)和屏蔽双绞线 STP 两种。

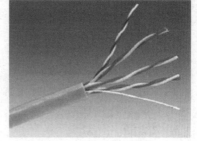

图 2-28 对称电缆

2. 传输特性

UTP 可分为 6 类,其中 3、4、5 类最为常用。

(1) 1 类 UTP:主要用于电话连接,通常不用于数据传输。

(2) 2 类 UTP:通常用在程控交换机和告警系统,最高带宽为 1MHz。

(3) 3 类 UTP:也称为声音级电缆,最高带宽为 16MHz,适用于语音及 10Mb/s 以下的数据传输。

(4) 4 类 UTP:最大带宽为 20MHz,适用于语音及 16Mb/s 以下的数据传输。

(5) 5 类 UTP:也称为数据级电缆,带宽为 100MHz,适用于语音及 100Mb/s 高速数据传输。

(6) 6 类 UTP:是一种新型的电缆,最大带宽可达 1000MHz,适用于架设千兆网,是未来的发展趋势。

3. 连通性

双绞线可用于点—点连接,也可用于多点连接。

4. 地理范围

双绞线作远程中继线时,最大距离为 15km；用于 10Mb/s 局域网时,最大距离为 100m。

5. 抗干扰性

抗干扰性取决于一束线中相邻线对的扭曲长度及适当的屏蔽,其误码率为 $10^{-6} \sim 10^{-5}$。

6. 价格

双绞线的价格是有线媒介中最低的。

2.3.2 同轴电缆

1. 物理特性

同轴电缆是由绕同一轴线的两个导体所组成的,即内导体和外导体。内导体多为铜芯实心导线,外导体为一根空心导电管或金属编织网,外导体的作用是屏蔽电磁干扰和辐射,两导体之间用绝缘材料隔离。常用的有两种:一种是外径为 4.4mm 的细同轴电缆；另一种是外径为 9.5mm 的粗同轴电缆,如图 2-29 所示。

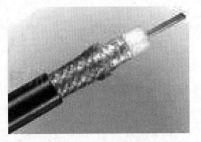

图 2-29　同轴电缆

2. 传输特性

常用的同轴电缆有两大类:基带同轴电缆(用于局域网传输数字信号的同轴电缆(50Ω 的粗缆和 50Ω 的细缆))、宽带同轴电缆(用于宽带传输模拟信号的 75Ω 电缆)。

3. 连通性

同轴电缆可用于点—点连接,也可用于多点连接。

4. 地理范围

基带同轴电缆最大距离限制在几千米；宽带同轴电缆最大距离可达几十千米。

5. 抗干扰性

同轴电缆的结构使它的抗干扰能力较强,基带同轴电缆的误码率低于 10^{-7},宽带同轴电缆的误码率低于 10^{-9}。

6. 价格

同轴电缆的价格介于双绞线与光纤之间。

2.3.3 光纤

1. 物理特性

光导纤维(Fiber Optics)是一种由石英玻璃纤维或塑料制成的且直径很细(50 ~ 100μm)的柔软、能传导光信号的媒体。

光纤由一束玻璃芯组成,外面包了一层折射率较低的反光材料,称为覆层,其作用是不让光信号折射出去。

2. 传输特性

光在高折射率的介质中具有聚焦特性,把折射率高的介质做成芯线,折射率低的介质做成芯线的包层,就构成了光纤,光纤集中在一起构成光缆。光缆通过内部的全反射来传输一束经过编码的光信号,其结构如图 2-30 所示。

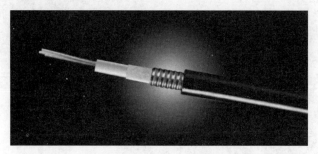

图 2-30　光缆结构示意

根据传播模式不同,光纤分为两种:多模光纤和单模光纤,如图 2-31 所示。

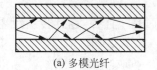　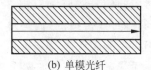

(a) 多模光纤　　　　　　　　　(b) 单模光纤

图 2-31　光纤模式

多模光纤是指光波在光纤中的光线有多条传播路径。多模光纤采用发光二极管产生可见光作为光源,其定向性差,是通过光的反射向前传播的,传输距离在 2km 以内。

单模光纤是指光波在光纤中只有一种传播模式。单模光纤采用注入式激光二极管作为光源,其定向性强,频带宽,是以单一的模式无反射地沿轴向传播。

单模光纤的性能优于多模光纤。单模光纤传输采用激光器,成本高,用作远距离传输;多模光纤采用发光二极管,成本低,用作近距离传输。

3. 连通性

光纤最普遍的连接方法是点—点连接,也可用于多点连接。

4. 地理范围

光纤的地理范围一般为 6~8km。

5. 抗干扰性

光纤的抗干扰能力极强,其误码率低于 10^{-10},因此传输的安全性与保密性极好。

6. 价格

光纤的价格在各类有线媒介中是最高的。

2.3.4　无线传输

1. 电磁波的概念

电磁波是德国物理学家赫兹根据英国物理学家麦克斯韦的电磁场理论方程在 1887 年通过实验加以证明的,电磁波的频率范围是 $10^4 \sim 10^{24}$ Hz。

描述电磁波的参数有波长 λ、频率 f 和光速 $C(3 \times 10^8 \text{m/s})$。三者之间的关系是 $C = \lambda \times f$。

电磁波的传播方式有两种:通过无线方式传播(在自由空间中传播)、通过有线方式传播(在有限的空间区域内传播)。

电磁波按照频率由高到低排列可分为无线电波、微波、红外线、可见光、紫外线、X 射线

和 γ 射线。目前主要用于通信的主要有无线电波、微波、红外线、可见光。

2. 无线通信

无线通信所使用的频段覆盖从低频到特高频。其中,调频无线通信使用中波 MF(300kHz～3MHz),调频无线电广播使用甚高频 VHF(30～300MHz),电视广播使用甚高频到特高频 VHF(30MHz～3GHz)。

高频无线电信号由天线发出后,沿两条路径在空间传播。其中,地波沿地表面传播,天波则在地球与地球电离层之间来回发射。其他频段类似。

缺点:易受天气等因素的影响,信号幅度变化较大,容易被干扰。

优点:技术成熟,应用广泛,能用较小的发射功率传输较远的距离。

3. 微波通信

无线电微波通信在数据通信中占有重要地位,微波频率范围为 100MHz～10GHz 的信号叫作微波信号,对应的信号波长为 3m～3cm。

由于微波在空间是直线传播的,而地球表面是个曲面,因此传播距离只有 50km,为了增大传播距离,使用较高的天线塔(如 100m 的天线塔,其传播距离为 100km)。为实现远距离通信,必须在一条无线电通信信道的两个终端之间建立若干中继站,中继站把前一站送来的信号经过放大后再发送到下一站,即为地面微波"接力"通信。

微波信号传输的特点:只能进行视距传播;大气对微波信号的吸收与散射影响较大。

4. 蜂窝无线通信

美国贝尔实验室在 1947 年就提出了蜂窝无线移动通信的概念,1977 年完成了可行性技术论证,1978 年完成了芝加哥先进移动电话系统 AMPS 的试验,并且在 1983 年正式投入运营。

早期的移动通信系统采用大区制的强覆盖区,即建立一个无线电台基站,架设很高的天线塔(高于 30m),使用很大的发射功率(50～200W),覆盖范围可以达到 30～50km。

如果将一个大区制覆盖的区域划分成多个小区(cell),每个小区制设立一个基站(BS),通过基站在用户的移动台(MS)之间建立通信。小区覆盖的半径较小,一般为 1～10km,因此可用较小的发射功率实现双向通信。这样,由多个小区构成的通信系统的总容量将大幅提高。由若干小区构成的覆盖区叫作区群。由于区群的结构酷似蜂窝,因此人们将小区制移动通信系统叫作蜂窝移动通信系统。

蜂窝移动通信系统的发展:第一代为模拟方式,是指用户的语音信息传输以模拟语音的方式出现;第二代以后为数字方式,是涉及语音信号的数字化与数字信息的处理、传输问题;目前已步入 5G 时代,正朝着 6G 时代发展。

在无线通信环境中的电磁波覆盖区内,如何建立用户的无线信道的连接就是多址连接问题,解决多址接入的方法称为多址接入技术。在蜂窝移动通信系统中,多址接入方法主要有 3 种:频分多址接入 FDMA、时分多址接入 TDMA、码分多址接入 CDMA。

5. 卫星通信

卫星通信系统是通过卫星微波形成的点—点通信线路,是由两个地球站(发送站、接收站)与一颗通信卫星组成的。地面发送站使用上行链路向通信卫星发射微波信号。卫星起到一个中继器的作用,它接收通过上行链路发送来的微波信号,经过放大后使用下行链路(与上行链路具有不同的频率)发送回地面接收站。

由于发送站要通过卫星转发信号到接收站,因此就存在传输延时,一般从发送站到卫星的延时值为 $250\sim300$ ms,典型值为 270 ms,所以卫星通信系统的传输延时为 540 ms。

商用卫星通信是在地球站之间利用位于 3.59×10^4 km 高空的人造同步地球卫星作为中继器的一种微波接力通信。其覆盖跨度达 1.8 万多千米,如在地球赤道上空的同步轨道上等距离放置 3 颗相隔 $120°$ 的卫星,就能基本上实现全球通信。

2.4 综合布线系统

综合布线系统(GCS)是现代智能化建筑综合数据传输的网络系统;是把建筑物内部的语音交换、智能数据处理设备及其他广义的数据通信设施相互连接起来,并采用必要的设备同建筑物外部通信网络相连接;是计算机网络、有线电视、通信技术等各种高新技术融合和接入的重要组成部分。

综合布线系统原则是"设备与线路无关"。传统的布线方法是对不同的业务设备采用不同类别的电缆线、接插件、配线架,它们分别设计和施工布线,互不兼容、重复投资,管理拥挤、难以维护,难以满足设备更新、办公室扩充等新环境的发展。在综合布线系统上,设备可以进行更换与添加,但是设备之间的连线却可以不进行更换与添加,将各线综合配置在一套标准的布线系统上,统一设计、安装施工和集中管理维护。

综合布线系统是以无屏蔽双绞线和光缆为传输媒介,采用分层星状结构,传送速率高,具有布线标准化、接线灵活性、设备兼容性、模块化信息插座,且能与其他拓扑结构连接及扩充设备,安全可靠性高等优点。

建筑物综合布线系统的作用是将建筑物中的计算机网络、电话通信、楼宇自控、监视系统、安保系统和不间断电源系统等合成一个结构一致、材料相同、管理统一的完整实体。

在我国智能化建筑领域中,综合布线系统目前主要有以下标准。

(1)《商务建筑电信布线标准》ANSI/EIA/TIA 568。

(2)《建筑与建筑群综合布线系统工程设计规范》GB/T 50311。

(3)《建筑与建筑群综合布线系统工程验收规范》GB/T 50312。

(4)《大楼通信综合布线系统》YD/T 926。

综合布线系统具有如下特点。

(1)以一套标准的配线系统,综合了所有的语音、数据、图像与监控设备,并将多种设备终端插头插入标准的信息插座内,即任一信息插座能够连接不同类型的设备,如计算机、打印机、电话机、传真机等,非常灵活实用。

(2)当用户需要变更办公室空间、搬动办公室或进行设备升级更新时,自行在配线架上进行简单灵活的跳线,即可改变系统的组成和服务功能,不再需要布设新线缆和新插孔,大幅减少了线路布放及管理上所耗费的时间和经费。

(3)可兼容各厂家的语音、数据设备,还可兼容模拟图像设备,且使用相同的电缆、配线架、插头和模块插孔,因而无论布线系统多么复杂庞大,都不需要与不同厂商进行协调,也不需要为不同设备准备不同的配线零件以及复杂的线路标示与管理线路图。

(4)采用模块化设计,布线系统中,除固定于建筑物内的水平线缆外,其余所有的接插件都是积木式标准件,易于扩充及重新配置。因此,当用户因企业发展而需要增加配线时,不会影响整个布线系统,保护了客户先前在布线方面的投资。

(5) 为所有语音、数据和图像设备提供了一套实用、灵活、可扩展的模块化介质通路,用户可根据实际情况将各弱电系统分步实施,即需要实施其一子系统时只需将该系统的主机和终端直接挂在综合布线系统上,从而免除了用户在建楼时的后顾之忧。

(6) 采用积木式结构能将当前和未来的语音及数据设备、互联设备、网络管理产品方便地扩展进去,是真正面向未来的先进技术。值得一提的是,综合业务数字网(ISDN)的基群速率接口采用与综合布线系统相同的8脚模块化插座和4对内部引线,并且综合布线系统支持的数据传输高于 ISDN 的基群速率,符合 ISDN 规范。因此,当电话网发展成为 ISDN,用户的程控数字交换机更换为 ISDN 交换机时,可直接利用原有布线系统,而不必另外布线。

2.4.1 综合布线系统的组成

综合布线系统的发展与智能大厦的发展是分不开的,它很好地解决了传统布线中所存在的许多问题,用该系统取代单一、昂贵、繁杂的传统布线系统。

综合布线系统由 6 个子系统组成,它们是建筑群布线子系统、垂直布线子系统、水平布线子系统、工作区布线子系统、设备区子系统和管理子系统。大型布线系统需要用铜介质和光纤介质部件将 6 个子系统集成在一起。图 2-32 所示的是包含了其中主要 4 部分的模型图。

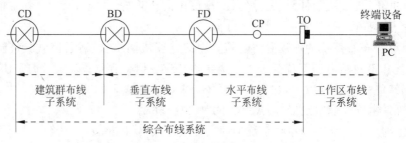

图 2-32 综合布线模型

CD—Campus Distributor:建筑群配线架;BD—Building Distributor:建筑物配线架;FD—Floor Distributor:楼层配线架;CP—Connect Point:连接点;TO—Telecommunications Outlet:插座(信息端口)

1. 建筑群布线子系统

建筑群布线子系统又称建筑物接入系统。采用多模光缆连接建筑群中各大楼中心计算机房的主机及网络设备。

2. 垂直布线子系统

垂直布线子系统也称垂直干线子系统或骨干电缆系统,一般位于建筑物内弱电井中,将数据终端设备、交换机和各管理子系统间进行连接。

3. 水平布线子系统

水平布线子系统又称水平配线系统,用于将设备区子系统的线路延伸到用户工作区,数据部分和语音部分均采用 IBDN 增强型 5 类双绞线;水平子系统的作用是将建筑物垂直布线子系统的线路延伸到用户工作区子系统。水平子系统的数据、图形等电子信息交换服务将采用 4 对超 5 类非屏蔽双绞线(Cat 5 UTP)布线。超 5 类非屏蔽双绞线是目前性能价格比最好的高品质传输介质,其性能指标完全符合 ANSI/EIA/TIA-568-A 标准(美国的 5 类线标准),能够保证在 100m 内传输率达到并超过 100Mb/s。根据超 5 类 UTP 用于支持 100Mb/s 传输的最大距离为 100m 设计,设计线从配线架至最远端(工作区)的端口小于 90m。

水平子系统由 8 芯非屏蔽双绞线组成。常用的双绞线有 3 类线和超 5 类线。3 类线可用于电话和 16Mb/s 的数据传输;超 5 类线传输数据的速度可到 100Mb/s。为适应以后扩展的要求并最大限度保护投资,通常采用超 5 类线。

4. 工作区布线子系统

工作区布线子系统也称终端连接系统。其位于大楼办公区域内,为用户提供一个既符合 ISDN 标准,又可满足高速数据传输的服务。工作区子系统由终端设备连接到信息插座的跳线和信息插座(TO)组成,通过插座可以连接计算机或其他终端。水平系统的双绞线一端在这里连接。每个面板有超 5 类插座,插座装在面板上,安装在每个工作位置上。插座选用 8 芯 RJ-45 型。跳线用于连接插座与计算机,跳线的两端带 RJ-45 插头(水晶头)。考虑配备双孔插座,计算机、电话可按用户的需要随意跳接。

5. 设备区子系统

设备区子系统位于大楼的中心位置,是综合布线系统的中枢,负责大楼内外信息的交流与管理。通常采用 BIX 跳接式配线架连接交换机,采用光纤终结架连接主机及网络设备。设备区子系统在综合布线系统中主要为各类信息设备提供信息管理、信息传输服务。针对计算机网络系统,它包括网络集线器(Hub)设备、网络智能交换集线器及设备的连接线。其采用标准的 19 英寸机柜,可以将这些设备(Switch、Hub)集成到柜中,便于统一管理。它将计算机和网络设备的输出线通过建筑物垂直布线子系统相连接,构成系统计算机网络的重要环节,同时它通过配线架的跳线控制所有总配线架(MDF)的路由。

6. 管理子系统

管理子系统位于大楼的每层的相同位置,上下有一垂直的通道将它们相连,负责管理所在楼层的信息插座。采用配线架管理模块,与水平双绞线连接,选用先进通用的 19 英寸标准模块化配线架。计算机配线采用单跳线方式,跳线是在集线器与配线架之间跳接。跳线采用超 5 类 UTP(非屏蔽双绞线),RJ-45 接头。可用带黄色标号绳的 Hub 跳线,每根跳线均经过 5 类测试仪的多指标测试,完全满足标准所规定的跳线各项指标,支持超过 100Mb/s 的数据传输速率。标号加在跳线的两端,标号对应,避免将来管理中查线的不便,非常便于管理。

2.4.2 综合布线系统的安装

综合布线系统一般采用高品质的非屏蔽双绞线 UTP 或光缆取代以往的同轴电缆和专用线缆,实现数据、语音和图像的高速传输,解决线间串扰和电磁辐射干扰等难题,利用型号齐全的适配器,就可以将几乎所有系统都纳入结构化布线系统中来。

1. 产品选型

综合布线系统产品的选型:楼宇间采用光缆连接,主干网为千兆光纤以太网。楼宇内的室内布线可采用 ISDN 结构化布线系统,端到端采用超 5 类接插件产品,支持 Ethernet、Token Ring、ATM 及多媒体技术等,且以开放式的原则支持众多厂家的产品及设备。目前,结构化布线解决方案厂商纷纷推出增强 5 类(cat 5e)和 6 类线缆解决方案。表 2-1 所示的是 5e 类、6 类线缆各自的优点。

表 2-1　5e 类、6 类线缆优点对照表

项　　目	5e 类线缆优点	6 类线缆优点
频率范围/MHz	1～100	1～200,可达 250
性能	支持所有现存的综合布线(包括吉比特以太网)	支持所有当前及新型铜缆布线,同时留有余量
余量	铜缆布线余量高	铜缆布线余量最高
安装	采用 UTP 布线手段安装迅速、简便,成本低,可靠性高	采用 UTP 布线手段安装迅速、简便,成本低,可靠性高
向下兼容	向下兼容 5 类和 3 类	允许 5 类/5e 类组件与 6 类组件混用
初始成本	与 5 类解决方案的成本基本相同	比 5e 类解决方案高 20%～30%
使用寿命	使用寿命比 5 类解决方案长	使用寿命最长

表 2-2 所示为 5 类、5e 类、6 类及 7 类线缆在 100MHz 正常频率下的性能比较。

表 2-2　5 类、5e 类、6 类及 7 类线缆比较表

项　　目	5 类	5e 类	6 类	7 类
频率范围(MHz)	1～100	1～100	1～200(250)	1～600
衰减(db)	24.0	24.0	21.2(36.0)	20.8(54.1)
衰减串扰比(db)	3.1	6.1	18.7(0.1)	41.3(-3.1)
近端串扰(db)	27.1	30.1	39.9(33.1)	62.1(51.0)
功率和近端串扰(db)	n/a	27.1	37.1(30.2)	59.1(48.0)
功率和衰减串扰比(db)	n/a	3.1	15.9(-5.8)	38.3(-6.1)
等电平远端串扰(db)	17.0	17.4	23.2(15.3)	/
功率和等电平远端串扰(db)	14.4	14.4	20.2(12.3)	/
回波损耗(db)	8.0	10.0	12.0(8.0)	14.1(8.7)
传输时延(ns)	555.0	555.0	538(536)	504(501)
时延偏差(ns)	50.0	45.0	45.0	20.0

从表 2-2 中可以直观地看出,在相同频率下,不同技术规范的比较结果,6 类线缆在 5e 类的基础上有了改进。从频率范围看,5e 类线缆仍局限在 100MHz,而 6 类线缆已提高到 200MHz,并规定在此基础上再加 25%余量,即达到 250MHz(暂定)。下面介绍产品选型的一般原则。

如果是在一般家庭网络、小型办公室和普通互联网环境中使用,那么 5 类网线已经能够满足当前使用需求。如果是在需要更高速度和更高带宽的场合(如实时电视会议、桌面印刷、三维模式等),那么需要大规模数据传输的环境,即最好采用 6 类线缆解决方案。

如果不便预测,为安全起见,可采用 6 类解决方案。或者预见到企业将会持续高速发展,那么 6 类以上解决方案可提供更大的"增长空间",以备需要网络扩容来支持企业的发展。

信息插座:数据和语音均采用 MDVO(多媒体信息)模块式超 5 类信息插座。

传输介质:水平——语音和数据均采用超 5 类非屏蔽双绞线,建筑群——采用室外 6 芯多模光纤。

配线架:数据部分采用光纤终端盒及系列模块式配线架。

跳线:数据部分采用两芯光纤跳线和高速模块跳线。

（1）水平布线子系统。

双绞线系统中,水平布线子系统的 4 对非屏蔽双绞线(UTP)的连接都是按标准来进行的,图 2-33 所示的是 EIA/TIA568-A 和 EIA/TIA568-B(以下简称为 T568-A 和 T568-B)的接线图。在配线架一端通常按以下方式来连接(符合 T568-B)。

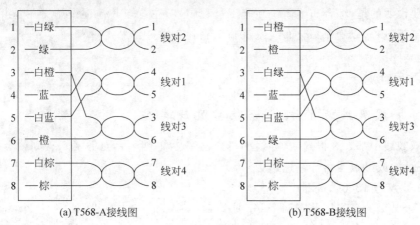

(a) T568-A接线图　　　　　　　　(b) T568-B接线图

图 2-33　T568 接线图

第一对：白蓝。第二对：白橙。第三对：白绿。第四对：白棕。

而对信息插座的连接,则是按标准来实现的,即 4 对双绞线可按 T568-A(美国的超 5 类线标准)、T568-B、USOC 等标准来实现连接。建议尽量采用 T568-A 连接方式。

需要注意的是,在穿线施工中,负责穿线施工的单位可能因为用力过大或不正确的穿线方法或被所用金属线槽边沿的锋刃将线缆全部或部分割断、拉断而造成缆线开路,即缆线不能连续。要保证所有完好的信息点连接的正确性;必须保证无短路信息点;所有信息点中,要求一对线开路的信息点所占比例不超过 5%,二对线开路的信息点所占比例不超过 1%。

（2）垂直布线子系统。

垂直布线子系统中,缆线的连接正确性由色码提供保证,色码编排如下。

1～5	白(W)	蓝(BL)
6～10	红(R)	橙(O)
11～15	黑(BK)	绿(G)
16～20	黄(Y)	棕(BR)
21～25	紫(V)	灰(S)

按照排序组合,例如,白蓝、蓝白为第一对线;白橙、橙白为第二对线;白绿、绿白为第三对线;白棕、棕白为第四对线;白灰、灰白为第五对线。其他以此类推,安装时按顺序和此色标进行,方可保证连接的正确性。

2. 系统管槽设计与管线铺设

由于安装的是非屏蔽双绞线,对接地要求不高,可在与机柜相连的主线槽处接地。

线槽的规格是这样来确定的:线槽的横截面面积留 40% 的空余以备扩充,超 5 类双绞线的横截面面积为 0.3cm²。

线槽安装时,应注意与强电线槽的隔离。布线系统应避免与强电线路在无屏蔽、距离小于 20cm 的情况下平行走 3m 以上。如果无法避免,该段线槽需采取屏蔽隔离措施。

管槽过渡、接口不应该有毛刺，线槽过渡要平滑。

线管超过两个弯头必须留分线盒。

墙装底盒安装应该距地面 30cm 以上，并与其他底盒保持等高、平行。

线管采用镀锌薄壁钢管或 PVC 管。

最后要说明的是，综合布线系统在施工过程中，应注意与其他建设施工单位相互配合，合理安排施工进程，以确保综合布线系统施工顺利完成。

 实施过程

任务1　掌握双绞线的制作标准与跳线类型

每条双绞线中都有 8 根导线，导线的排列顺序必须遵循一定的规律，否则就会导致链路的连通性故障，或影响网络传输速率。

1. T568-A 与 T568-B 标准

目前，最常用的布线标准有两个，分别是 T568-A 和 T568-B 两种。在一个综合布线工程中，可采用任何一种标准，但所有的布线设备及布线施工必须采用同一标准。通常情况下，在布线工程中采用 T568-B 标准。

（1）按照 T568-B 标准布线水晶头的 8 针（也称插针）与线对的分配如图 2-34 所示。线序从左到右依次为 1-白橙、2-橙、3-白绿、4-蓝、5-白蓝、6-绿、7-白棕、8-棕。4 对双绞线电缆的线对 2 插入水晶头的 1、2 针，线对 3 插入水晶头的 3、6 针。

（2）按照 T568-A 标准布线水晶头的 8 针与线对的分配如图 2-35 所示。线序从左到右依次为 1-白绿、2-绿、3-白橙、4-蓝、5-白蓝、6-橙、7-白棕、8-棕。4 对双绞线对称电缆的线对 2 接信息插座的 3、6 针，线对 3 接信息插座的 1、2 针。

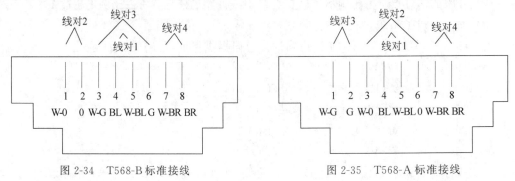

图 2-34　T568-B 标准接线　　　　　　图 2-35　T568-A 标准接线

2. 判断跳线线序

只有搞清楚如何确定水晶头针脚的顺序，才能正确判断跳线的线序。将水晶头有塑料弹簧片的一面朝下，有针脚的一面朝上，使有针脚的一端指向远离自己的方向，有方型孔的一端对着自己。此时，最左边的是第 1 脚，最右边的是第 8 脚，其余依此顺序排列。

3. 跳线的类型

按照双绞线两端线序的不同，通常划分为两类双绞线。

（1）直通线。根据 T568-B 标准，两端线序排列一致，一一对应，即不改变线的排列，称为直通线。直通线线序如表 2-3 所示，当然也可以按照 T568-A 标准制作直通线，此时跳线两端的线序依次为 1-白绿、2-绿、3-白橙、4-蓝、5-白蓝、6-橙、7-白棕、8-棕。

表 2-3　直通线线序

端 1	白橙	橙	白绿	蓝	白蓝	绿	白棕	棕
端 2	白橙	橙	白绿	蓝	白蓝	绿	白棕	棕

（2）交叉线。根据 T568-B 标准,改变线的排列顺序,采用"1-3,2-6"的交叉原则排列,称为交叉线。交叉线线序如表 2-4 所示。

表 2-4　交叉线线序

端 1	白橙	橙	白绿	蓝	白蓝	绿	白棕	棕
端 2	白绿	绿	白橙	蓝	白蓝	橙	白棕	棕

如果双绞线的两端均采用同一标准(如 T568-B),则称这根双绞线为平接。能用于异种网络设备间的连接,如计算机与集线器的连接、集线器与路由器的连接。这是一种用得最多的连接方式,通常平接双绞线的两端均采用 T568-B 连接标准,如图 2-36 所示。

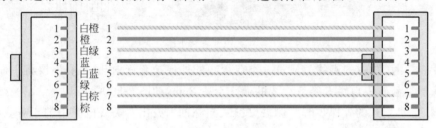

图 2-36　平接双绞线连接

如果双绞线的两端采用不同的连接标准(如一端用 T568-A,另一端用 T568-B),则称这根双绞线为跳接。能用于同种类型设备连接,如计算机与计算机的直连、集线器与集线器的级连。需要注意的是,有些集线器(或交换机)本身带有"级连端口",当用某一集线器的"普通端口"与另一集线器的"级连端口"相连时,因"级连端口"内部已经做了"跳接"处理,所以这时只能用"平接"双绞线来完成其连接,如图 2-37 所示。

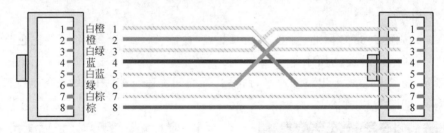

图 2-37　跳接双绞线连接

任务 2　双绞线直通线的制作

在动手制作双绞线跳线时,还应该准备好以下材料。

1. 双绞线

在将双绞线剪断前一定要计算好所需的长度。如果剪断的比实际长度还短,将不能再接长。

2. RJ-45 接头

RJ-45 接头即水晶头。每条网线的两端各需要一个水晶头。水晶头质量的优劣不仅是网线能够制作成功的关键之一,也在很大程度上影响着网络的传输速率,推荐选择真的AMP 水晶头。假的水晶头的铜片容易生锈,对网络传输速率影响特别大。

制作过程可分为 5 步,简单归纳为"剥""理""插""压""测"5 个字。具体步骤如下所述。

步骤 1:准备好 5 类双绞线若干、RJ-45 插头若干、RJ-45 压线钳一把和测试仪一套,如图 2-38 所示。

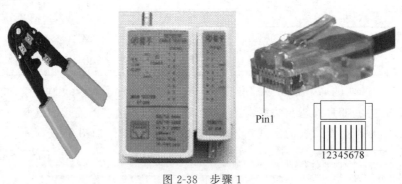

图 2-38　步骤 1

步骤 2:用压线钳的剥线刀口将 5 类双绞线的外保护套管划开(小心不要将里面的双绞线的绝缘层划破),刀口距 5 类双绞线的端头至少 2cm,如图 2-39 所示。

步骤 3:将划开的外保护套管剥去(旋转、向外抽),露出 5 类线电缆中的 4 对双绞线,如图 2-40 所示。

图 2-39　步骤 2

图 2-40　步骤 3

步骤 4:按照 T568-B 标准(白橙、白、白绿、蓝、白蓝、绿、白棕、棕)和导线颜色将导线按规定的序号排好,如图 2-41 所示。

步骤 5:将 8 根导线平坦整齐地平行排列,导线间不留空隙,用压线钳的剪线刀口将 8 根导线剪断,如图 2-42 所示。

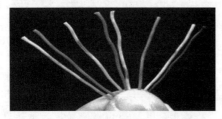

图 2-41　步骤 4

图 2-42　步骤 5

剪断后电缆线如图 2-43 所示。

步骤6：将剪断的电缆线放入RJ-45插头试试长短（要插到底），电缆线的外保护层最后应能够在RJ-45插头内的凹陷处被压实。反复进行调整，如图2-44所示。

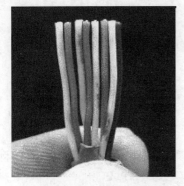
图2-43 剪断后的电缆线

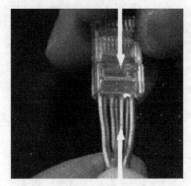
图2-44 步骤6

步骤7：在确认一切都正确后（特别要注意不要将导线的顺序排列反了），将RJ-45插头放入压线钳的压头槽内，准备最后的压实，如图2-45所示。

步骤8：双手紧握压线钳的手柄，用力压紧，如图2-46所示。在这一步骤完成后，插头的8个针脚接触点就穿过导线的绝缘外层，分别和8根导线紧紧地压接在一起。

压头槽

图2-45 步骤7

(a)
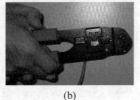
(b)
图2-46 步骤8

完成后的形状如图2-47所示。

图2-47 制作好的水晶头

这样就完成了线缆一端的水晶头制作，下面需要制作双绞线的另一端水晶头，按照T568-B和前面介绍的步骤来制作另一端水晶头。

现在已经做好了一根双绞线，在实际用它连接设备之前，先要用网络测试仪进行连通性测试。

网络数据通信基础

任务3 双绞线交叉线的制作

制作双绞线交叉线的步骤和操作要领与制作直通线一样,只是在交叉线两端中,一端按 T568-B 标准,另一端按 T568-A 标准。

任务4 跳线的测试

制作完成双绞线后,下一步需要检测它的连通性,以确定是否有连接故障。

通常使用电缆测试仪进行检测。建议使用专门的测试工具进行测试。常用的"能手"网络电缆测试仪如图 2-48 所示。

测试时将双绞线两端的水晶头分别插入主测试仪和远程测试端的 RJ-45 端口,将开关调至 ON(S 为慢速挡),主机指示灯从 1~8 逐个顺序闪亮,如图 2-49 所示。

图 2-48 "能手"网络电缆测试仪

图 2-49 网络跳线测量

若连接不正常,按下述情况显示。

(1) 当有一根导线断路,则主测试仪和远程测试端对应线号的灯都不亮。

(2) 当有几条导线断路,则相对应的几条线都不亮,当导线少于 2 根线连通时,灯都不亮。

(3) 当两头网线乱序,则与主测试仪端连通的远程测试端的线号亮。

(4) 当导线有 2 根短路时,则主测试器显示不变,而远程测试端显示短路的两根线灯都亮。若有 3 根以上(含 3 根)线短路时,则所有短路的几条线对应的灯都不亮。

(5) 如果出现红灯或黄灯,就说明存在接触不良等现象,此时最好先用压线钳压制两端水晶头一次再测,如果故障依旧存在,就得检查一下芯线的排列顺序是否正确。如果芯线顺序错误,那么就应重新进行制作。

提示:如果测试的线缆为直通线缆的话,测试仪上的 8 个指示灯应该依次闪烁。如果线缆为交叉线缆,其中一侧同样是依次闪烁,而另一侧则会按 3、6、1、4、5、2、7、8 这样的顺序闪烁。如果芯线顺序一样,但测试仪仍显示红色灯或黄色灯,则表明其中肯定存在对应芯线接触不好的情况。此时就需要重做水晶头了。

小 结

计算机网络是现代计算机技术和通信技术密切结合的产物,因此我们在学习计算机网络时,必须了解数据通信的基本原理:数据通信的目的是传输信息,信息的表现形式是数据。数据分模拟数据和数字数据。信号是数据的电编码或电磁编码,信号有模拟信号和数字信号两种。数据传输有基带传输和频带传输,在传输过程中需要保证收发双方同步并进行差错处理;传输方式有并行传输和串行传输。

在通信系统中,信道上存在着多路信号同时传输的问题。解决多路信号同时传输问题必须考虑信道复用,采用复用技术可以提高电信线路的传输效率,降低成本。

数据网是由相互连接的节点和传输链路构成的,数据从始节点经由网络传输到终节点。在从始节点到终节点的路由上,各节点需要对数据进行交换。数据交换可以分为电路交换、报文交换、分组交换 3 种方式。

传输介质是网络中连接收发双方的物理通路,也是通信中实际传送信息的载体。通常按具体媒介的不同类型可分为有线媒介和无线媒介。无线媒介利用电磁波(如中长波地表波传播、超短波及微波视距传播、短波电离层反射、超短波流星余迹散射、对流层散射、电离层散射、超短波超视距绕射、波导传播、光波视距传播等)来传播信号;有线媒介利用架空明线、对称电缆、同轴电缆、光导纤维(光缆)及波导等介质来传播信号。

综合布线系统(GCS)是现代智能化建筑综合数据传输的网络系统;是把建筑物内部的语音交换、智能数据处理设备及其他广义的数据通信设施相互连接起来,并采用必要的设备与建筑物外部通信网络相连接;是计算机网络、有线电视、通信技术等各种高新技术融合和接入的重要组成部分。

思考与练习

1. 什么是单工、半双工和全双工通信方式?
2. 什么是同步传输与异步传输?
3. 简述几种交换方式的主要特点。
4. 比较频分复用、时分复用和统计时分复用的主要特点。
5. 简述综合布线系统各子系统的特点。
6. 常用传输介质有哪些? 各有什么特点?

网络数据通信基础

第3章 网络体系结构与协议

视频讲解

本章学习目标

- 掌握计算机网络的体系结构。
- 掌握网络测试命令的使用。
- 熟练掌握 IP 地址的配置。
- 熟练掌握子网的划分方法。
- 掌握捕获信息工具 Sniffer 的使用。
- 掌握抓包工具 Wireshark 的使用。

计算机网络体系结构是计算机网络和它的部件所执行功能的精确定义,并用协议、实体逻辑环境等加以描述。网络各层次及其协议的组合,称为网络体系结构。网络体系结构应当具有足够的信息,以允许软件设计人员给每层编写实现该层协议的有关程序,这些程序应正确地遵循其对应的协议。网络体系结构和每层协议的确定是网络设计的基本课题。

3.1 协 议 分 层

1. 网络协议

"协议"是计算机的网络语言。如果一台计算机不能使用某个协议,它就不能与使用该协议的其他计算机通信。

协议是一种通信规则。计算机网络中不同系统的两实体间只有在通信的基础上才能相互交换信息,共享网络资源。一般来说,实体是能发送和接收信息的任何对象,可以指用户应用程序、文件传送包、数据库管理系统、电子邮件设备和终端等。系统可包含一个或多个实体(如主机和终端等)。两个实体间要想进行正常的通信,就必须能够相互理解,共同遵守有关实体的某种互相都能接受的规则,我们把这些为进行网络中的数据交换而建立的规则的集合称为协议。

网络协议的作用是约束计算机之间的通信过程,使之按照事先约定好的步骤进行。一个网络协议主要由语法、语义和定时 3 个要素组成。

(1) 语法:规定通信双方信息与控制信息的结构或格式,包括数据格式、编码和信号等级等。

(2) 语义:需要发出何种控制信息、完成何种动作以及做出何种应答,包括数据的内容和含义等。

(3) 定时:规定事件顺序,确定通信过程中状态的变化,包括速率匹配和排序等。

2. 网络体系结构

计算机网络体系结构是网络层次结构模型与各层次协议的集合。根据协议之间的相互协作关系,把它们按层次结构进行组织,每个层次可以包含若干协议,层与层之间定义了信息交互接口,使每个层次具有相对的独立性。位于某个层次中的协议既可以为上层协议提供服务,也可以使用下层协议提供的服务。具体应该划分多少层次,每个层次应该包含哪些协议,是研制网络技术时确定的,对于具体的网络技术这些问题都已确定。

采用分层结构组织网络协议的必要性如下所述。

(1) 每一层可以实现一种相对独立的功能,且不必知道相邻层是如何实现的,只要明确下层通过层间接口提供的服务是什么及本层向上层提供什么样的服务,就能独立地进行本层的设计。由于每一层只实现一种相对独立的功能,因而可将一个复杂问题分解为若干比较容易处理的小问题。

(2) 系统的灵活性好。当某个层次的协议需要改动或替代时,只要保持它和上下层的接口不变,则其他层次都不受其影响。

(3) 每层都可以采用最合适的技术来实现。

(4) 有利于标准化工作。每层的功能及其所提供的服务都已有了精确的说明,就像一个被标准化了的部件,只要符合要求就可以拿来使用。

3. 协议和服务的关系

为了进一步理解网络体系结构的概念,有必要明确协议和服务之间的关系。为方便理解,先介绍几个相关的名词:实体、服务访问点、服务原语。

(1) 实体:在研究计算机网络时,可以用实体抽象地表示任何可发送或接收信息的硬件或软件。实体究竟是一个进程还是一台计算机,对研究问题没有实质上的影响。但在多数情况下,实体通常是一个特定的软件模块。

(2) 服务访问点:在同一系统中相邻两层的实体进行交互(即交换信息)的地方,通常称为服务访问点(Service Access Point,SAP)。

(3) 服务原语:上层使用下层所提供的服务必须通过与下层交换一些命令来实现,这些命令称为服务原语(Service Primitive)。服务原语可被划分为 4 类,分别是请求(Request)、指示(Indication)、响应(Response)和确认(Confirm)。

需要注意的是,由于实体含义的多样性,我们可以将体系结构中的一个层次看成一个实体,对等实体则可以理解为两台计算机中相同的体系结构层次。

在协议的控制下,两个对等实体间的通信使得本层能够向上一层提供服务。要实现本层协议,还需要使用下面一层所提供的服务,体系结构中层与层之间的关系如图 3-1 所示。在对等层实体间传送的数据的单位都称为该层的协议数据单元(Protocol Data Unit,PDU)。

协议和服务是两个不同的概念。首先,协议的实现保证了本层能够向上一层提供服务。本层的服务用户只能看见下层提供的服务而无法看见下层的具体协议,即下层的协议对上层的服务用户是透明的。其次,协议是"水平的",即协

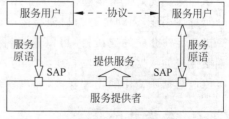

图 3-1 体系结构中层与层之间的关系

第 3 章

网络体系结构与协议

议是控制对等实体之间通信的规则。而服务是"垂直的",是由下层向上层通过层间接口提供的。另外,并非在一个层次内完成的全部功能都称为服务,只有那些能够被上层看得见的功能才能称为"服务"。层与层之间交换的数据的单位称为服务数据单元 SDU(Service Data Unit)。

3.2 体系结构与 OSI 模型

为了实现不同分层的网络体系结构之间的互联,国际标准化组织(ISO)在 1984 年正式颁布了"开放系统互连"(Open System Interconnection,OSI)参考模型国际标准,使计算机网络体系结构实现了标准化。

所谓开放系统互连,是指按照这个标准设计和建成的计算机网络系统可以互相连接,这个 OSI 参考模型对应于由两台主机组成的计算机网络。通信领域通常采用 OSI 的标准术语来描述系统的通信功能。

OSI 参考模型规定了一个网络协议的框架结构,如图 3-2 所示,自下而上分别是物理层、数据链路层、网络层、传输层、会话层、表示层和应用层。其中,1~3 层通常称为通信子网,负责提供网络服务,不负责解释信息的具体语义;5~7 层称为资源子网,它负责进行信息的处理,信息语义的解释等;第 4 层是传输层,它是上 3 层与下 3 层之间的隔离层,负责解决高层应用需求与下层通信子网提供的服务之间的匹配问题。

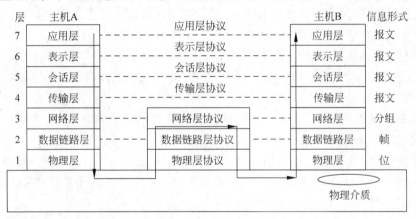

图 3-2　OSI 参考模型

3.2.1　物理层

物理层主要处理与物理传输介质有关的机械、电气、功能特性和接口问题。物理层与传输介质直接相连,因此也称为物理层接口,是计算机与网络连接的物理通道。其功能是控制计算机与传输介质的连接,即可以建立、保持和断开这种连接,以保证比特流的透明传输。物理层传送的数据基本单位是比特(bit),又称位。

传送数据所使用的物理媒体,如双绞线、同轴电缆、光缆等,不属于物理层。

3.2.2　数据链路层

数据链路层位于 OSI 参考模型中的第 2 层,它以物理层为基础,向网络层提供可靠的服务,因此要求数据链路层能够建立和维持一条或多条没有数据发送错误的数据链路,并在数据传输完毕后能够释放数据链路。

实际上,"链路"与"数据链路"并不是一回事。"链路"就是一条无源的点到点的物理线路段,中间没有任何其他的交换节点。一条链路只是一条通路的一个组成部分,而"数据链路"则是指当需要在一条线路上传送数据时,除了必须有一条物理线路外,还必须有一些必要的规程来控制这些数据的传输。因此,数据链路就是在链路上加上了实现这些规程的硬件和软件后构成的。当采用复用技术时,一条实际的物理链路上可以有多条数据链路。我们有时又把链路称为物理链路,把数据链路称为逻辑链路。

数据链路层最重要的作用就是通过一些数据链路层协议(即链路控制规程),在不太可靠的物理链路上实现可靠的数据传输。为此,数据链路层完成的主要功能有以下7方面。

(1) 链路管理。链路管理就是进行数据链路的建立、维持和拆除。当网络中的两个节点要进行通信时,数据的发送方必须确切知道接收方是否已经处于准备接收的状态。通信双方必须要交换一些必要的信息,也就是必须先建立一条数据链路。同时,在传输数据时要维持数据链路,而在通信完毕时要拆除数据链路。

(2) 帧同步。在数据链路层,数据的传送单位是帧。数据一帧一帧地传送,就可以在出现差错时,将有差错的帧再重传一次,从而避免了将全部数据都进行重传。因为物理层上交给数据链路层的是一串比特流,所以帧同步是指接收方应当能从收到的比特流中准确地区分出一帧的开始和结束的地方。

(3) 流量控制。为防止双方速度不匹配或接收方没有足够的接收缓存而导致数据拥塞或溢出,数据链路层要能够调节数据的传输速率,即发送方发送数据的速率必须使接收方来得及接收。当接收方来不及接收时,就必须及时控制发送方发送数据的速率。

(4) 差错控制。数据链路层必须要配备一套检错和纠错的规程,以防止数据帧的错误、丢失与重复。在计算机通信中,广泛采用两类编码技术用于纠错。一类是前向纠错,即接收方收到有差错的数据帧时,能够自动将差错改正过来。这种方法的开销较大,不适合于计算机通信。另一类是检错重传,即接收方可以检测出收到的帧中有差错,但并不知道是哪几个比特错了,于是让发送方重复发送这一帧,直到收方正确收到这一帧为止。这种方法在计算机通信中是最常用的。

(5) 区分数据和控制信息。在多数情况下,数据和控制信息处于同一帧中,因此一定要有相应的措施使接收方能够将它们区分开来。

(6) 透明传输。所谓透明传输就是不管所传数据是什么样的比特组合,都应该能够在数据链路上传送。当所传数据中的比特组合恰巧出现了与某一个控制信息完全一样的情况时,必须采取适当的措施,使接收方不会将这样的数据误认为某种控制信息。这样才能保证数据链路层的传输是透明的。

(7) 寻址。必须保证每一个帧都能发送到正确的目的站。接收方也应知道发送方是哪个站。

其中,差错控制和流量控制是数据链路层的两个重要的功能,最简单也是最基本的就是采用停止等待协议。

3.2.3 网络层

网络层是OSI参考模型中的第3层,介于传输层和数据链路层之间,它在数据链路层提供的两个相邻节点之间数据帧的传送功能上,解决整个网络的数据通信,将数据设法从源端点经过若干中间节点传送到目的端,从而向传输层提供最基本的端到端数据传送服务。

网络层的数据传送单位称为分组或包,通信子网及广域网的最高层就是网络层,因此网络层的主要作用是控制通信子网正常运行,以及解决通信子网中分组转发和路由选择等问题。网络层的主要功能如下。

(1) 分组转发和路由更新。网络层要逐个节点地把分组从源站点转发到目的站,而转发的路由不是一成不变的,网络层执行某种路由算法,根据当前网络流量及拓扑结构的变化动态地更新路由表,进行路由选择。

(2) 网络连接的建立和管理。提供数据报和虚电路两种分组传输服务,这两种服务分别是面向连接服务和无连接服务方式。

(3) 防止通信子网信息流量过大造成拥塞。若注入网络的分组太多,在某段时间,如果对计算机网络中的链路容量、交换节点的缓存及处理机等某一资源的需求超过了该资源所能提供的能力,网络的性能就要变坏,甚至大幅下降,这种情况就叫作拥塞。网络层可以采用预先分配缓存资源、允许节点在必要时丢弃分组、限制进入通信子网的分组数等方法进行拥塞控制。

3.2.4 传输层

有了前面的3个层次,网络的功能已经比较完善,但对不懂网络的人使用起来却很不方便,因此需要一个层次为用户提供简洁的网络服务界面。有了传输层,高层用户就可利用传输层的服务直接进行主机到主机的数据传输,从而不必关心通信子网的更替和技术的变化,复杂的通信细节被传输层所屏蔽。传输层通常为高层用户提供两种服务,即可靠的数据交付和尽最大努力的数据交付。此外传输层还具有复用功能,可以同时为一台计算机中的多个程序提供通信服务。传输层数据传送的基本单位是报文段。

传输层是计算机网络中的资源子网和通信子网的接口和桥梁,完成资源子网中两节点间的直接逻辑通信。

传输层下面的3层属于通信子网,完成有关的通信处理,向传输层提供网络服务;传输层上面的3层完成面向数据处理的功能,为用户提供与网络之间的接口。由此可见,传输层在OSI/RM(Open System Interconnection/Reference Model)中起到承上启下的作用,是整个网络体系结构的关键。

传输层完成的主要功能有以下4点。

(1) 分割和重组报文。

(2) 实现通信子网端到端的可靠传输(保证通信的质量)。

(3) 传输层的流量控制。

(4) 提供面向连接的和无连接数据的传输服务。

3.2.5 会话层

会话层允许不同机器上的用户建立会话(Session)关系。会话层的任务就是提供一种有效的方法,以组织并协商两个表示层进程之间的会话,并管理它们之间的数据交换。具体地说,就是发信权的控制与同步的确定方法等。

会话层的主要功能如下。

（1）提供一个面向用户的连接服务，并为会话活动提供有效的组织和同步所必需的手段，为数据传送提供控制和管理。

（2）把会话地址变换成它的传送地址，建立会话连接。

3.2.6　表示层

表示层主要完成某些特定的功能。同时表示层为应用层（或用户进程）提供服务，该服务可以解释所交换数据的意义，进行正文压缩及各种变换，以便用户使用，如对数据格式和编码的转换，以及数据结构的转换等。如把 ASCII 变换为 EBCDIC 码等。当网络中使用不同的计算机代码和文件格式，以及各种不兼容终端（用不同字符、不同显示长度、屏幕显示行数、行结束符号和光标寻址方法）等时，均可在这一层进行转换。此外，利用密码对正文进行加密、保密也是该层的任务。表示层的功能通常由用户调用库子程序来实现。

表示层主要完成的功能有以下 5 点。

（1）对数据编码格式进行转换。

（2）数据压缩与恢复。

（3）数据的安全与加密等工作。

（4）建立数据交换格式。

（5）其他特殊服务。

3.2.7　应用层

应用层为应用进程提供访问 OSI 环境的方法。例如，世界上有上百不兼容的终端类型，如果希望一个全屏幕编辑程序能工作在网络中许多不同的终端类型上，几乎是不可能的。解决这一问题的方法之一是，定义一个抽象的网络虚拟终端，编辑程序和其他所有程序都面向该虚拟终端。而对每一种终端类型，都写一段软件将面向虚拟终端的编辑程序变换为面向实际终端的软件，控制实际终端的运行。

这一层的例子有虚拟终端协议、虚拟文件协议、文件传送协议、公共管理信息协议。虚拟终端协议是用来提供给终端使它能访问远程系统中的用户进程。虚拟文件协议提供对文件的远程访问、管理和传送。文件传送协议是在两个终端之间提供文件传送服务。公共管理信息协议通过提供的 7 项基本服务支持对网络的性能管理、故障管理和配置管理服务。

应用层是 OSI 参考模型的最高层，是利用网络资源向应用程序直接提供服务的层次。与传输层不同，应用层提供的是特殊的网络应用服务，如邮件服务、文件传输服务等。用户可直接使用，也可以在此基础上开发更高级的网络应用。

应用层完成的主要功能有：

（1）作为用户应用程序与网络间的接口。

（2）使用户的应用程序能够与网络进行交互式联系。

在 OSI 7 层模型中，每一层都提供了一些明确的网络功能。一般数据通信子网中的交换节点包含 OSI 模型的下 3 层，表示节点的这 3 个层次被称为中继开放系统。

若从功能角度看，下面 4 层主要提供通信传输功能，以节点到节点之间的通信为主；高层协议（会话层、表示层和应用层）则以提供用户与应用程序之间的处理功能为主。或者说，低4层协议完成通信功能,高3层完成处理功能。

若从产品看,低3层协议一般由硬件完成,高层由软件完成。如网卡、集线器实现物理层功能;网桥(交换机)实现链路层功能;路由器实现网络层功能;而电子邮件软件则完成应用层的功能。

3.3 TCP/IP 体系结构

TCP/IP(Transmission Control Protocol/Internet Protocol,传输控制协议/网际协议)参考模型是当今计算机网络领域所使用的专用模型(或称为体系结构),其目的是将各种异构计算机网络或主机通过 TCP/IP 实现互联互通,TCP/IP 提供了一个开放的环境,能够把各种计算机平台,包括大型机、小型机、工作站和微型计算机很好地连接到一起,从而达到不同网络系统互联的目的。

1. TCP/IP 协议簇

TCP/IP 模型与 OSI 参考模型并不完全一致,但两个标准之间存在一定的兼容。OSI 参考模型由 ISO 和 ITU 统一发布标准的文件来规定这一层次数量及每一层次的名称及其功能,而 TCP/IP 模型没有官方标准的文件加以统一规定。一般来说,TCP/IP 可以分为4层,即应用层、运输层、网络层和网络接口层,TCP/IP 协议簇如图 3-3 所示。

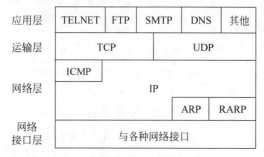

图 3-3　TCP/IP 协议簇

(1) 网络接口层。

网络接口层提供了 TCP/IP 与各种物理网络的接口,为数据报的传送和校验提供了可能,这些物理网络包括各种局域网和广域网;也为在其之上的网络层提供服务。

(2) 网络层。

网络层也叫网络互联层,它是整个体系结构的关键部分。这一层以 IP 为标志,提供基于 IP 地址的、不可靠的、尽最大能力的、面向无连接的数据传送服务。主要有4个协议:IP、ICMP、ARP 和 RARP。其中,IP 是最主要的网络层协议,用于网络互联;Internet 控制报文协议(ICMP)主要用于报告差错,向主机和路由器发送差错报文,在传输的分组发生错误或出现丢失时,利用 ICMP 发送出错信息给发送端,其次在分组流量过大时,通过 ICMP 还可以实现流量控制;地址解析协议(ARP)用来将 IP 地址解析成物理地址;逆地址解析协议(RARP)将物理地址解析到 IP 地址。

(3) 运输层。

运输层的作用与 OSI 参考模型中传输层的作用是一样的,即在不可靠的互联网络上,实现可靠的端对端的数据传送,允许具有相同 IP 地址的不同机器独立地接收和发送数据。所以运输层弥补了网络层得到的服务和用户对服务质量的要求之间的差距。

IP 提供无连接的不可靠服务,需要具有良好差错控制功能的传输控制协议来保证端对端的数据传输质量。在 TCP/IP 中,传输层协议主要是传输控制协议(TCP)和用户数据报协议(UDP)。

TCP 提供面向连接的端到端的可靠数据传送,根据协议内容,把用户数据分成 TCP 数据段进行发送,在接收端按顺序号进行重组,恢复原来的用户数据信息。TCP 的主要功能是差错校验、出错重发和顺序控制等,以保证数据的可靠传送,减少端到端数据传输误码率。

UDP 提供了基本的错误检查特性,UDP 是面向无连接的协议。UDP 服务的优点是避免在面向连接的通信中所必需的连接建立和连接释放的过程,避免额外开销的增加,有助于提高速度。

(4) 应用层。

应用层是为用户提供各种应用服务,它包含所有的高层协议。应用层服务是由应用层软件来提供的,应用层软件是由各种应用软件模块组成的,TCP/IP 中提供的应用服务主要有以下 5 种。

① Telnet(远程注册协议),它是指允许一台计算机登录到远程的计算机上并且进行工作。

② FTP(文件传送协议),在服务器和客户机之间用两台计算机之间传送文件。

③ SMTP(电子邮件协议),在两个用户之间传送电子邮件。

④ HTTP(超文本传输协议),发布和访问具有超文本格式的信息。

⑤ SNMP(简单网络管理协议),对 TCP/IP 网络进行管理。

2. TCP/IP 的特点

与 OSI 相比,TCP/IP 具有很多不同之处。

TCP/IP 一开始就考虑到各种异构网络的互联问题,将网际协议 IP 作为 TCP/IP 的重要组成部分;但在制定 OSI 时,最初只考虑到全世界都使用一种统一的标准将各种不同的系统互联起来。

TCP/IP 一开始就采取面向连接服务和无连接服务并重的原则,并在网络层使用无连接服务;但 OSI 在开始时各个层都采用面向连接服务,降低了效率。

TCP/IP 在较早时就有了较好的网络管理功能;但 OSI 到后来才开始考虑。

TCP/IP 的不足主要在于 TCP/IP 模型对"服务""协议"和"接口"等概念没有很清楚地区分开,且 TCP/IP 模型的通用性较差;此外,严格来说,TCP/IP 的网络接口层并不是一个层次,而仅仅是一个接口。

3.4　IP

Internet(因特网)是一个全球范围的、由众多网络连接而成的互联网,所使用的协议是 TCP/IP。其中,网际协议(IPv4)是用于互联许多计算机网络进行通信的协议,因此这一层也常常被称为网络层,或 IP 层。

3.4.1　IP 地址及子网掩码

网络互联的目标是提供一个无缝的单一的通信系统。为达到这个目标,互联网协议必须屏蔽物理网络的具体细节并提供一个大虚拟网的功能。在操作上,虚拟互联网要像任何网络一样,允许计算机发送和接收信息。互联网和物理网的主要区别是互联网仅仅是设计者想象出来的抽象物,完全由软件产生。设计者可在不考虑物理硬件细节的情况下选择地址格式、分组格式和发送技术。因此编址是使互联网成为单一网络的一个关键组成部分。

1. IP 地址

为了以一个单一的统一系统出现,所有主机必须使用统一编址方案,但物理网络地址却不能满足这个要求。因为一个互联网可包括多种物理网络技术,每一种技术有自己的地址格式。这样,两种技术采用的地址因为长度不同或格式不同而不兼容。因而网络层的 IP 定义了一个与底层物理地址无关的编址方案,这就是 IP 层的地址,称为 IP 地址。这样任何在互联网上要进行通信的计算机都要使用 IP 地址,发送方把目的地 IP 地址放在分组中,将分组传送给网络,由协议软件来发送。统一编址有助于产生一个虚拟的、大的、无缝的网络,因为它屏蔽了下层物理网络地址的细节。两个应用程序的通信不需要知道对方的硬件地址。

那么,什么是 IP 地址呢? IP 地址就是给每一个连接在 Internet 上的主机分配一个全世界唯一的 32 位二进制数。IP 地址在进行编址时是采用两级结构的编址方法,因为两级层次结构设计使得在 Internet 上能够很方便地进行寻址。每个 32 位 IP 地址被分割成前后两部分。IP 地址的前半部分确定了计算机从属的物理网络,后半部分确定了网络上一台单独的计算机。互联网中的每一个物理网络都被分配了唯一的值作为网络号,网络号在从属于该网络的每台计算机 IP 地址中作为前缀出现,而同一物理网络上给每台计算机分配一个唯一的主机编号作为 IP 地址的后缀。可以用下列公式表示 IP 地址:

$$IP 地址 = 网络号 + 主机号$$

IP 地址的层次结构使以下两点得到了保证。

(1) 每台计算机都被分配一个唯一的地址(即一个地址从不分配给多台计算机)。

(2) 虽然网络号分配必须全球一致,但主机号可本地分配,不需要全球一致。

第(2)点说明了在保证没有两个物理网络被分配为同一网络号的情况下,同一个主机号是可以在多个网络上使用的,但在同一网络中不能有两台计算机具有相同的主机号。例如,一个互联网包含 3 个网络,它们被分配的网络号为 1、2、3,挂接在网络 1 的 3 台计算机可分配主机号为 1、2、3。同时,挂接在网络 2 的 3 台计算机也可被分配的主机号为 1、2 和 3。

2. IP 地址分类

当决定了 IP 地址的长度并把地址分为两部分后,就必须决定每部分应该包含多少位。前缀部分需要足够的位数以允许分配唯一的网络号给互联网上的每一个物理网络。后缀部分也需要足够位数以允许从属于一个网络的每台计算机都分配一个唯一的主机号。这不是简单地进行选择就可以,因为一部分增加一位就意味着另一部分减少一位。选择大的前缀适合大量网络,但限制了每个网的大小;选择大的后缀意味着每个物理网络能包含大量计算机,但限制了网络的总数。

因为互联网可以包括任意的网络技术,所以一个互联网可由一些大的物理网络构成,同时也可能由一些小的网络构成,而且单个互联网还可能是一个包含大网络和小网络的混合网。因此 IP 编址选择了将地址分类的方案,使之能满足大网和小网的组合。IP 地址分成了 5 类,即 A 类到 E 类。A、B、C 三类称为基本类,每类有不同长度的网络号和主机号,它们用于主机地址。地址的前几位决定了所属类别,并确定地址的剩余部分如何进行划分网络号和主机号。图 3-4 所示为 IP 地址的 5 种类型。

(1) 网络号字段。A 类、B 类和 C 类地址的网络号字段分别为 1 字节、2 字节和 3 字节长,由网络号字段最前面的 1~3 位区别类别,其数值分别规定为 0、10 和 110。

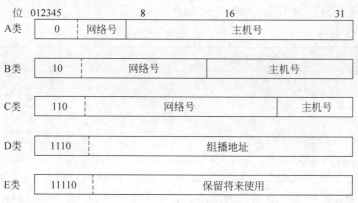

图 3-4　IP 地址的类型

（2）主机号字段。A 类、B 类和 C 类地址的主机号字段分别为 3 字节、2 字节和 1 字节长。

（3）D 类地址是组播地址，主要留给 Internet 体系结构委员会（IAB）使用。

（4）E 类地址保留在今后使用。

目前大量使用的 IP 地址仅 A 类、B 类、C 类 3 种。

32 位二进制的 IP 地址对于输入或读取是非常不方便的，因此常常用一种更适合人们习惯的表示方法，称为点分十进制表示法。其做法是将 32 位数中的每 8 位分为一组，每组用一个等价十进制数表示，在各数字之间加一个点。图 3-5 所示的是一些 32 位地址与等价的点分十进制数表示的例子。

32位二进制IP地址				等价的点分十进制数
10000001	00110100	00000110	00000000	129.52.61
11000000	00000101	00110000	00000011	192.5.48.3
00001010	00000010	00000000	00100101	10.2.0.37
10000000	00001010	00000010	00000011	128.10.2.3
10000000	10000000	11111111	00000000	128.128.255.0

图 3-5　IP 地址的 32 位表示与等价的点分十进制数表示

点分十进制数表示法把每一组作为无符号整数处理，最小可能值为 0（当 8 位都为 0 时），最大可能值为 255（当 8 位都为 1 时）。所以点分十进制数的地址范围为 0.0.0.0～255.255.255.255。

表 3-1 给出了 A、B、C 三类 IP 地址的使用范围。

表 3-1　IP 地址的使用范围

网 络 类 别	第一字节数值范围	第一个可用的网络号	最后一个可用的网络号	最大网络数	每个网络中最大主机数
A 类	1～126	1	126	126	16 777 214
B 类	128～191	128.1	191.254	16 382	65 534
C 类	192～223	192.0.1	223 255.254	2 097 150	254

3. 特殊 IP 地址

观察表 3-1 可以发现，有些地址没有包含在内。那就是一些特殊地址，称为保留地址，而且特殊地址从不分配给主机。表 3-2 列出了特殊 IP 地址。

表 3-2 特殊 IP 地址

网络号字段	主机号字段	地 址 类 型	用 途
全 0	全 0	本机	启动时作为本主机地址
网络号	全 0	网络地址	标识一个网络
网络号	全 1	直接广播	在特定网络上广播
全 1	全 1	有限广播	在本地网络上广播
127	任意	回送	本地软件回送测试

(1) IP 地址保留主机地址为全 0,表示一个网络。因此,地址 168.121.0.0 表示一个 B 类网络。网络地址指网络本身而不是指连到那个网络的主机,所以网络地址不能作为目的地址出现在分组中。

(2) 在网络号后面跟一个所有位为全 1 的主机号,便形成了网络的直接广播地址。当这样的地址作为一个分组的目的地址时,该分组就会被发送到该网络,并被发给网络中的所有主机。为了确保每个网络具有直接广播,IP 保留包含全 1 的主机号。管理员不能分配全 0 或全 1 主机号给一个特定计算机,否则会导致错误发生。

(3) 有限广播是指在一个本地物理网的一次广播。这种地址的所有位都是 1。

(4) 本机地址是用于当计算机刚启动还不知道自身 IP 地址的情况下,把它作为自身的源地址,去网络获得它的 IP 地址。

(5) 当网络号为 127,主机号为任意时,它是一个用于测试网络应用程序的回送地址。经常使用的形式是 127.0.0.1。

4. IP 地址的特点

IP 地址具有以下一些特点。

(1) IP 地址不能反映任何有关主机位置的地理信息。

(2) 当一台主机同时连接到两个网络上时,该主机必须同时具有两个 IP 地址,其网络号不同。这种主机称为多接口主机(如路由器)。

(3) 由于 IP 地址中有网络号,因此 IP 地址不仅仅是标识一个主机(或路由器),而是指明了一个主机(或路由器)和一个网络的连接。

(4) 按 Internet 的观点,用中继器或网桥连接的若干局域网仍为一个网络,因此这些局域网都具有同样的网络号。

图 3-6 所示的是两个路由器将 3 个局域网互联的示意。其中,局域网 LAN2 由两个局域网通过网桥 B 互联。每台主机以及路由器都需分配 IP 地址。

通过图 3-6 所示的例子,我们应当注意以下 3 点。

(1) 与某个局域网相连接的计算机或路由器的 IP 地址,它们的网络号都必须一样。

(2) 用网桥互联的局域网仍是一个局域网,由网桥互联起来的主机都有同一个网络号。

(3) 路由器总是具有两个或两个以上的 IP 地址。

5. 子网掩码

为了更好地利用 IP 地址的资源,目前 Internet 都采用子网划分的方式。子网划分是把单个网络细化为多个规模更小的网络的过程,使得多个小规模物理网络可以使用路由器互联起来并且共有同一个网络号。

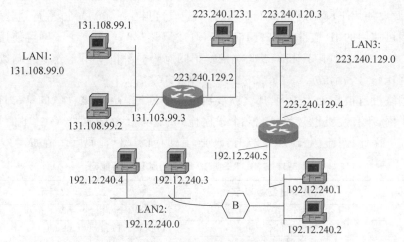

图 3-6 IP 地址的分配例子

一个网络中的所有主机必须有相同的网络号,一个单位分配到的 IP 地址是 IP 地址的网络号,而后面的主机号则由本单位进行分配。本单位所有的主机都使用同一个网络号。但如果一个单位的主机很多,且分布在较大的地理范围,则往往需要在几个地区构建物理网络。如果考虑到需要使用同一个网络号,就需要用网桥将这些主机互联起来。但网桥的缺点很多,而且很容易引起广播风暴。若网络出现故障,则不太容易隔离和管理,因此需要用路由器将几个物理网络互联起来。由于路由器连接的两个网络必须具有不同的网络号,因而也需要采用子网划分的办法。需要注意的是,划分子网只是单位内部的事,而在外部看来仍像任何一个单独网络一样只有一个网络号。

划分子网时,是用 IP 地址中的主机号字段中的前若干位作为"子网号字段",后面剩下的仍为"主机号字段",如图 3-7 所示。这样 IP 地址就进一步被划分为 3 部分,以支持子网的划分,分别为网络号字段、子网号字段和主机号字段。在原来的 IP 地址模式中,网络号部分就标识一个独立的物理网络,引入子

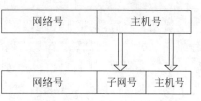

图 3-7 IP 地址进一步划分出子网号

网模式后,网络号部分加上子网号才能全局唯一地标识一个物理网络。也就是说,子网的概念延伸了 IP 地址的网络部分。子网编址使得 IP 地址具有一定的内部层次结构,便于分配和管理。

这样通过把 IP 地址的主机号字段划分成两个字段,就能够建立子网地址。这时必须用子网掩码来确定如何进行这样的划分,即要确切指出子网号字段需要多少位进行编码。子网中的每台主机都要指定子网掩码,而且子网中的所有主机必须配置相同的子网掩码。

如何用子网掩码来确定子网的划分呢? TCP/IP 体系规定由一个 32 位二进制的子网掩码来表示子网号字段的长度。子网掩码由一连串的 1 和一连串的 0 组成,对应于网络号和子网号字段的所有位都为 1,1 必须是连续的,或者说连续的 1 之间不允许有 0 出现,对应于主机号字段的所有位都为 0。那么使用一个什么子网掩码,如何划分子网号字段的位数,就取决于具体的需要。例如,一个 B 类的网络地址 172.16.0.0,如果要划分出 62 个子网,则子网号字段的位数要有 6 位,这样 2^6-2 就可以划分出 62 个子网(去掉全 0 和全 1 的子

网络体系结构与协议

网号)。因此要使用子网掩码 11111111 11111111 11111100 00000000 进行划分子网。这时第一个子网可使用的 IP 地址为 172.16.4.1~172.16.7.254,第二个子网可使用的 IP 地址为 172.16.8.1~172.16.11.254,以此类推。子网掩码一般也采用点分十进制数表示,如该例中的子网掩码可表示成 255.255.252.0。

如果网络没有被划分为子网,那么就要用默认子网掩码。需要注意的是,即使网络没有被划分为子网,所有主机也必须要有一个子网掩码。在默认的子网掩码中,1 的长度就是网络号的长度。因此,对于 A、B、C 三类 IP 地址,其对应的子网掩码默认值如表 3-3 所示。

表 3-3　A、B、C 三类 IP 地址的默认子网掩码

地 址 类 型	点分十进制数表示	二进制数表示
A	255.0.0.0	11111111 00000000 00000000 00000000
B	255.255.0.0	11111111 11111111 00000000 00000000
C	255.255.255.0	11111111 11111111 11111111 00000000

若子网掩码用点分十进制数表示,如 255.255.240.0,为了知道对应的子网号字段的长度,往往需要将它转换为二进制数。在子网掩码中使用到的数字实际上只有几个,所以只要记住表 3-4 中列出的几个数值转换关系,就可以很自如地使用子网掩码了。

表 3-4　十进制与二进制的转换

十　进　制	二　进　制	十　进　制	二　进　制
128	10000000	248	11111000
192	11000000	252	11111100
224	11100000	254	11111110
240	11110000	255	11111111

划分子网后,根据子网掩码可以得出能够划分出多少个子网,以及每个子网中最多可以分配的主机号。例如,一个 B 类网络,使用的子网掩码是 255.255.248.0,首先将子网掩码转换成二进制数,即 11111111 11111111 1111100000000000,得出子网号字段是 5 位,主机号字段为 11 位,因此最多可有 $2^5-2=30$ 个子网。其中,减 2 是去掉全 0 和全 1 的两个地址,每个子网中最多可有 $2^{11}-2=2046$ 个供分配的主机号。

注意:有些网络可以将全 0 用作子网地址,但应该避免这样做,除非确信所有的路由器都支持这个特性。

前文提过,划分子网后网络地址的概念就延伸了,那么已知一个 IP 地址和子网掩码,如何得到地址呢? 答案就是 IP 地址和子网掩码进行"AND(与)"运算,所得的结果就是网络号。例如,IP 地址为 156.36.20.68,子网掩码为 255.255.255.224,要进行 AND 运算,首先把这两个数换成二进制数表示形式,然后对每一位进行 AND 操作,即可得到网络地址,如图 3-8 所示。

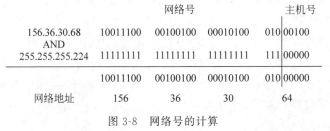

图 3-8　网络号的计算

6. 专用互联网可用的 IP 地址

如果一台计算机必须要访问 Internet 的资源,就需要从 Internet 地址管理机构申请注册 IP 地址。但对于没有与 Internet 连接的专用网络,就没有必要注册网络地址,管理员可以使用他们想用的任何 IP 地址,只要在同一个网络中没有重复的地址即可。但是如果该网络上的任何一台计算机采用某种方式与 Internet 连接,那么就可能发生该网络中的一个内部地址与 Internet 上的注册地址之间的冲突。

为了防止出现这种冲突,Internet 规定了 3 个地址范围并用于专用网络。这些地址不分配给任何 Internet 上的注册网络,因此可以供任何单位内部专用网络使用。这 3 个地址范围表示如下。

10.0.0.0～10.255.255.255   1 个 A 类地址
172.16.0.0～172.31.255.255   16 个连续的 B 类地址
192.168.0.0～192.168.255.255   255 个连续的 C 类地址

7. 超网

B 类的网络地址资源有限,因此 Internet 又提供了一种可以将多个 C 类网络合并为一个逻辑网络的方法,这就是无类域间路由 CIDR 技术。超网技术是将多个 C 类地址合并,要求合并的 C 类地址必须具有相同的高位,也就是说要合并的必须是一些连续的地址,此时子网掩码被缩短,以便将 C 类地址网络字段中的部分位变成主机字段,并使得这些被合并的 C 类地址都在一个子网中。

现用一个例子来说明上面所述。例如,现在有如下 8 个连续的 C 类网络地址:

192.168.168.0
192.168.169.0
192.168.170.0
192.168.171.0
192.168.172.0
192.168.173.0
192.168.174.0
192.168.175.0

使用子网掩码 255.255.248.0 将这些地址合并,按照子网掩码划分 IP 地址的方式,此时每一个 IP 地址都属于相同的子网,如表 3-5 所示。

表 3-5   使用子网掩码合并的 C 类网络地址

地　　　址	使 用 的 位
掩码 255.255.248.0	11111111 11111111 11111000 00000000
192.168.168.0	11000000 10101000 10101000 00000000
192.168.169.0	11000000 10101000 10101001 00000000
192.168.170.0	11000000 10101000 10101010 00000000
192.168.171.0	11000000 10101000 10101011 00000000
192.168.172.0	11000000 10101000 10101100 00000000
192.168.173.0	11000000 10101000 10101101 00000000
192.168.174.0	11000000 10101000 10101110 00000000
192.168.175.0	11000000 10101000 10101111 00000000

网络体系结构与协议

观察表 3-5 可发现,这些地址的高 21 位是一样的(11000000 10101000 10101),从而有效地创建了一个 21 位的网络号,因此如 IP 地址为 192.168.168.12 的主机和 IP 地址为 192.168.174.3 的主机就在相同的子网中。

3.4.2 地址转换协议

当主机中有数据需要在网络上进行传送时,IP 会将数据放进分组中,在分组中包含了源 IP 地址和目的 IP 地址。每台主机或路由器通过分组中的目的 IP 地址来选择传送此数据的下一站。一旦下一站确定了,协议就通过网络将数据传送给选定的主机或路由器。为了提供一个独立大网络的假象,协议利用 IP 地址转发分组时,下一站地址和分组的目的地址都是 IP 地址。但是在通过物理网络硬件传送帧时,却不能使用 IP 地址,因为硬件并不懂 IP 地址,因而通过物理网络传送帧时必须使用硬件的帧格式,即帧中的硬件地址。因此,在传送帧之前,必须将下一站的 IP 地址翻译成等价的硬件地址。

将一台计算机的 IP 地址翻译成等价的硬件地址的过程就叫地址转换,这个转换是由地址解析协议(ARP)来完成的。

由于 IP 地址有 32 位,而局域网的硬件地址是 48 位,因此它们之间不是一个简单的转换关系。而且在一个网络上可能经常会有新的计算机加入进来,也会撤走一些计算机。另外,更换计算机的网卡也会使其硬件地址发生改变。可见,在计算机中应存放一个从 IP 地址到硬件地址的转换表,并且能够经常动态更新。ARP 就很好地解决了这些问题。

每台主机都应有一个 ARP 高速缓存(ARPcache),里面有 IP 地址到硬件地址的映射表,这些都是该主机目前知道的一些地址。当主机 A 要向本局域网上的主机 B 发送一个 IP 数据报时,就先在其 ARP 高速缓存中查看有无主机 B 的 IP 地址。若有,就可以查出对应的 B 的硬件地址。然后将此硬件地址写入 MAC 帧,再通过局域网发到该硬件地址。

也有可能查不到主机 B 的 IP 地址的项目。这可能是主机 B 才入网,也可能是主机 A 刚刚加入,其高速缓存还是空的。在这种情况下,主机 A 就自动运行 ARP,去找出主机 B 的硬件地址。其做法是,主机 A 在本局域网上发送一个 ARP 请求,上面有主机 B 的 IP 地址,该 ARP 请求被广播给本局域网上的所有计算机,所有主机上收到此请求后都会检测其中的 IP 地址,与 IP 地址匹配的主机 B 就向主机 A 发送一个 ARP 响应,上面写入自己的硬件地址,A 收到 B 的 ARP 响应后,就在 ARP 高速缓存中写入主机 B 的 IP 地址到硬件地址的映射。

当主机 A 向主机 B 发送数据报时,很可能在不久后主机 B 还要向主机 A 发送数据报,因而主机 B 也可能要向主机 A 发送 ARP 请求。因此主机 A 在发送 ARP 请求时,就将自己的 IP 地址到硬件地址的映射写入 ARP 请求。当主机 B 收到主机 A 的 ARP 请求时,主机 B 就将主机 A 的这一地址映射写入主机 B 自己的 ARP 高速缓存中。这样主机 B 以后向主机 A 发送数据时就方便了。这样做可以减少网络上的通信量。

还有一种地址转换会经常用到,那就是逆地址解析协议(RARP)。RARP 使只知道自己硬件地址的主机能够知道自己的 IP 地址。这种主机往往是无盘工作站。这种无盘工作站一般只要运行其 ROM 中的文件传送代码,就可用下载方法从局域网上其他主机得到所需的操作系统和 TCP/IP 通信软件,但这些软件中并没有 IP 地址。无盘工作站要运行 ROM 中的 RARP 来获得其 IP 地址。RARP 的工作过程大致如下。

为了使 RARP 能够工作,在局域网上至少有一个主机要充当 RARP 服务器,无盘工作站先向局域网发出 RARP 请求,并在此请求中给出自己的硬件地址。RARP 服务器有一个事先做好的从无盘工作站的硬件地址到 IP 地址的映射表,当收到 RARP 请求分组后,RARP 服务器就从这个映射表查出该无盘工作站的 IP 地址,然后写入 RARP 响应分组,发回给无盘工作站。无盘工作站用此方法获得自己的 IP 地址。

3.4.3 IP 数据报

TCP/IP 在网络层采用的是无连接服务,并使用 IP 数据报作为数据传送单位。IP 数据报与帧格式类似,也是以首部开始,后跟数据区。其格式如图 3-9 所示,首部的前一部分长度是固定的 20 字节,后一部分长度是可变的。首部各字段的含义如下。

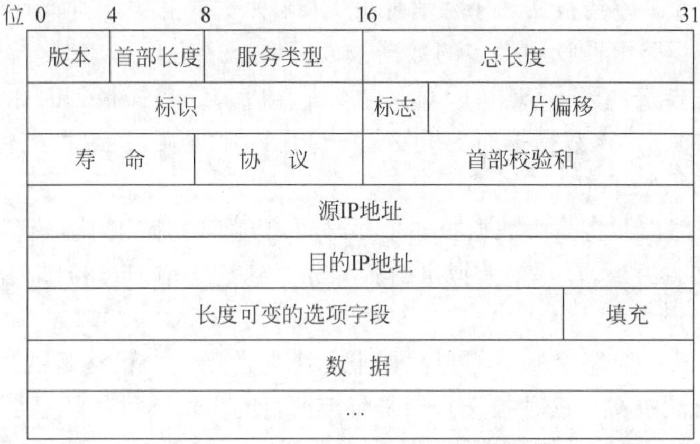

图 3-9 IP 数据报的格式

(1) 版本:占 4 位,指 IP 的版本。目前使用的 IP 版本是 4。通信双方使用的 IP 的版本必须一致。

(2) 首部长度:4 位,可表示的最大数值是 15 个单位,每个单位为 4 字节,因此 IP 的首部长度的最大值是 60 字节。当 IP 数据报的首部长度不是 4 字节的整数倍时,必须利用最后一个填充字段加以填充,因此数据部分总是在 4 字节整数倍处开始。

(3) 服务类型:8 位,用来获得更好的服务,表明发送方需要有什么优先级,是否要求有低延时,是否要求有更高吞吐量以及更高的可靠性。

(4) 总长度:指首部和数据之和的长度,单位为字节。总长度字段为 16 位,因此数据报的最大长度为 65 535 字节。但实际使用的数据报长度很少有超过 1500 字节的。

(5) 标识:该字段是为了使分片后的各数据报片最后能准确地重装成为原来的数据报。

(6) 标志:占 3 位。目前只有前两位有意义。表示后面是否还有分片,以及是否允许分片。

(7) 片偏移:片偏移指出较长的分组在分片后,某片在原分组中的相对位置。

(8) 寿命:该字段记为 TTL,即数据报在网络中的生存时间,其单位为秒(s)。

(9) 协议:占 8 位,协议字段指出此数据报携带的上层数据使用什么协议,以便目的主机的 IP 层知道应将此数据报上交给哪个进程。

(10) 首部校验和：此字段只检验数据报的首部，不包括数据部分。

(11) 地址：这是首部中最重要的字段。源 IP 地址和目的 IP 地址字段都各占 4 字节。

(12) 长度可变的选项字段：IP 首部的可变部分，此字段长度可变，从 1～40 字节不等。

3.4.4　Internet 控制报文协议

因为 IP 定义的是一种尽最大努力的通信服务，其中数据报可能丢失、重复或延迟。因此在 IP 层制定了一种机制，用于减少 IP 数据报的丢失，尽量避免差错并在发生差错时报告信息。这就是 Internet 控制报文协议(Internet Control Message Protocol，ICMP)，一个专门用于发送差错报文的协议。IP 在需要发送一个差错报文时要使用 ICMP，而 ICMP 利用 IP 数据报来传递报文。

ICMP 定义了 5 种差错报文和 4 种信息报文。5 种差错报文分别如下。

(1) 源抑制。当路由器收到太多的数据报以至缓冲区容量不够时，就发送一个源抑制报文。当一个路由器缓冲区不够用时，就不得不丢弃后来的数据报。因此在丢弃一个数据报时，路由器就会向创建该数据报的主机发送一个源抑制报文，使源主机暂停发送数据报，过一段时间再逐渐恢复正常。

(2) 超时。当路由器将一个数据报的生存时间减到零时，路由器会丢弃这一数据报，并发送一个超时报文。另外，在一个数据报的所有分片到达之前，重组计时器到点了，则主机也会发送一个超时报文。

(3) 目的不可达。当路由器检测到数据报无法传送到它的最终目的地时，就向源主机发送一个目的不可达报文。这种报文告知是特定的目的主机不可达还是目的主机所连的网络不可达。也就是说，这种差错报文能使人区分是某个网络暂时不在互联网上，还是某一特定主机临时断线了。

(4) 改变路由。当一台主机将一个数据报发往远程网络时，主机先将这一数据报发给一个路由器，由路由器将数据报转发到它的目的地。如果路由器发现主机错误地将应该发给另一个路由器的数据报发给了自己，就使用一个改变路由报文通知主机应改变它的路由。

(5) 要求分片。一个 IP 数据报可以在头部中设置某一位，规定这一数据报不允许被分片。如果路由器发现这个数据报的长度比它要去的网络所规定的最大传输单元(MTU)大时，路由器向发送方发送一个要求分片报文，随后丢弃这一数据报。

另外，ICMP 还定义了以下 4 种信息报文。

(1) 回送请求/应答。回送请求报文是由主机或路由器向一台特定主机发出的询问，收到此请求报文的主机要发一个回送应答报文。这种报文用来测试目的站是否能达。如应用层有一个 PING 服务，用来测试两个主机之间的连通性。PING 使用了 ICMP 的回送请求和回送应答报文。

(2) 地址掩码请求/应答。当一台主机启动时，会广播一个地址掩码请求报文，路由器收到这一请求就会发送一个地址掩码应答报文，其中包含了本网络使用的 32 位子网掩码。

可以使用 ICMP 差错报文来跟踪路由。前面我们介绍过，IP 数据报首部有一个寿命字段，该字段是为了避免一个数据报沿着一个环状路径永远不停地走，每个路由器都要将数据报的寿命计时器减 1。如果计时器到零了，路由器会丢弃这一数据报，并向源主机发回一个 ICMP 超时错误。

另一个用得比较多的 ICMP 差错报文是改变路由。以图 3-10 为例,主机 A 向主机 B 发送 IP 数据报应经过路由器 R2。现在假定主机 A 启动后其路由表中只有一个默认路由器 R1,当主机 A 向主机 B 发送数据报时,数据报就被送往路由器 R1。路由器 R1 从它的路由表查出,发往主机 B 的数据报应经过路由器 R2。于是数据报从路由器 R1 再转到路由器 R2,最后传到主机 B。显然,这个路由是不好的,需要改变。于是,路由器 R1 向主机 A 发送 ICMP 改变路由报文,指出此数据报应经过的下一个路由器 R2 的 IP 地址。主机 A 根据收到的信息更新自己的路由表。如果主机 A 再次向主机 B 发送数据报,根据路由表就知道应将数据报送到路由器 R2,而不再送到默认路由器 R1 了。

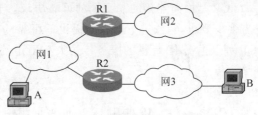

图 3-10　ICMP 改变路由

3.5　运输层协议

TCP/IP 的运输层与 7 层模型的第 4 层对应,TCP/IP 在运输层有两个不同的协议:传输控制协议(TCP)和用户数据报协议(UDP)。TCP 的数据传输单位是 TCP 报文段,UDP 的数据传输单位是 UDP 报文或用户数据报,如图 3-11 所示。

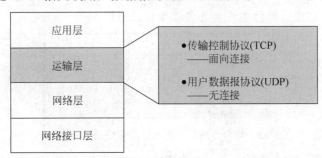

图 3-11　TCP 和 UDP

TCP 和 UDP 是性质完全不同的传输层协议,被设计用来向高层用户提供不同的服务。两者都使用 IP 作为其网络层的传输协议。TCP 和 UDP 的主要区别在于服务的可靠性。TCP 是高度可靠的,而 UDP 则是一个相当简单的、尽力而为的数据报传输协议,不能确保数据报的可靠传输。两者的这种本质区别也决定了 TCP 的高度复杂性,因此需要大量的功能开销,而 UDP 却由于它的简单性获得了较高的传输效率。

3.5.1　传输控制协议

传输控制协议(Transmission Control Protocol,TCP)是一个面向连接的、提供可靠通信的传输层协议,是传输层中使用最广泛的一个协议。一旦数据报被破坏或丢失,将其重新传输的工作则由 TCP 而非高层应用程序来完成。TCP 也会检测传输错误并予以修正。TCP 提供可靠的全双工数据传输服务。

TCP 是面向连接的。从概念上讲,TCP 传输数据报就像打电话一样,在传输数据开始前,发送端和接收端先建立一个连接,当连接建立好后,开始传输数据,当所有的数据传输完毕后,断开连接,释放资源。TCP 能为应用程序提供可靠的通信连接,使一台计算机发出的字节流无差错地发往网络上的其他计算机,对可靠性要求高的数据通信系统往往使用 TCP 传输数据。

TCP 是面向连接的端到端的可靠协议。它支持多种网络应用程序。TCP 对下层服务没有多少要求,它假定下层只能提供不可靠的数据报服务。TCP 的下层是 IP(网际协议),TCP 可以根据 IP 提供的服务传送大小不定的数据,IP 负责对数据进行分段、重组,在多种网络中传送。

1. 端口

在 Internet 中,IP 使用 IP 地址来标识一台主机,但是对于应用来说,仅仅知道哪台主机是不够的,即使两台主机之间也可能有多个应用同时运行,如一个应用进程执行邮件传输,而另一个进程执行文件传输。为了区分不同的应用,TCP 与 UDP 中引入了端口(port)的概念,用于标识通信的进程。

端口实际上是一个抽象的软件结构,它是操作系统可分配的一种资源。运输层通过端口为应用提供服务,TCP 和 UDP 都用端口把信息传递给上层,如图 3-12 所示。端口号用来跟踪同一时间内通过网络的不同会话。也就是说,一个应用进程是与某个端口连接在一起的。但是,仅仅依靠端口号不能完全确定一个应用的位置,因为有可能存在不同的主机,它们分别运行了具有相同端口号的应用,而一旦两者与第三台主机的应用通信时,那么第三台主机就无法知道究竟是哪台主机上的进程与自己通信。

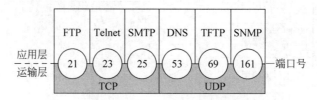

图 3-12 端口号描述了正在使用运输层的上层协议

按照 TCP/IP 的定义,完全确定一对应用之间的关系必须使用 4 个参数:源 IP 地址、目的 IP 地址、源端口号和目的端口号。这也称为连接,连接还可以从插口(Socket)概念的角度来定义,即一个连接由两个插口构成,一个插口由两部分信息标识,即 IP 地址与端口号。端口号是一个 16 位二进制数,约定 256 以下的端口号被标准服务保留,取值大于 256 的为自由端口。自由端口是在端主机的进程间建立传输连接时由本地用户进程动态分配得到。由于 TCP 和 UDP 为完全独立的两个软件模块,所以各自的端口号是相互独立的。

2. TCP 报文

TCP 报文段的格式如图 3-13 所示。TCP 头部的固定部分为 20 字节,以下分别介绍每个字段的含义。

(1) 源端口号:16 位的源端口号字段包含源端应用连接的端口值。源端口号与源 IP 地址一起用于标识报文段的返回地址。

(2) 目的端口号:16 位的目的端口号字段定义了传输目的的应用连接的端口,这实际上是报文接收端主机上的应用程序的地址。

(3) 发送序号:32 位的发送序号指出段中首字节数据的序号,该序号值由接收端主机

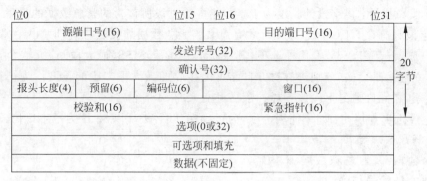

图 3-13 TCP 报文段的格式

使用,用于重组报文段中的数据,获取一个完整的应用层报文。

(4) 确认号:32 位的确认号仅当 ACK 标志设置时有意义。其中的值表示期望接收的下一个报文段数据部分第一字节的序号。该字段用于对已收到的报文段进行确认。

(5) 报头长度:4 位的报头长度字段指出段中数据部分相对于首部起始处的偏移位置,以 32 位为单位。这实际上是指 TCP 首部的大小。

(6) 预留:6 位保留字段应该设置为 0,这是为将来增加新功能而保留的。

(7) 编码位:6 位编码位字段用于指定报文段的性质。6 个编码标志分别为紧急标志(URG)、确认(ACK)标志、推(PSH)标志、连接复位(RST)标志、同步(SYN)标志和终止(FIN)标志。这 6 个编码标志并非完全独立,在很多情况下可以同时设置其中的多个标志。编码标志的意义参见表 3-6。

表 3-6 TCP 头部编码标志位的含义

标 志 位	含 义
URG	紧急指针(Urgent Pointer)有效
ACK	确认号有效
PSH	要求接收端尽快将这个报文段交给应用层
RST	复位一个 TCP 连接
SYN	同步序号用于建立一个连接
FIN	发送端口已经完成发送任务并要求终止传输

(8) 窗口:接收端主机使用 16 位的窗口字段通告本地可用缓冲区的大小,这也是对方能够发送的未被确认的最大数据量,单位为字节(Byte)。

(9) 校验和:TCP 头部包括 16 位的校验和字段。采用 IP 校验和的计算算法,即求 TCP 段中所有内容(包括首部与数据部分)的 16 位二进制字的反码相加得到的结果取反。此外,也要求在计算中包含一个相关的 TCP 伪头部。伪头部共有 12 字节,它仅仅用于校验和的计算,如图 3-14 所示。

位0		位15 位16	位31
源IP地址(32)			
目的IP地址(32)			
0	协议号(6)	TCP长度	

图 3-14 TCP 的伪头部结构

网络体系结构与协议

(10) 紧急指针：该字段的长度为 16 位,指向数据段所包含的紧急数据的最后一字节的位置,该字段只有在 URG 标志为 1 时才有意义。紧急数据的发送与窗口大小无关。

(11) 选项：TCP 定义了几种选项,其中最有用的是 MSS(最大段长)。这个选项在两个主机建立连接时交换,分别告诉对方自己可以接收的最大报文段的长度。为了提高网络的利用效率,在允许情况下应该选择一个尽可能大的 MSS 值。

(12) 可选项和填充：如果使用选项,为了确保 TCP 头部以 32 位为基本单位,可以使用该字段来满足这一要求。

(13) 数据：上层协议数据(不固定)。

3. TCP 的编号与确认

TCP 的协议数据单元称为报文段(Segment),但是 TCP 的数据并非以一个段作为基本单位,而是采用字节流形式。TCP 不是按传送的报文段来编号,而是将所要的整个报文(可能包括许多报文段)看成由字节组成的数据流,然后对每一字节编一个序号。在连接建立时双方要商定初始序号,TCP 就将每一次所传送的第一个数据字节的序号放在 TCP 首部的序号字段中。TCP 提供了报文段排序功能,源工作站在传输之前对每个报文段都进行编号,在接收端,TCP 再将这些段重组成一条完整的消息。

TCP 被设计用于全双工通信,一个送往对方的报文段中除了送往对方的数据外,往往还有对所收到的报文段的确认,这种确认方式称为"捎带"。利用这种全双工特点,TCP 会话中的报文段几乎大多数都携带了确认标记,如图 3-15 所示。

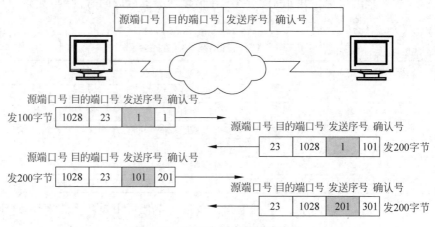

图 3-15　TCP 发送序号和确认号

4. TCP 的传输连接管理

TCP 是一个面向连接的协议,所以需要在传输数据之前建立连接。面向连接的服务包括 3 个阶段：连接建立阶段、数据传输阶段和连接终止阶段。在连接建立阶段,源和目标之间建立连接或会话。资源通常在这一阶段进行保留,以确保服务等级的一致性。在数据传输阶段,数据通过建立的路径按顺序传输,并按发送的顺序到达目标。连接终止阶段是在源和目标之间不再需要连接时,将连接终止的阶段。

为确保连接的建立和终止都是可靠的,TCP 使用了 3 次握手方式来交换信息。就是说,它在送出真正的数据之前会先利用控制信息和对方建立连接。首先连接发起端 TCP 先送出同步信息,另一端收到后回答同步、确认信息,接着发起端再回答确认信息完成连接建立,然后它们才开始传出第一组真正的数据。

为建立或初始化连接,两台主机的初始序号必须同步。由 TCP 主机随机选取的序号用于跟踪报文段的顺序,以确保在传输过程中没有丢失。初始序号是建立 TCP 连接时使用的起始号。在连接阶段交换初始序号可确保重新获得丢失的数据。

同步通过交换建立连接报文段来完成,这些报文段承载了称为 SYN(同步)的控制位和初始序号。承载 SYN 位的分段也叫 SYN。同步要求每方都发送各自的初始序号并接收对方对初始序号的确认(ACK)。下面是 3 次握手的步骤,如图 3-16 所示。

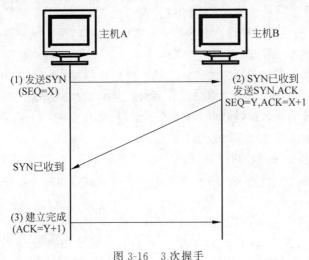

图 3-16　3 次握手

(1) 主机 A 到主机 B 的 SYN:在 SYN 分段中,主机 A 告诉主机 B,序号(SEQ)为 X。

(2) 主机 B 到主机 A 的 SYN:主机 B 接收 SYN,记录序号 X,并用 ACK＝X＋1 和自己的序号(SEO＝Y)确认 SYN,以回答主机 A。ACK＝X＋1 意味着主机(这里为主机 B)收到了 X,并希望下一个 SYN 是 X＋1。这一技术称为转发确认。

(3) 主机 A 到主机 B 的 ACK:主机 A 随后对主机 B 发送的数据进行确认,指出主机 A 希望收到的下一个报文段的序号是 Y＋1(ACK＝Y＋1)。

在完成了上述 3 步后,连接就建立好了。此时,双方就可以开始数据传输了。

3 次握手是必需的,由于 IP 是不可靠的,先前发出的 SYN 报文段可能迟到,为了避免建立无用连接,需要源端对目的端发来的 SYN 报文段进行确认。

连接释放过程和建立时的 3 次握手在本质上是一致的。终止一条 TCP 连接,实际上也是三次握手。只是在实际中,连接释放分为两个方向上的独立过程,因此其中可能会涉及 4 个报文段的交换,但是可以将其中的第 2 个与第 3 个报文段理解为一个,而且事实上,当目的端也无任何数据传递时,这两个段是合二为一的。由于 TCP 连接是全双工的,因此每个方向必须单独进行关闭。当一方完成它的数据发送任务后,就能发送一个完成信息来终止这个方向连接。当一端收到一个完成信息后,它必须通知应用层另一端已经终止了那个方向的数据传送,发送完成信息通常是应用层进行关闭的结果。若收到一个完成信息,则意味着在这一方向上没有数据流动。正常关闭的过程首先是发起关闭的一方执行主动关闭,而另一方执行被动关闭。但是实际操作中也可能双方同时执行主动关闭而切断连接。按不同方向分别终止连接的主要目的是为了避免连接终止时可能产生的数据丢失。

5. TCP 流量控制与拥塞控制

为管理设备之间的数据流,TCP 使用了流量控制机制。当创建一条连接时,连接的每一端都会分配一个缓冲区用于保存输入的数据,并将缓冲区尺寸放在交换的报文段中传输到对方。当数据到达时,接收端发送确认信息,其中包含了目前本地剩余的缓冲区的大小。这个缓冲区空间的可用大小值被称为通知窗口,该窗口指定了接收方 TCP 此时准备接收的 8 位字节数(从确认号开始)。在相应的报文段中给出窗口的过程称为窗口通告。接收端在发送的每一个确认中都含有一个窗口通告。如果接收端能够及时处理到达的数据,则总是会在每个接收确认中发送一个正的(大于 0 的)窗口通告。如果发送端传输的速度高于接收端,那么接收端的数据缓冲区最终将被接收到的报文段填满,因此导致接收端给出一个零窗口值。当发送端收到一个零窗口通告时,必须停止发送,直到接收端重新给出一个正的窗口值为止。窗口尺寸决定了收到目标的确认之前能传输的数据量。在连接期间,TCP 窗口的尺寸是可变的。每个确认中都包含窗口通告,指出了接收方能接收的字节数。窗口尺寸(字节数)越大,主机能传输的数据量越多。传输了窗口尺寸指定的字节数后,主机必须在接收到对这些报文段的确认后才能继续发送数据。

TCP 还维护了一个拥塞控制窗口,其尺寸通常与接收方窗口相同,但是在段丢失时(如出现拥塞时),窗口的尺寸将减半。这种方法使得窗口尺寸将随管理缓冲区空间和处理的需要扩大或缩小。

TCP 的流量控制常常用于拥塞控制。如果网络系统产生了拥塞,则由此造成的分组丢失将会十分严重,而且由于 TCP 的重传机制的作用,可能会加重拥塞现象。这将是一连锁反应,最终导致整个系统进入死锁状态,使网络彻底停止运行。为了避免出现这一问题,TCP 总是用网络中的分组丢失来估计拥塞。如果发生了分组丢失,则 TCP 将降低重传数据的速率,并开始实施拥塞控制。TCP 开始时不会发送大量的数据,而是只发送一个报文段。如果确认到来,则 TCP 就将发送的数据量(作为拥塞窗口)加倍,即发送两个报文段。如果对应的所有确认都到来了,则 TCP 就再发 4 个报文段,以此类推。这种递增过程是按指数增长的,一直持续到 TCP 发送的数据量到达内部维护的一个拥塞控制阈限值为止。这时,TCP 将降低增长率,使之以缓慢的速率增加,这就是所谓的拥塞避免;而一旦产生重传,TCP 又将重复前述的过程。

上述过程中,TCP 使用了几个技术:"慢启动"、拥塞控制和加速递减的算法。为了实施这一过程,除了原先的通知窗口之外,在发送端的 TCP 实体内部增加了一个拥塞窗口。当与一台主机建立 TCP 连接时,拥塞窗口被初始化为一个报文段大小,随着每次都接收到对方返回的确认,拥塞窗口值将翻倍。但是无论发送端如何加速,总的发送窗口大小有一个上限,该值为发送端维护的拥塞窗口与通知窗口中的较小者。其中,拥塞窗口是发送方使用的流量控制,而通知窗口则是接收方使用的流量控制。如果在某个时刻发生了超时,则 TCP 将把当前拥塞窗口值的一半作为新的阈限窗口值,而同时将拥塞窗口再次变为 1。

6. TCP 的重传机制

TCP 实现可靠传输的技术是重传机制。重传机制可确保从一台设备发送的数据流传送到另一台设备时不会出现重复或数据丢失。当 TCP 发送报文段时,启动一个时钟,跟踪对该报文段的确认;当 TCP 正确收到一个报文段时,应该送回一个确认信息。若收到有差错的报文段,则丢弃此报文段,而不发送否认信息。若收到重复的报文段,也要将其丢弃,但要发回(或捎带发回)确认信息。如果发送端在时钟超时之前没有收到确认信息,将重传该报文段,这一过程称为超时重传。

TCP 的重传采用自适应的算法。重发机制是 TCP 最重要、最复杂的问题之一。TCP 之所以值得信赖,其关键是数据传输服务是建立在一个称为正向认可与重传的机制上。采用这种传输机制的系统会每隔一定时间送出一个相同的报文段,直到收到对方的确认信息之后,再送出下个报文段。TCP 每发送一个报文段,就设置一次定时器,只要定时器设置的重发时间已到而还没有收到确认,就要重发这一报文段。

TCP 也采用校验和(Checksum)计算数据的正确性,该校验和位于每个报文段的首部。当 TCP 收到一个报文段时,会首先将它所计算的检查值与包中的校验和进行比较,若相同,则送出确认信息;否则,丢弃该报文段,等待对方重传的报文段。

3.5.2 用户数据报协议

用户数据报协议(User Datagram Protocol,UDP)也是传输层的一个重要协议,用来支持那些需要在计算机之间传输数据的网络应用。包括网络视频会议系统在内的众多客户/服务器模式的网络应用都需要使用 UDP。UDP 从问世至今已经被使用了很多年,虽然其最初的光彩已经被一些类似协议所掩盖,但是即使在今天,UDP 仍然不失为一项非常实用和可行的网络传输层协议。

与我们所熟知的 TCP 一样,UDP 直接位于 IP 的顶层。根据 OSI 参考模型,UDP 和 TCP 都属于传输层协议。

与 TCP 不同的是,UDP 是一个无连接的协议,无连接的通信不提供可靠性,即不通知发送端口是否正确接收了报文。无连接协议也不提供错误恢复能力。UDP 比 TCP 要简单得多,它可以简单地与 IP 或其他协议连接,只充当数据报的发送者或接收者。如图 3-17 所示为 UDP 分段报文的格式,UDP 没有顺序字段或确认字段。UDP 报文中的字段为终端工作站之间提供了通信能力。

位0	位15	位16	位31	
源端口号(16)		目的端口号(16)		8字节
长度(16)		校验和(16)		
数据				

图 3-17 UDP 分段报文的格式

UDP 报头的长度通常为 64 位。UDP 段中的字段定义包括如下:

(1) 源端口。呼叫端口号(16 位),源端口用于标识发送端口的应用程序,当无须返回数据时置为 0。

(2) 目的端口。被叫端口号(16 位),目的端口用于标识目的端口的应用程序。

(3) 长度。UDP 报头和 UDP 数据的长度(16 位),长度以字节为单位。

(4) 校验和。通过计算得到的报头和数据字段的校验和(16 位),校验和是一个可选段,置 0 时表示未选,全 1 表示校验和为 0。

(5) 数据。上层协议数据(不固定)。

UDP 使用端口号为不同的应用保留其各自的数据传输通道。UDP 和 TCP 均是采用这一机制实现对同一时刻内多项应用同时发送和接收数据的支持。数据发送一方(可以是

网络体系结构与协议

客户端或服务器端)将 UDP 数据报通过源端口发送出去,而数据接收一方则通过目标端口接收数据。有的网络应用只能使用预先为其预留的静态端口;而另外一些网络应用则可以使用未被指派的动态端口。因为 UDP 报头使用 2 字节存放端口号,所以端口号的有效范围是 0~65 535。

数据报的长度是指包括报头和数据部分在内的总的字节数。因为报头的长度是固定的,所以该域主要被用来计算可变长度的数据部分(又称为数据负载)。数据报的最大长度根据操作环境的不同而异。从理论上说,包含报头在内的数据报的最大长度为 65 535 字节。不过,一些实际应用往往会限制数据报的大小,有时会降低到 8192 字节。

UDP 使用报头中的校验和来保证数据的安全。校验和首先在数据发送方通过特殊的算法计算得出,在传递到接收方之后,还需要重新计算。如果某个数据报在传输过程中被第三方篡改或者由于线路噪声等原因受到损坏,发送和接收方的校验和计算值将不会相符,由此 UDP 可以检测是否出错。其实在 UDP 中校验功能是可选的,这与 TCP 不同,后者要求必须具有校验和。

UDP 和 TCP 的主要区别是两者在如何实现信息的可靠传递方面不同。TCP 中包含了专门的传输保证机制,当数据接收方收到发送方传来的信息时,会自动向发送方发出确认消息;发送方只有在接收到该确认消息或超时后才继续传送其他信息。

与 TCP 不同,UDP 并不提供数据传送的保证机制。如果在从发送方到接收方的传递过程中出现数据包的丢失,协议本身并不能做出任何检测或提示。因此,通常人们把 UDP 称为不可靠的传输协议。

相对于 TCP,UDP 的不同之处在于如何接收突发性的多个数据包,而且 UDP 并不能确保数据的发送和接收顺序。

“无连接”就是在正式通信前不必与对方先建立连接,而是不管对方状态如何就直接发送。这与现在流行的手机短信非常相似:在发短信时,只需要输入对方手机号就可以了。UDP 适用于一次只传送少量数据、对可靠性要求不高的应用环境,如 SNMP(简单网络管理协议)。

TCP 和 UDP 互不相同,适用于不同要求的通信环境。TCP 和 UDP 之间的差别如表 3-7 所示。

表 3-7　TCP 和 UDP 的差别

对 比 项	TCP	UDP
是否连接	面向连接	无连接
传输可靠性	可靠的	不可靠的
应用场合	传输大量的数据	少量数据
速度	慢	快

或许人们要问,既然 UDP 是一种不可靠的网络协议,那何必还要保留使用呢?其实不然,在有些情况下,UDP 可能会变得非常有用,因为 UDP 具有 TCP 望尘莫及的速度优势。虽然在 TCP 中植入了各种安全保障功能,但是在实际执行的过程中会占用大量的系统开销,无疑使速度受到严重的影响。而 UDP 由于排除了信息可靠传递机制,将安全和排序等功能移交给上层应用来完成,从而极大地降低了执行时间,使速度得到了保证。

使用 UDP 的协议包括简单文件传输协议(TFTP)、简单网络管理协议(SNMP)、网络文件系统(NFS)和域名系统(DNS)等。

实施过程

任务1 常用网络命令的使用

计算机网络在使用过程中,各种网络设备出现故障的情况在所难免,网络管理人员除了使用各种硬件检测设备和测试工具之外,还可以利用操作系统本身内置的一些网络命令,对所在的网络进行故障检测和维护。

1. ping 命令的使用

ping 命令是一个使用频率极高的 ICMP 的程序,可用来测试目标机或路由器的可达性。它是一个连通性测试程序,如果能 ping 通目标,就可以排除网络访问层、网卡、Modem的输入/输出线路、电缆和路由器等存在的故障;如果 ping 目标 A 通,而 ping 目标 B 不通,则网络发生在 A 与 B 之间的链路上或 B 上,从而缩小故障范围。

通过执行 ping 命令可获得如下信息。

(1)检测网络的连通性,检验与远程计算机或本地计算机的连接。

(2)确定是否有数据报被丢失、复制或重传。ping 命令在所发送的数据报中设置唯一的序列号(Sequence Number),以此检查其接收到应答报文的序列号。

(3) ping 命令在其所发送的数据报中设置时间戳(Time Stamp),根据返回的时间戳信息可以计算数据包交换的时间,即 RTT(Round Trip Time)。

(4) ping 命令校验每一个收到的数据报,据此可以确定数据报是否损坏。

ping 命令的格式如下。

ping 目的 IP 地址

[-t][-a][-n count][-l size][-f][-i TTL][-v TOS][-r count][-s count]
[[-j host-list]|[-k host-list]][-w timeout]

ping 命令各选项的含义如表 3-8 所示。

表 3-8　ping 命令各选项的含义

选　　项	含　　义
-t	连续 ping 目标机,直到手动停止(按 Ctrl+C 组合键)
-a	将 IP 地址解析为主机名
-n count	发送回送请求 ICMP 报文的次数(默认值为 4)
-l size	定义 echo 数据报的大小(默认值为 32 B)
-f	不允许分片(默认为允许分片)
-i TTL	指定生存周期
-v TOS	指定要求的服务类型
-r count	记录路由
-s count	使用时间戳选项
-j host-list	使用松散源路由选项
-k host-list	使用严格源路由选项
-w timeout	指定等待每个回送应答的超时时间(以 ms 为单位,默认值为 1000,即 1s)

（1）测试本机是否正确安装了 TCP/IP。

执行"ping 127.0.0.1"命令,如果能 ping 成功,说明 TCP/IP 已正确安装。"127.0.0.1"是回送地址,它永远回送到本机。

（2）测试本机 IP 地址是否正确配置或者网卡是否正常工作。

执行"ping 本机 IP 地址"命令,如果能 ping 成功,说明本机 IP 地址配置正确,并且网卡工作正常。

（3）测试与网关之间的连通性。

执行"ping 网关 IP 地址"命令,如果能 ping 成功,说明本机到网关之间的物理线路是连通的。

（4）测试能否访问 Internet。

执行"ping 60.215.128.237"命令,如果能 ping 成功,说明本机能访问 Internet。其中,"60.215.128.237"是 Internet 上新浪服务器的 IP 地址。

（5）测试 DNS 服务器是否正常工作。

执行"ping www.sina.com.cn"命令,如果能 ping 成功,如图 3-18 所示,说明 DNS 服务器工作正常,能把网址(www.sina.com.cn)正确解析为 IP 地址(60.215.128.237);否则,说明主机的 DNS 未设置或设置有误等。

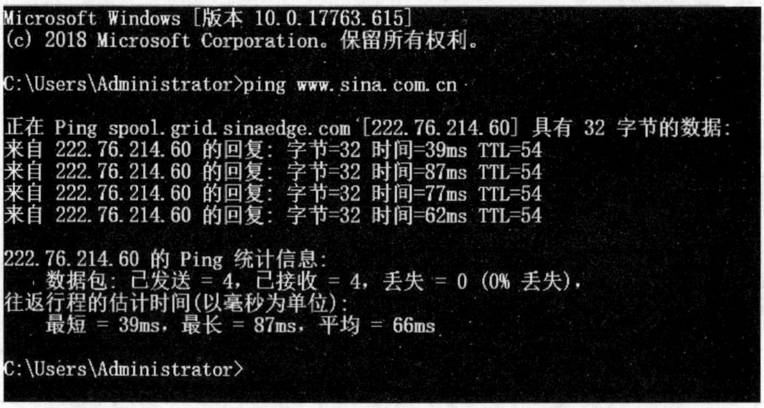

```
Microsoft Windows [版本 10.0.17763.615]
(c) 2018 Microsoft Corporation。保留所有权利。

C:\Users\Administrator>ping www.sina.com.cn

正在 Ping spool.grid.sinaedge.com [222.76.214.60] 具有 32 字节的数据:
来自 222.76.214.60 的回复: 字节=32 时间=39ms TTL=54
来自 222.76.214.60 的回复: 字节=32 时间=87ms TTL=54
来自 222.76.214.60 的回复: 字节=32 时间=77ms TTL=54
来自 222.76.214.60 的回复: 字节=32 时间=62ms TTL=54

222.76.214.60 的 Ping 统计信息:
    数据包: 已发送 = 4, 已接收 = 4, 丢失 = 0 (0% 丢失),
往返行程的估计时间(以毫秒为单位):
    最短 = 39ms, 最长 = 87ms, 平均 = 66ms

C:\Users\Administrator>
```

图 3-18　使用 ping 测试 DNS 服务器是否正常

如果计算机打不开任何网页,可通过上述的 5 个步骤来诊断故障的位置,并采取相应的解决措施。

（6）连续发送 ping 探测报文。其语法格式如下:

ping - t 60.215.128.237

（7）使用自选数据长度的 ping 探测报文,如图 3-19 所示。

（8）修改 ping 命令的请求超时时间,如图 3-20 所示。

（9）不允许路由器对 ping 探测报文分片。如果指定的探测报文的长度太长,同时又不允许分片,探测数据报就不可能到达目的地并返回应答,如图 3-21 所示。

2. ipconfig 命令的使用

ipconfig 命令可以查看主机当前的 TCP/IP 配置信息,如 IP 地址、网关、子网掩码等刷新动态主机配置协议(DHCP)和域名系统(DNS)设置。

图 3-19 使用自选数据长度的 ping 探测报文

图 3-20 修改 ping 命令的请求超时时间

图 3-21 不允许路由器对 ping 探测报文分片

ipconfig 命令的语法格式如下：

ipconfig[/all][/renew[Adapter]][/release[Adapter]][/flushdns][/displaydns][/registerdns]
[/showclassid Adapter] [/setclassid Adapter [ClassID]]

ipconfig 命令各选项的含义如表 3-9 所示。

表 3-9 ipconfig 命令各选项的含义

选　　项	含　　义
/all	显示所有适配器的完整 TCP/IP 配置信息
/renew[Adapter]	更新所有适配器或特定适配器的 DHCP 配置
/release[Adapter]	发送 DHCP RELEASE 消息到 DHCP 服务器，以释放所有适配器或特定适配器的当前 DHCP 配置并丢弃 IP 地址配置
/flushdns	刷新并重设 DNS 客户解析缓存的内容

续表

选　　项	含　　义
/displaydns	显示 DNS 客户解析缓存的内容,包括从 Local Hosts 文件预装载的记录以及最近获得的针对由计算机解析的名称查询的资源记录
/registerdns	初始化计算机上配置的 DNS 名称和 IP 地址的手工动态注册
/showclassid Adapter	显示指定适配器的 DHCP 类别 ID
/setclassid Adapter[ClassID]	配置特定适配器的 DHCP 类别 ID
/?	在命令提示符下显示帮助信息

(1) 要显示基本 TCP/IP 配置信息,可执行 ipconfig 命令。

使用不带参数的 ipconfig 命令可以显示所有适配器的 IP 地址、子网掩码和默认网关。

(2) 要显示完整的 TCP/IP 配置信息(主机名、网卡的 MAC 地址、主机的 IP 地址、子网掩码、默认网关地址、DNS 服务器等),可执行"ipconfig/all"命令。

(3) 仅更新"本地连接"适配器中由 DHCP 分配的 IP 地址配置,可执行"ipconfig/renew"命令。

(4) 要在排除 DNS 的名称解析故障期间刷新 DNS 解析器缓存,可执行"ipconfig/flushdns"命令。

3. arp 命令的使用

地址解析协议 ARP 是一个重要的 TCP/IP,并且用于确定对应 IP 地址的网卡物理地址。arp 命令用于查看、添加和删除缓存中的 ARP 表项。

ARP 表可以包含动态(Dynamic)表项和静态(Static)表项,用于存储 IP 地址与 MAC 地址的映射关系。

动态表项随时间推移自动添加和删除;而静态表项则一直保留在高速缓存中,直到人为删除或重新启动计算机为止。

每个动态表项的潜在生命周期是 10min,新表项加入时定时器开始计时,如果某个表项添加后 2min 内没有被再次使用,则此表项过期并从 ARP 表中删除。如果某个表项始终在使用,则它的最长生命周期为 10min。

(1) 显示高速缓存中的 ARP 表,命令如图 3-22 所示。

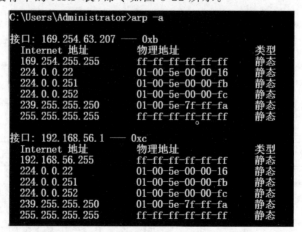

图 3-22　显示高速缓存中的 ARP 表

（2）添加 ARP 静态表项，命令如图 3-23 所示。

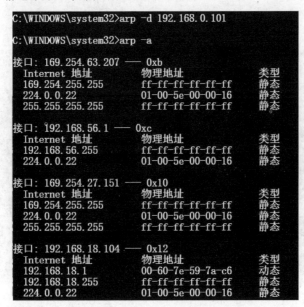

图 3-23　添加 ARP 静态表项

（3）删除 ARP 静态表项，命令如图 3-24 所示。

图 3-24　删除 ARP 静态表项

4. tracert 命令的使用

tracert（跟踪路由）是路由跟踪的一个实用程序，用于获得 IP 数据报访问目标时从本地计算机到目标机的路径信息。

tracert 命令的语法格式如下：

tracert [－d] [－h MaximumHops] [－i HostList] [－w Timeout] [－R] [－s SrcAddr] [－4] [－6]
TargetName

tracert 命令各选项的含义如表 3-10 所示。

第 3 章

网络体系结构与协议

表 3-10   tracert 命令各选项的含义

选　　项	含　　义
-d	防止 tracert 试图将中间路由器的 IP 地址解析为它们的名称
-h MaximumHops	指定搜索目标(目的)的路径中"跳数"的最大值。默认"跳数"值为 30
-i HostList	指定"回显请求"消息将 IP 报头中的松散源路由选项与 HostList 中指定的中间目标集一起使用
-w Timeout	指定等待"ICMP 已超时"或"回显答复"消息(对应于要接收的给定"回显请求"消息)的时间(ms)
-R	指定 IPv6 路由扩展报头应用来将"回显请求"消息发送到本地主机,使用指定目标作为中间目标并测试反向路由
-s SrcAddr	指定在"回显请求"消息中使用的源地址。仅当跟踪 IPv6 地址时才使用该参数
-4	指定 tracert 只能将 IPv4 用于本跟踪
-6	指定 tracert 只能将 IPv6 用于本跟踪
TargetName	指定目标,可以是 IP 地址或主机名
/	在命令提示符下显示帮助

(1) 跟踪名为"www.163.com"的主机的路径,可执行"tracert www.163.com"命令,结果如图 3-25 所示。

图 3-25　使用 tracert 命令跟踪主机的路径(1)

(2) 跟踪名为"www.163.com"的主机的路径,并防止将每个 IP 地址解析为它的名称,可执行"tracert -d www.163.com"命令,结果如图 3-26 所示。

5. netstat 命令的使用

netstat(网络状态)命令可以显示当前活动的 TCP 连接、计算机侦听的端口、以太网统计信息、IP 路由表、IPv4 或 IPv6 的统计信息等,用于检测本机各端口的网络连接情况。

netstat 命令的语法格式如下:

netstat [- a] [- e] [- n] [- o] [- p Protocol] [- r] [- s] [Interval]

netstat 命令各选项的含义如表 3-11 所示。

```
C:\Users\Administrator>tracert -d www.163.com

通过最多 30 个跃点跟踪
到 z163ipv6.v.bsgslb.cn [240e:ff:d18c:200:0:1:2:f] 的路由:

  1      9 ms      5 ms      3 ms  240e:ff:b180:7823::b2
  2       *         *         *    请求超时。
  3     51 ms     35 ms     45 ms  240e:2f:8080:305::3
  4     67 ms     68 ms     30 ms  240e:2f:8080:3::3
  5       *         *         *    请求超时。
  6     46 ms     50 ms     41 ms  240e:1f:9000:102::3
  7     51 ms     48 ms     41 ms  240e:1f:a800:2::3
  8       *         *         *    请求超时。
  9    426 ms    238 ms    468 ms  240e:ff:d18c:200::3
 10    198 ms    150 ms     78 ms  240e:ff:d18c:200::117
 11    120 ms    124 ms    192 ms  240e:ff:d18c:200:0:1:0:3
 12    129 ms    116 ms     50 ms  240e:ff:d18c:200:0:1:2:f

跟踪完成。

C:\Users\Administrator>
```

图 3-26　使用 tracert 命令跟踪主机的路径(2)

表 3-11　netstat 命令各选项的含义

选 项	含 义
-a	显示所有活动的 TCP 连接及计算机侦听的 TCP 和 UDP 端口
-e	显示以太网统计信息,如发送和接收的字节数、数据包数等
-n	显示活动的 TCP 连接,不过只以数字形式表示地址和端口号
-o	显示活动的 TCP 连接并包括每个连接的进程 ID(PID)。该选项可以与-a、-n 和-p 选项结合使用
-p Protocol	显示 Protocol 所指定的协议的连接
-r	显示 IP 路由表的内容。该选项与"route print"命令等价
-s	按协议显示统计信息
Interval	每隔 Interval 秒重新显示一次选定的消息。按 Ctrl+C 组合键停止重新显示统计信息。如果省略该选项,netstat 将只显示一次选定的信息
/?	在命令提示符下显示帮助

(1) 显示所有活动的 TCP 连接及计算机侦听的 TCP 和 UDP 端口,可执行 netstat -a 命令,结果如图 3-27 所示。

```
C:\Users\Administrator>netstat -a

活动连接

  协议  本地地址              外部地址            状态
  TCP   0.0.0.0:135          DESKTOP-7VKCCKP:0   LISTENING
  TCP   0.0.0.0:445          DESKTOP-7VKCCKP:0   LISTENING
  TCP   0.0.0.0:1026         DESKTOP-7VKCCKP:0   LISTENING
  TCP   0.0.0.0:1027         DESKTOP-7VKCCKP:0   LISTENING
  TCP   0.0.0.0:1029         DESKTOP-7VKCCKP:0   LISTENING
  TCP   0.0.0.0:5040         DESKTOP-7VKCCKP:0   LISTENING
  TCP   0.0.0.0:5357         DESKTOP-7VKCCKP:0   LISTENING
  TCP   0.0.0.0:49664        DESKTOP-7VKCCKP:0   LISTENING
  TCP   0.0.0.0:49665        DESKTOP-7VKCCKP:0   LISTENING
  TCP   0.0.0.0:49666        DESKTOP-7VKCCKP:0   LISTENING
  TCP   0.0.0.0:49667        DESKTOP-7VKCCKP:0   LISTENING
```

图 3-27　显示所有活动的 TCP 连接

(2) 显示以太网统计信息,如发送和接收的字节数、数据包数等,可执行"netstat -o -s"

第 3 章

网络体系结构与协议

命令,结果如图 3-28 所示。

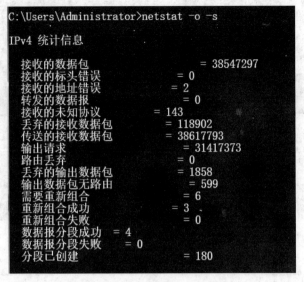

图 3-28　显示以太网统计信息

任务 2　配置与测试 IP 地址

1. IP 地址修改设置方法

步骤 1：进入"网络和共享中心"窗口。

方法 1：在桌面右击"网络"→"属性",如图 3-29 所示。弹出的"网络和共享中心"页面如图 3-30 所示。

方法 2：在桌面双击"控制面板"图标,在弹出的"所有控制面板项"中双击"网络和共享中心",如图 3-31 所示。

步骤 2：进入"本地连接属性"窗口。

在弹出的"网络和共享中心"窗口中,选择"更改适配器设置"选项,弹出"网络连接"页面,从右击弹出下拉菜单中选择"属性"选项,如图 3-32 所示。

步骤 3：进入"Internet 协议(TCP/IP)属性"页面。

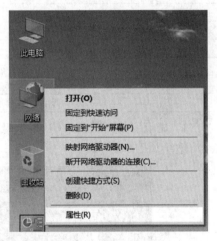

图 3-29　"网络"下拉菜单

在"WIN 属性"页面中选择"网络"选项卡,勾选"Internet 协议版本 4(TCP/IPvP4)"复选框,再单击"属性"按钮,如图 3-33 所示。

步骤 4：在"Internet 协议版本 4(TCP/IPvP4)属性"页面中修改 IP 地址。

在弹出窗口中,方框标出位置以外空格均按图 3-34 所示填写。

方框标出的位置,IP 地址方框处请对照机器桌面号与 IP 地址对应关系填写(11 为机器所在桌面号),默认网关方框处(第三组数字)与 IP 地址第三组数字相同。以 192.16.1.11 为例,IP 地址：192.16.1.11。默认网关：192.16.1.254。

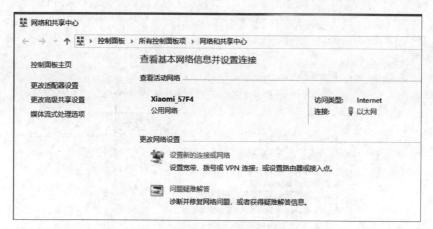

图 3-30 "网络和共享中心"页面

图 3-31 "所有控制面板项"页面

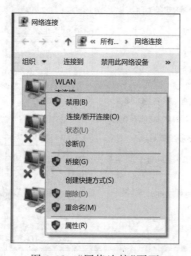

图 3-32 "网络连接"页面

网络体系结构与协议

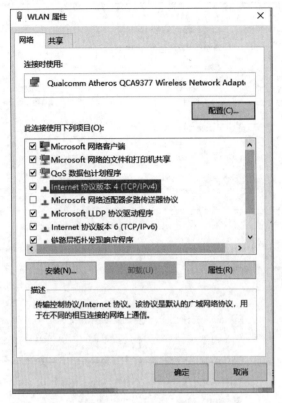

图 3-33 "属性"页面

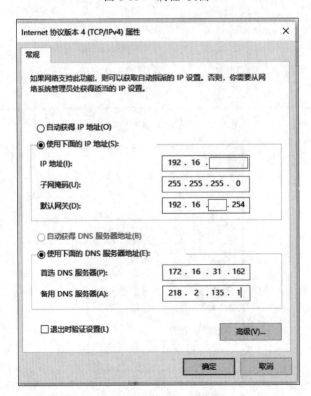

图 3-34 修改 IP 地址

2. 计算机名修改设置方法

（1）计算机起名规则。

用户可按如下规则修改计算机名：如果是个人使用计算机，将计算机名改为"单位名称＋用户名（用户名可用中文或拼音字母，推荐使用中文）"，如教育局李四；如果是单位公用计算机，将计算机名改为"单位名称＋房间号＋数字（两位）"，如教育局101601。

（2）具体修改方法。

修改方法：右击桌面上的"此电脑"，在弹出的下拉菜单中选择"属性"选项，弹出"系统属性"页面，选择"计算机名"选项卡，单击"更改"按钮，改好后单击"确定"按钮，重启计算机以使它生效，如图3-35～图3-37所示。

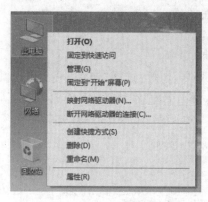

图3-35 "此电脑"下拉菜单

图3-36 "系统属性"页面

图3-37 修改计算机名

3. 使用自动专用IP寻址APIPA（Automatic Private IP Addressing）

Windows 10的TCP/IP工具支持一种新方式，为基于LAN的简单网络配置自动分配

网络体系结构与协议

IP 地址的方式。这种寻址方式是 LAN 适配器的动态 IP 地址分配的一处扩展,可以不使用静态 IP 地址分配或安装 DHCP 就可以配置 IP 地址。这种方法的前提是在 TCP/IP 属性对话框中单击"自动获取 IP 地址"。下列步骤描述了 APIPA 如何分配 IP 地址。

(1) Windows 10 TCP/IP 试着在连接的网络上查找一个 DHCP 服务器,以得到一个动态分配的 IP 地址。

(2) 在启动过程中,如果没有 DHCP 服务器(如服务器停机或维修),客户机则无法得到一个 IP 地址。

(3) APIPA 生成一个 169.254.X.Y(这里 X.Y 是客户机的唯一标识符)形式的 IP 地址和 255.255.0.0 的子网掩码。如果此地址已被使用,在需要的情况下,APIPA 会选择另一个 IP 地址,重新选择地址的次数最多为 10 次。

4. 配置并验证 TCP/IP

步骤 1:配置静态 IP 地址。

(1) 右击桌面上的"网上邻居"图标,选择"属性"后会出现"网络和拨号连接"窗口。再次右击想要配置的连接,默认情况下为"本地连接",选择"属性"。

(2) 在打开窗口中,选择"Internet 协议(TCP/IP)属性"。按图 3-38 所示配置 IP 地址。

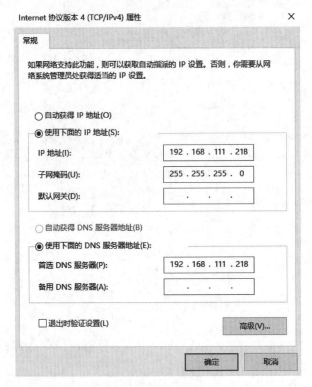

图 3-38   配置 IP 地址

步骤 2:验证计算机的 TCP/IP 配置。

在此步骤中,要使用两种 TCP/IP 实用程序 ipconfig 和 ping 来验证计算机的静态配置。

(1) 用 administrator 身份登录到服务器。

（2）打开命令提示，即在"开始"菜单的"运行"对话框中输入 cmd 即可。

（3）在命令提示中，输入 ipconfig/all，按 Enter 键，如图 3-39 所示。

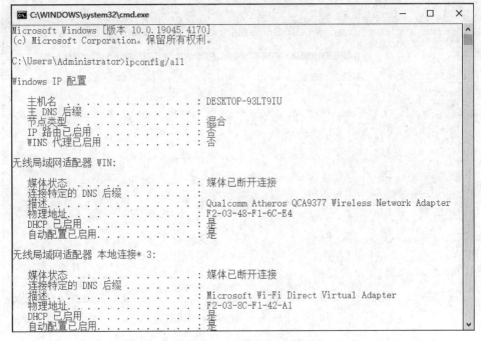

图 3-39　静态配置的验证

（4）要验证 IP 地址是否在正常工作，则输入 ping 127.0.0.1。

（5）要验证计算机是否和网络上其他计算机拥有相同的 IP 地址，则对本地计算机的 IP 地址使用 ping 命令。

步骤 3：配置 TCP/IP 自动获得一个 IP 地址。

在这一步中，要配置 TCP/IP，使其自动获得一个 IP 地址。然后验证配置，确认 APIPA 的确提供了适当的 IP 寻址信息。

（1）在 TCP/IP 属性对话框中单击"自动获取 IP 地址"。

（2）在命令提示中，输入 ipconfig/all|more，按 Enter 键。

步骤 4：用 ping 命令验证本机与前后左右 4 台机器的 IP 地址连通情况。

任务 3　使用 Sniffer 软件抓取 ftp 口令并用安全的方式保护 FTP

1. 使用 Sniffer 软件抓取 ftp 口令

Sniffer 软件是一种协议分析软件，采用基于被动侦听原理的网络分析方式，可运行在各种 Windows 平台上。

（1）将 Sniffer 安装在本机上。

在进行流量捕获之前应选择网络适配器，确定从计算机的哪个网络适配器上接收数据。

（2）打开并运行 Sniffer，如图 3-40 所示。

（3）选择"捕获"→"定义过滤器"→"地址类型"（由默认的 Hardware 改为 IP），并将位置设为 166.111.5.36—166.111.5.37，如图 3-41 所示。

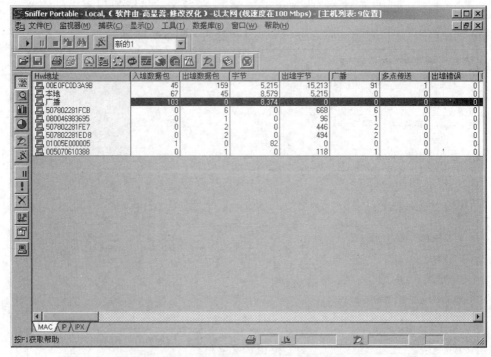

图 3-40　Sniffer 运行后显示的界面

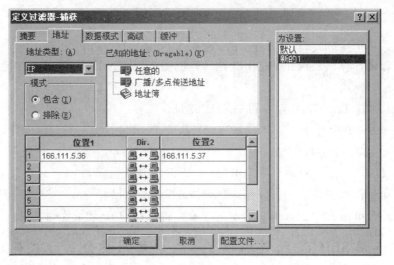

图 3-41　设置地址位置

(4) 打开捕获按钮(或按 F10 键)开始捕获,如图 3-42 所示。

(5) 通过运行 FTP 访问 166.111.5.37,如图 3-43 所示。

(6) 停止捕获,并选择解码。结果显示访问的几次握手,如图 3-44 所示。

(7) 从捕获的信息中可以找到使用的 FTP 用户名(USER lisa)和密码(PASS 123456),如图 3-45 所示。

至此,成功地捕获了信息。

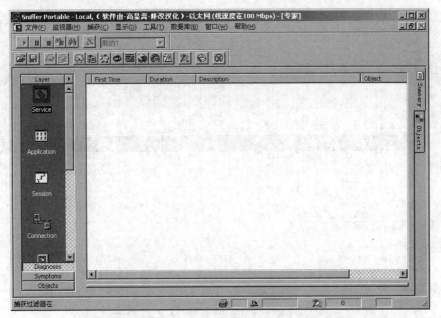

图 3-42　开始捕获

```
Microsoft Windows 2000 [Version 5.00.2195]
<C> 版权所有 1985-2000 Microsoft Corp.

C:\Documents and Settings\Administrator>ftp 166.111.5.37
Connected to 166.111.5.37.
220 ol5_6 FTP server <Version wu-2.6.1-18> ready.
User <166.111.5.37:<none>>: lisa
331 Password required for lisa.
Password:
230 User lisa logged in.
ftp>
```

图 3-43　运行 FTP 访问 166.111.5.37

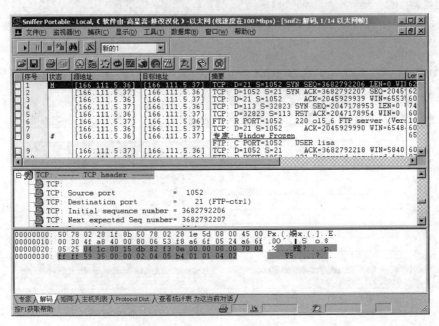

图 3-44　显示访问结果

第 3 章

网络体系结构与协议

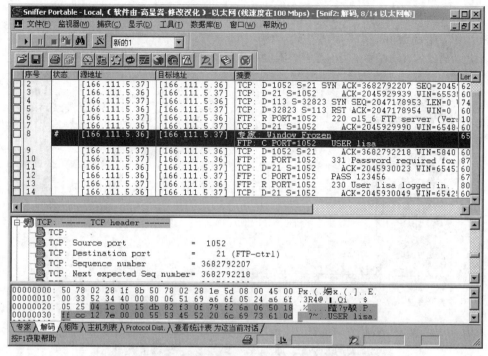

图 3-45　找到使用的 FTP 用户名和密码

2. 使用 Sniffer 工具进行 TCP/IP、ICMP 数据包分析

（1）启动 Sniffer 软件，打开网络监视界面，如图 3-46 所示。

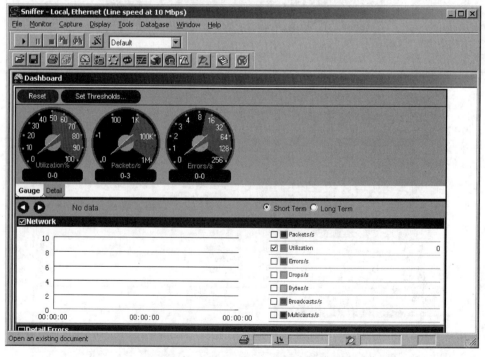

图 3-46　Sniffer 软件的网络监视界面

（2）定义过滤器来捕捉 192.168.0.40 上的 IP 数据包，如图 3-47 和图 3-48 所示。

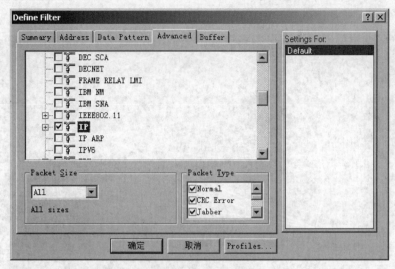

图 3-47　定义过滤器

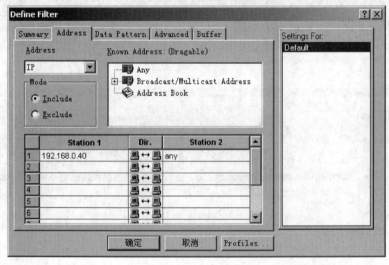

图 3-48　捕捉 IP 数据包

（3）从 Sniffer 软件的 Monitor 菜单中单击 Matrix 命令，显示 192.168.0.40 的通信情况，并通过右击该地址，在弹出的快捷菜单中单击 Capture 命令开始捕捉，如图 3-49 所示。

（4）停止捕捉后，选择 Decode 选项，查看捕捉到的 IP 包，如图 3-50 所示。

（5）从图 3-51 所示中可以看出有 3 个显示框，最上面的显示框是捕捉的数据，中间的显示框是数据分析，最下面的显示框是原始数据包，用十六进制表示，例如，TCP：Source port＝1282 对应下面的 0502。

（6）从显示框中可以看出，IP 数据包封装在 TCP 数据包的前面，如图 3-52 所示。

（7）IP 数据包头的结构示意如图 3-53 所示。

（8）TCP 的结构示意如图 3-54 所示。

（9）定义过滤器来捕捉 192.168.0.40 的 ICMP 数据包，如图 3-55 所示。

网络体系结构与协议

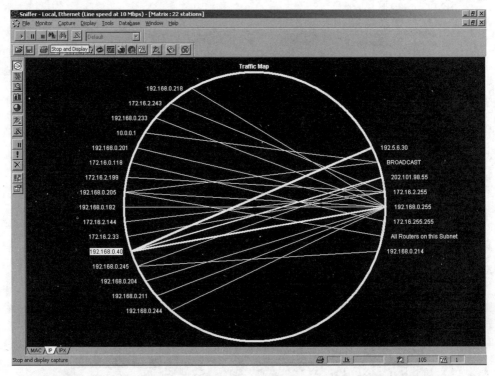

图 3-49　开始捕捉

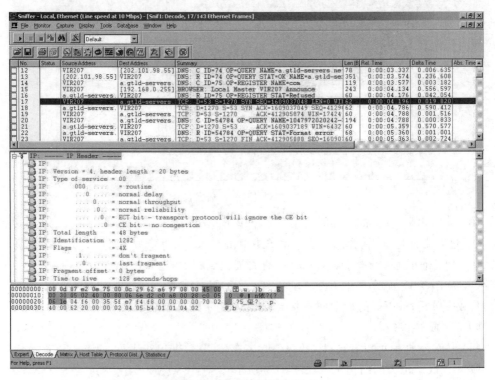

图 3-50　查看捕捉到的 IP 包

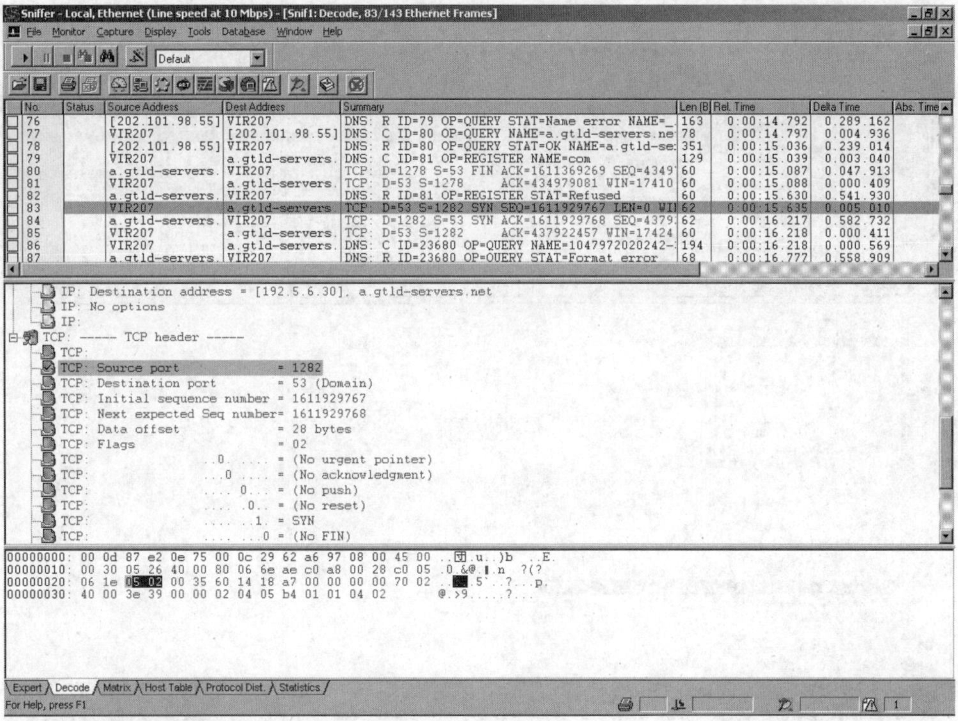

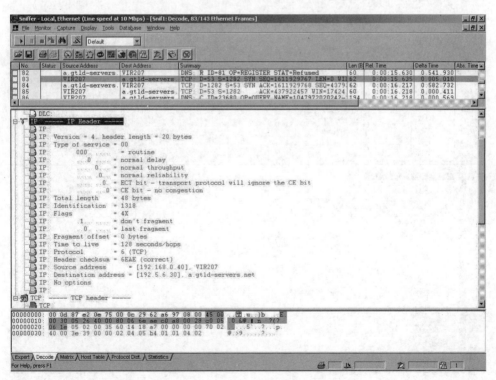

图 3-51　捕捉结果

图 3-52　IP 数据包封装情况

网络体系结构与协议

98

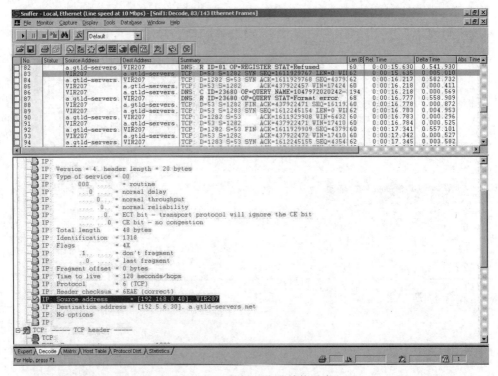

图 3-53　IP 数据包头的结构示意

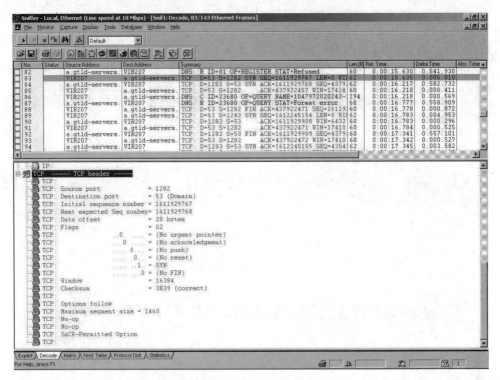

图 3-54　TCP 的结构示意

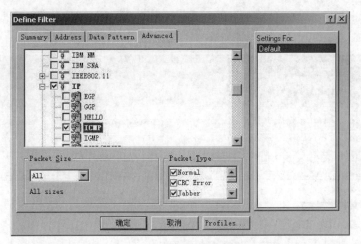

图 3-55　ICMP 数据包

（10）从本机（192.168.0.245）ping 192.168.0.40，如图 3-56 和图 3-57 所示。

```
命令提示符                                                              _ □ ×

Windows 2000 IP Configuration

Ethernet adapter 本地连接:

        Connection-specific DNS Suffix  . :
        IP Address. . . . . . . . . . . . : 192.168.0.245
        Subnet Mask . . . . . . . . . . . : 255.255.255.0
        Default Gateway . . . . . . . . . : 192.168.0.1

Ethernet adapter VMware Network Adapter VMnet1:

        Connection-specific DNS Suffix  . :
        IP Address. . . . . . . . . . . . : 192.168.211.1
```

图 3-56　本机地址

```
命令提示符                                                              _ □ ×

Microsoft Windows 2000 [Version 5.00.2195]
<C> 版权所有 1985-2000 Microsoft Corp.

C:\>PING 192.168.0.40

Pinging 192.168.0.40 with 32 bytes of data:

Reply from 192.168.0.40: bytes=32 time<10ms TTL=128
Reply from 192.168.0.40: bytes=32 time<10ms TTL=128
Reply from 192.168.0.40: bytes=32 time<10ms TTL=128
Reply from 192.168.0.40: bytes=32 time<10ms TTL=128

Ping statistics for 192.168.0.40:
    Packets: Sent = 4, Received = 4, Lost = 0 (0% loss),
Approximate round trip times in milli-seconds:
    Minimum = 0ms, Maximum = 0ms, Average = 0ms

C:\>_
```

图 3-57　源地址

网络体系结构与协议

（11）在停止捕捉后，从 Decode 显示框中找出 Echo 及 Echo reply 数据包，如图 3-58 所示。

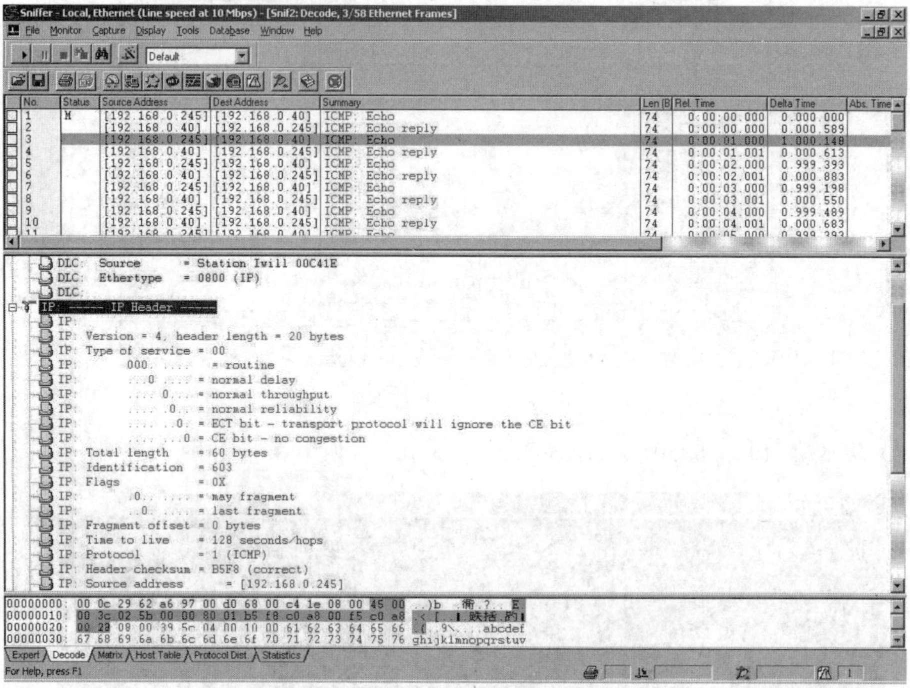

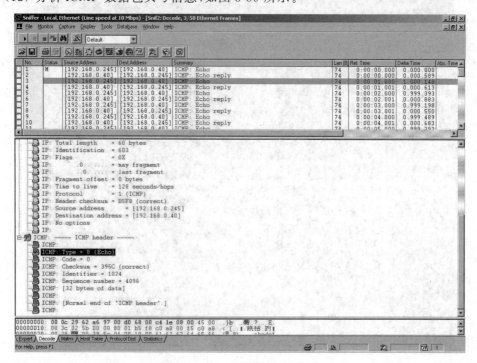

图 3-58　找出的 Echo 及 Echo reply 数据包

（12）分析 ICMP 数据包头号信息，如图 3-59 所示。

图 3-59　ICMP 数据包头号信息

显示结果如下：

```
ICMP 类型:8.
代码:0.
校验和:395C(正确).
确认号:1024.
序号:4096.
数据长度:32 字节.
```

3. 总结

（1）Sniffer 是一个强大的抓包工具，数据包分析功能强大，如果正确使用，对于分析、定位网络故障十分有用。

（2）Sniffer 工具由于功能强大，甚至可以充当 Hacker 工具，很多协议是明文传输，如 FTP、Telnet 等，因此通过 Sniffer 工具可以查看用户名和密码。

（3）从 OSI 结构上看，IP 包属于 3 层网络层，TCP 包属于 4 层传输层。在数据包中，IP 头在 TCP 头的前面。

从实验中可以清晰地看出 TCP 的 3 次握手过程。

任务 4　网络协议分析工具 Wireshark（Ethereal）抓包软件的使用

Wireshark 是非常流行的抓包软件，可截取各种网络封包，显示网络封包的详细信息。

1. 用 Wireshark 观察 ARP 以及 ping 命令的工作过程

（1）用 ipconfig 命令获得本机的 MAC 地址和默认路由器的 IP 地址。命令格式如下：

```
ipconfig/all 00－15－C5－7B－30－A6 192.168.1.1
```

（2）用 ARP 命令清空本机的缓存。命令格式如下：

```
arp－d
```

（3）运行 Wireshark，开始捕获所有属于 ARP 或 ICMP 的并且源或目的 MAC 地址是本机的包[提示：在设置过滤规则时需要使用（1）中获得的本机的 MAC 地址]。所得信息如图 3-60 所示。

Time	Source	Destination	Protocol	Info
1 0.000000	Dell_7b:30:a6	Tp-LinkT_23:e9:d4	ARP	who has 192.168.1.1? Tell 192.168.1.100
2 0.003925	Tp-LinkT_23:e9:d4	Dell_7b:30:a6	ARP	192.168.1.1 is at 00:21:27:23:e9:d4
3 13.049870	192.168.1.100	192.168.1.1	ICMP	Echo (ping) request
4 13.050437	192.168.1.1	192.168.1.100	ICMP	Echo (ping) reply
5 14.052357	192.168.1.100	192.168.1.1	ICMP	Echo (ping) request
6 14.052947	192.168.1.1	192.168.1.100	ICMP	Echo (ping) reply
7 15.052410	192.168.1.100	192.168.1.1	ICMP	Echo (ping) request
8 15.053008	192.168.1.1	192.168.1.100	ICMP	Echo (ping) reply
9 16.052171	192.168.1.100	192.168.1.1	ICMP	Echo (ping) request
10 16.052694	192.168.1.1	192.168.1.100	ICMP	Echo (ping) reply

图 3-60　属于 ARP 或 ICMP 并且源或目的 MAC 地址是本机的包

过滤规则：ether host 00:15:C5:7B:30:A6 and（arp or icmp）。

（4）执行命令"ping 默认路由器的 IP 地址"。命令格式如下：

```
ping 192.168.1.1
```

首先，通过 ARP 来找到所 ping 机器的 IP 地址，本机器发送一个广播包，在子网中查询 192.168.1.17 的 MAC 地址，然后一个节点发送了响应该查询的 ARP 分组，告知机器所查询的 MAC 地址。接下来，本机器发送了 3 个回显请求 ICMP 报文，目的地段回复了 3 个响应的回显应答 ICMP 报文，说明连通正常。

网络体系结构与协议

2. 用 Wireshark 观察 tracert 命令的工作过程

(1) 运行 Wireshark,开始捕获 tracert 命令中用到的消息。

(2) 执行 tracert -d www.dlut.edu.cn,如图 3-61 所示。

图 3-61　捕获结果

图 3-62 所示的是 Wireshark 所观察到的现象。

Time	Source	Destination	Protocol	Info
1 0.000000	192.168.1.100	202.118.66.66	ICMP	Echo (ping) request
2 0.232751	202.118.66.66	192.168.1.100	ICMP	Echo (ping) reply
3 0.233718	192.168.1.100	202.118.66.66	ICMP	Echo (ping) request
4 0.466552	202.118.66.66	192.168.1.100	ICMP	Echo (ping) reply
5 0.467587	192.168.1.100	202.118.66.66	ICMP	Echo (ping) request
6 0.713822	202.118.66.66	192.168.1.100	ICMP	Echo (ping) reply

图 3-62　Wireshark 所观察到的现象

由图 3-62 可见,本地主机发送了 3 次 ICMP 请求回显数据报,由于中途无别的路由器,直接到达目的端,目的主机随之发送相应的 ICMP 回显应答报文。

3. 用 Wireshark 观察 TCP 连接的建立过程和终止过程

(1) 启动 Wireshark,配置过滤规则为捕获所有源或目的是本机的 Telnet 协议的包(提示: Telnet 使用的传输层协议是 TCP,使用 TCP 端口号 23)。

(2) 在 Windows 命令行窗口中执行命令 telnet bbs.dlut.edu.cn,登录后再退出。

过滤规则: host 192.168.1.100 and (tcp port 23)。

图 3-63 显示了 Wireshark 所观察到的现象,TCP 3 次握手的连接建立过程如下。

Time	Source	Destination	Protocol	Info
1 0.000000	192.168.1.100	202.118.66.5	TCP	56640 > telnet [SYN] Seq=0 win=819
2 0.084992	202.118.66.5	192.168.1.100	TCP	telnet > 56640 [SYN, ACK] Seq=0 Ac
3 0.085206	192.168.1.100	202.118.66.5	TCP	56640 > telnet [ACK] Seq=1 Ack=1 w
4 0.154696	202.118.66.5	192.168.1.100	TELNET	Telnet Data ...

图 3-63　TCP 3 次握手的过程

步骤 1: 本地主机 192.168.1.100 向目的主机 202.118.66.5 发送一个 SYN=1 的报文段。

步骤 2: 目的主机收到该报文段后,回复一个允许连接的报文段,SYN 也为 1。

步骤 3: 收到上步报文段后,本地主机回复一个对其进行确认的报文段。

图 3-64 所示的是在 TCP 的连接终止过程时,Wireshark 所观察到的现象。

Time	Source	Destination	Protocol	Info
85 168.793317	202.118.66.5	192.168.1.100	TCP	telnet > 56640 [FIN, ACK] Seq=15520 Ack=83
86 168.793378	192.168.1.100	202.118.66.5	TCP	56640 > telnet [ACK] Seq=83 Ack=15521 Win=6
87 168.795892	192.168.1.100	202.118.66.5	TCP	56640 > telnet [FIN, ACK] Seq=83 Ack=15521
88 168.844960	202.118.66.5	192.168.1.100	TCP	telnet > 56640 [ACK] Seq=15521 Ack=84 Win=5

图 3-64　TCP 的连接终止过程

首先,目的主机 202.118.66.5 向本地主机 192.168.1.100 发送一个 FIN 位置为 1 的 TCP 报文段。

接着本地主机收到上一步的报文段后回复一个确认报文段。

然后,目的主机发送其终止报文段,其 FIN 位被置为 1。

最后，本地主机对该终止报文段进行确认，回复一个确认报文段。

由图 3-64 可知，目的主机首先发送了 FIN 位为 1 的报文段，故是目的主机首先发起连接关闭。

4. 用 Wireshark 观察使用 DNS 来进行域名解析的过程

（1）在 Windows 命令窗口中执行命令"nslookup"，按 Enter 键，进入该命令的交互模式。

（2）启动 Wireshark，配置过滤规则为捕获所有源或目的是本机的 DNS 协议中的包（提示：DNS 使用的传输层协议是 UDP，它使用 UDP 端口号 53）。

（3）在提示符">"下直接输入域名 www.dlut.edu.cn，解析它所对应的 IP 地址。

（4）在提示符">"下输入命令"set type=mx"，设置查询类型为 MX 记录。

（5）在提示符">"下输入域名"tom.com"，解析它所对应的 MX 记录。

（6）在提示符">"下输入命令"set type=a"，恢复查询类型为 A 记录。

（7）在提示符">"下输入 MX 记录的查询结果，从而查出"tom.com"邮件服务器的 IP 地址。

（8）在提示符">"下输入"exit"，退出 nslookup 的交互模式。

Capture Filter 过滤规则为 host 192.168.1.100 and (udp port 53)。

根据图 3-65 所示的 Wireshark 所观察到的现象，解析域名"www.dlut.edu.cn"所对应 IP 地址的过程如下。

Time	Source	Destination	Protocol	Info
1 0.000000	192.168.1.100	202.96.69.38	DNS	Standard query A www.dlut.edu.cn.domain
2 0.038859	202.96.69.38	192.168.1.100	DNS	Standard query response A 60.19.29.24
3 0.040037	192.168.1.100	202.96.69.38	DNS	Standard query AAAA www.dlut.edu.cn.domain
4 0.057473	202.96.69.38	192.168.1.100	DNS	Standard query response, No such name

图 3-65　解析域名所对应 IP 地址的过程

首先，本地主机的 DNS 客户端向网络中发送一个查询"www.dlut.edu.cn"且资源记录类型为 A 的 DNS 查询报文。

接着，收到一个 DNS 回答报文，告知其 IP 地址为 60.19.29.24。

然后，本地 DNS 客户端又发送一个 RR 类型为 AAA 的查询报文。

最后，收到回答报文，告知无这样的域名。

根据图 3-66 所示的 Wireshark 所观察到的现象，解析域名"tom.com"所对应 MX 记录的过程如下。

5 48.682971	192.168.1.100	202.96.69.38	DNS	Standard query MX tom.com.domain
6 48.699195	202.96.69.38	192.168.1.100	DNS	Standard query response, No such name
7 48.699824	192.168.1.100	202.96.69.38	DNS	Standard query MX tom.com.
8 48.717208	202.96.69.38	192.168.1.100	DNS	Standard query response MX 10 tommx.cdn.163.net

图 3-66　解析域名所对应 MX 记录的过程

首先，本地主机的 DNS 客户端向网络中发送一个查询"tom.com.domain"且资源记录类型为 MX 的 DNS 查询报文。

接着，收到一个 DNS 回答报文，告知无这样的域名。

然后，本地主机的 DNS 客户端又发送一个查询"tom.com"且资源记录类型为 MX 的 DNS 查询报文。

最后，收到一个 DNS 回答报文，告知其规范主机名为"tommx.cdn.163.net"。

在"tom.com"域中，显示了邮件服务器和 IP 地址的信息，如图 3-67 所示，有两个邮件服务器，它们的 IP 地址分别是 202.108.252.141 和 202.108.252.210。

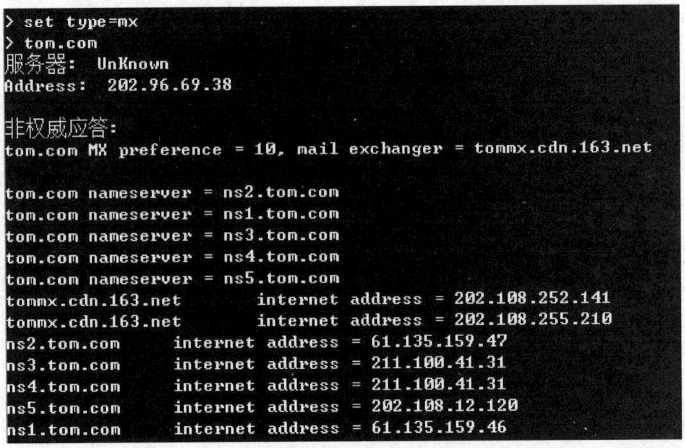

```
> set type=mx
> tom.com
服务器:   UnKnown
Address:  202.96.69.38

非权威应答:
tom.com MX preference = 10, mail exchanger = tommx.cdn.163.net

tom.com nameserver = ns2.tom.com
tom.com nameserver = ns1.tom.com
tom.com nameserver = ns3.tom.com
tom.com nameserver = ns4.tom.com
tom.com nameserver = ns5.tom.com
tommx.cdn.163.net       internet address = 202.108.252.141
tommx.cdn.163.net       internet address = 202.108.255.210
ns2.tom.com     internet address = 61.135.159.47
ns3.tom.com     internet address = 211.100.41.31
ns4.tom.com     internet address = 211.100.41.31
ns5.tom.com     internet address = 202.108.12.120
ns1.tom.com     internet address = 61.135.159.46
```

图 3-67　显示邮件服务器和 IP 地址的信息

小　结

计算机网络中不同系统的两实体间只有在通信的基础上才能相互交换信息,共享网络资源。两个实体间要想进行正常的通信,就必须能够相互理解,共同遵守有关实体的某种互相都能接受的规则,我们把这些为进行网络中的数据交换而建立的规则的集合称为协议。

网络协议的作用是约束计算机之间的通信过程,使之按照事先约定好的步骤进行。

目前国际网络标准是 OSI 参考模型,OSI 将计算机网络分为物理层、数据链路层、网络层、传输层、会话层、表示层和应用层 7 个层次,使简化网络和异构系统互联成为可能,但 OSI 模型设计时有一定的缺陷,实现起来较困难。另外,还有一个网络协议 TCP/IP,由于使用非常广泛,以致成为目前国际上事实的网络标准。

Internet 是一个全球范围的由众多网络连接而成的互联网,所使用的协议是 TCP/IP。其中,网际协议(IP)是用于互联许多计算机网络进行通信的协议,因此这一层也常常称为网络层,或 IP 层。在这一层中,有地址解析协议(ARP)、逆地址解析协议(RARP)、Internet 控制报文协议(ICMP)3 个协议与 IP 配套使用。

目前 Internet 都采用子网划分的方式。子网划分是把单个网络细化为多个规模更小的网络的过程,使得多个小规模物理网络可以使用路由器互联起来并且共有同一个网络号。

一个网络中的所有主机必须有相同的网络号,一个单位分配到的 IP 地址是 IP 地址的网络号,而后面的主机号则由本单位进行分配。本单位所有的主机都使用同一个网络号。

通过把 IP 地址的主机号字段划分成两个字段,就能够建立子网地址。这时必须用子网掩码来确定如何进行这样的划分,即要确切指出子网号字段需要多少位进行编码。子网中的每台主机都要指定子网掩码,而且子网中的所有主机必须配置相同的子网掩码。

将一台计算机的 IP 地址翻译成等价的硬件地址的过程就叫地址转换,这个转换是由地址解析协议(ARP)来完成的。

TCP/IP 在传输层有两个不同的协议:传输控制协议(TCP)和用户数据报协议(UDP)。TCP 的数据传输单位是 TCP 报文段,UDP 的数据传输单位是 UDP 报文或用户数据报。

TCP 即传输控制协议,它是一个面向连接的传输层协议,是传输层中使用最广泛的一个协议。TCP 是提供可靠通信的传输层协议,一旦数据报被破坏或丢失,将其重新传输的工作则由 TCP 而非高层应用程序来完成。TCP 也会检测传输错误并予以修正。TCP 提供可靠的全双工数据传输服务。

UDP 是一个无连接的协议,无连接的通信不提供可靠性,即不通知发送端口是否正确接收了报文。无连接协议也不提供错误恢复能力。UDP 比 TCP 要简单得多,它可以简单地与 IP 或其他协议连接,只充当数据报的发送者或接收者。

思考与练习

1. 试述网络的协议和体系结构的概念。
2. 计算机网络体系结构采用层次结构有何必要性?
3. OSI 参考模型有几层? 各层有什么功能?
4. TCP/IP 体系结构由哪几层构成? 各层有哪些主要协议?
5. IP 地址的结构是怎样的? IP 地址可以分为哪几种?
6. 试说明 IP 地址与硬件地址的区别。
7. 子网掩码的用途是什么? 对于 A、B、C 三类网络,其默认子网掩码是什么?
8. 对于子网掩码为 255.255.255.224 的 C 类网络,能创建多少个子网?
9. 对于子网掩码为 255.255.248.0 的 B 类网络,一个子网能连接多少台主机?

第 4 章 组建局域网

视频讲解

本章学习目标

- 熟练掌握局域网的拓扑结构。
- 熟练掌握局域网的层次结构。
- 熟练掌握局域网介质访问控制方式。
- 掌握以太网及快速以太网的组网技术。
- 掌握 Windows 10 对等网中文件夹共享的设置方法和使用。
- 掌握 Windows 10 对等网中打印机共享的设置方法。
- 掌握 Windows 10 对等网中映射网络驱动器的设置方法。
- 掌握 C2950 交换机的配置方法。
- 掌握虚拟局域网(VLAN)的划分方法。

4.1 局域网基础

局域网(Local Area Network,LAN)是局部区域的计算机网络。它是利用通信线路将近距离内(几十米～几千米)的计算机及外设连接起来,以达到数据通信和资源共享的目的。局域网的研究始于 20 世纪 70 年代,典型代表是以太网(Ethernet)。

4.1.1 局域网的基本概念

局域网由连接各主机及各工作站所需的软件和硬件组成,主要功能是实现资源共享、信息交换、均衡负荷和综合信息服务等。局域网可使得在一个单位范围内的许多微型计算机互联在一起进行信息交换。局域网最主要的特点是网络为一个单位所拥有,且地理范围和站点数目都有限。在局域网刚刚出现时,局域网比广域网具有较高的数据率、较低的时延和较小的误码率。但随着光纤技术在广域网中的普遍使用,现在广域网也具有很高的数据率和很小的误码率。

局域网具有如下一些主要优点。

(1)能方便地共享昂贵的外部设备、主机以及软件、数据,从一个站点可以访问全网。

(2)便于系统的扩展和逐渐演变,各设备的位置可灵活调整和改变。

(3)提高了系统的可靠性、可用性。

局域网使用的是广播信道,即众多用户共享通信媒体,为了保证每个用户不发生冲突,能正常通信,关键问题是如何解决对信道的争用。解决信道的争用的协议称为介质访问控制协议,属于数据链路层的一部分。

局域网的传输介质有双绞线、同轴电缆、光纤、电磁波。双绞线最便宜,可以用在 10Mb/s 或 100Mb/s 的局域网中。50Ω 同轴电缆可用在 10Mb/s 的局域网中,75Ω 同轴电缆可用在几百兆比特每秒的局域网中。光纤具有很好的抗电磁干扰特性和很宽的频带,主要用在环状网中,其数据率可达 100Mb/s 甚至 1Gb/s。

局域网的传输形式有基带传输与宽带传输两种。

4.1.2　常见的局域网拓扑结构

1. 总线型拓扑结构

总线型拓扑结构是局域网最主要的拓扑结构之一。其主要特点如下。

(1) 所有的节点都通过网络适配器直接连接到一条作为公共传输介质的总线上,总线可以是同轴电缆、双绞线或光纤。

(2) 总线上任何一个节点发出的信息都沿着总线传输,而其他节点都能接收到该信息,但在同一时间内,只允许一个节点发送数据。

(3) 由于总线作为公共传输介质为多个节点共享,就有可能出现同一时刻有两个或两个以上节点利用总线发送数据的情况,即发生碰撞,出现冲突。

(4) 在"共享介质"的总线拓扑结构的局域网中,必须解决多个节点访问总线的介质访问控制问题。总线网可使用两种协议,一种是以太网使用的 CSMA/CD,另一种是令牌传递总线协议。

(5) 总线拓扑结构的结构简单,实现容易,易于扩展,可靠性好。

2. 环状拓扑结构

环状网最典型的就是令牌环状网(Token Ring),又称为令牌环或令牌环路。

环状拓扑结构也是共享介质局域网最基本的拓扑结构。其主要特点如下。

(1) 在环状拓扑结构的网络中,所有节点均使用相应的网络适配器连接到共享的传输介质上,并通过点到点的连接构成封闭的环路。

(2) 环路中的数据沿着一个方向(低→高→低)绕环逐节点传输。

在环状拓扑中,虽然多个节点共享一条环通路,但由于使用了某种介质访问控制方法(令牌环),并确定了环中每个节点在何时发送数据,因而不会出现冲突。

(3) 对于环状拓扑的局域网,网络的管理较为复杂,可扩展性较差。

3. 星状拓扑结构

在星状拓扑结构中存在一个中心节点,每个节点通过点到点线路与中心节点连接,任何两个节点之间的通信都要通过中心节点转接。

在局域网中,由于使用中央设备的不同,局域网的物理拓扑结构(各设备之间使用传输介质的物理连接关系)和逻辑拓扑结构(设备之间的逻辑链路连接关系)也将不同。近年来,由于集线器(Hub)的出现和双绞线大量用于局域网中,星状网以及多级结构的星状网获得了非常广泛的应用。

(1) 物理结构的星状拓扑结构:使用 Hub 连接的网络,物理连接形式为星状,但介质访问方式为总线型。

(2) 逻辑结构的星状拓扑结构:令牌环网,物理连接形式为环状,但介质访问方式为星状。

(3) 真正的星状拓扑结构:使用交换机的局域网。

4.1.3 局域网的层次结构

局域网是一个通信网,其协议应该包括 OSI 协议的低 3 层,即物理层、数据链路层和网络层。但由于在局域网中没有路由问题,任何两点之间可用一条直接的链路,因此它不需要网络层。

与 OSI 模型相比,局域网参考模型只有最低的两个层次。由于局域网的种类繁多,其物理媒体接入控制的方法也各不相同,不像广域网那样简单,为了使局域网中的数据链路层不至太过复杂,就将局域网的数据链路层划分为两个子层,即媒体接入控制或媒体访问控制 MAC 子层和逻辑链路控制 LLC 子层。802 参考模型中还包括对传输介质和拓扑结构的规约,因为传输介质和拓扑结构对于局域网是非常重要的。图 4-1 所示为局域网的层次模型与 OSI 的对应关系。局域网中各层的功能如下。

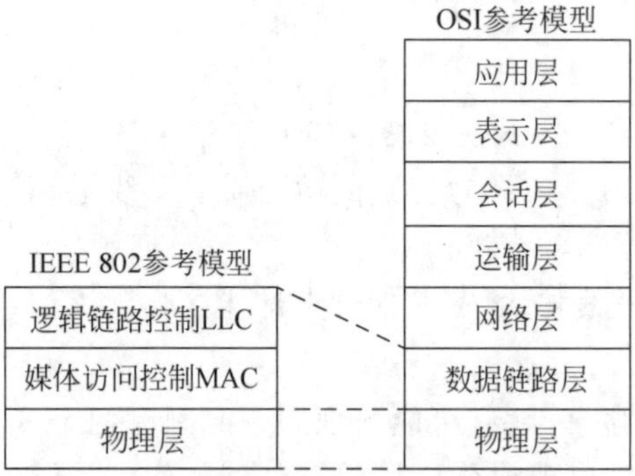

图 4-1 局域网 802 参考模型与 OSI 的对应关系

(1) 物理层。与 OSI 的物理层接口功能一样,主要包括物理接口的电气特性、连接器和传输介质的机械特性、接口电路及其功能;信号的编码和译码功能;比特的传输与接收功能。

(2) 媒体访问控制 MAC 子层。在局域网中与接入各种传输介质有关的问题都放在 MAC 子层,提供实现不同的媒体访问控制方法。MAC 子层还负责在物理层的基础上进行无差错的通信。在 MAC 子层要将上层交下来的数据封装成帧进行发送,接收时进行相反的过程将帧拆卸。MAC 子层的数据传送单位是 MAC 帧。

MAC 子层还具有寻址功能。因此对于接入局域网的每个站,必须要有数据链路层的地址。802 标准为局域网上的每一个站规定了一种 48 位的全局地址,一般被称为 MAC 地址。当一个站接入另一个局域网时,它的全局地址并不改变。现在 IEEE 是世界上局域网全局地址的法定管理机构,它负责分配地址字段的 6 字节中的前 3 字节(即高 24 位)。世界上凡要生产局域网网卡的厂家都必须向 IEEE 购买由这 3 字节构成的一个地址块。地址字段中的后 3 字节(即低 24 位)则是可变的,由厂家自行分配。可见,用一个地址块可以生成 224 个不同的地址。在生产网卡时,这 6 字节的 MAC 地址已被固化在网卡中了。

(3) 逻辑链路控制 LLC 子层。数据链路层中与媒体接入无关的部分都放在逻辑链路控制 LLC 子层。其主要功能是要建立和释放数据链路层的逻辑连接,提供与高层的接口。LLC 提供了服务访问点地址 SAP,并通过 SAP 指定了运行于一台计算机或网络设备的一个或多个应用进程地址。MAC 子层提供的是一个设备的物理地址。LLC 子层要进行端到端的差错控制和流量控制,要给帧加上序号。LLC 子层的数据传送单位是 LLC PDU。

4.1.4 局域网和 IEEE 802 模型

局域网的标准是由美国电气和电子工程师学会 IEEE 802 委员会制定的,称为 IEEE 802 参考模型。

这些标准对促进局域网的发展起到了积极的作用,许多 802 标准现已成为 ISO 国际标准。最早的 IEEE 802 委员会只有 6 个分委会,分别为 IEEE 802.1~IEEE 802.6,随着局域网技术的不断发展,目前已增加到了十多个分委员会,并且分别制定了相应的标准。

IEEE 802.1——主要提供高层标准的框架,包括端至端的协议、网络互联、网络管理和性能测量等。

IEEE 802.2——逻辑链路控制(LLC)。提供数据链路层的高子层功能、局域网 MAC 子层与高层协议间的一致接口。

IEEE 802.3——载波侦听多路访问(CSMA/CD)。定义了 CSMA/CD 总线的媒体访问控制 MAC 和物理层规范。

IEEE 802.4——令牌总线型网。定义令牌总线的媒体访问控制 MAC 和物理层规范。

IEEE 802.5——令牌环状网。定义令牌传递环的媒体访问控制 MAC 和物理层规范。

IEEE 802.6——城域网 MAN。定义城域网和媒体访问控制 MAC 和物理层规范。

IEEE 802.7——宽带技术咨询组。为其他分委员会提供宽带网络支撑技术的建议和咨询。

IEEE 802.8——光纤技术咨询组。

IEEE 802.9——综合语音/数据局域网。

IEEE 802.10——可互操作的局域网安全标准。定义提供局域网互联安全机制。

IEEE 802.11——无线局域网 WLAN。定义自由空间媒体的媒体访问控制 MAC 和物理层规范。

IEEE 802.12——按需优先存取网络 100VG-ANYLAN。定义使用按需优先访问的 100Mb/s 以太网。

IEEE 802.14——基于有线电视的宽带通信网络。

IEEE 802.15——无线个人区域网络。

IEEE 802.16——宽带无线接入。

IEEE 802.17——弹性分组环传输技术 PRP。

4.1.5 介质访问控制方法

在局域网中,挂接在网络上的各站点都使用共享的公共传输介质发送数据,而且要确保在一个站点发送数据时一定要独享公共传输介质,如总线型网络所有站点共享总线电缆,环状网络各站点共享环路电缆,当一个站点通过电缆发送数据时,其他站点必须等待。这样就存在着对传输介质的争用以及争用后如何使用传输介质的问题,也就是构成了对媒体的控制方法,即媒体访问控制方法。

根据网络的拓扑结构和媒体的使用控制方式,常用的媒体控制方式用于以太网的带有冲突检测的载波监听多路访问 CSMA/CD、用于令牌环网的令牌控制,以及令牌总线控制。

1. CSMA 方法

载波监听多路访问(CSMA)的工作原理:网络上任一站点要发送数据之前,先监听总线,若总线空闲,则立即发送;若总线正被占有,则等待某一时间间隔后(固定时间或随机时间)再发送。

(1) CSMA/CD 媒体访问方法。

CSMA/CD 包含两方面的内容,即载波监听多路访问(CSMA)和冲突检测(CD)。

110

总线型 LAN 中,所有的节点都直接连到同一条物理信道上,并在该信道中发送和接收数据,因此对信道的访问是以多路访问方式进行的。任一节点都可以将数据帧发送到总线上,而所有连接在信道上的节点都能检测到该帧。当目的节点检测到该数据帧的目的地址(MAC 地址)为本节点地址时,就继续接收该帧中包含的数据,同时给源节点返回一个响应。

当有两个或更多的节点在同一时间都发送了数据,在信道上就造成了帧的重叠,导致冲突出现。冲突产生的原因:可能是在同一时刻两个节点同时侦听到线路"空闲",又同时发送信息而产生冲突,使数据传送失效;也可能是一个节点刚刚发送信息,还没有传送到目的节点,而另一个节点此时检测到线路"空闲",将数据发送到总线上,导致了冲突。为了克服这种冲突,在总线 LAN 中常用 CSMA/CD 协议。

CSMA/CD 协议的工作过程为先听后发、边听边发、冲突停发、随机重发。

(2) CSMA/CD 要注意的问题。

一是帧的长度要足够,以便其在发完之前就能检测到碰撞,否则就失去了意义;二是需要一个间隔时间(即冲突检测时间),其大小为往返传播时间与为了强化碰撞而有意发送的干扰序列时间之和,由此确定最小 MAC 帧长。

2. 令牌环(Token Ring)

令牌环媒体访问控制技术最早应用于 1969 年贝尔研究室的 Newhall 环网,使用的是 IBM Token Ring。

IEEE 802.5 在 IBM Token Ring 基础上定义了新的令牌环媒体访问控制方法,做了如下技术改进:单令牌协议、优先级位(设定令牌的优先级,最多 8 级)、监控站(环中设置中央监控站可通过令牌监控位执行环维护功能)、预约指示器(控制每个节点利用空闲令牌发送不同优先级的数据帧所占用的时间)。

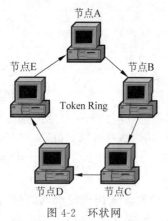

图 4-2 环状网

如图 4-2 所示,环状网的所有节点串行连接而形成一个封闭环路。信息传输是单向和逐点传送的。信息沿着环路而行,每经过一个节点按位或帧转发一次。每个节点对信息都有地址识别能力,若地址符合,该站就是目的节点而将信息收下,否则继续向下传送。网络中的节点只有截获令牌时才能发送数据,没有获取令牌的节点不能发送数据。令牌有"空"和"忙"两个状态。"空"表示令牌没有被占用,即网中没有信息发送;"忙"表示令牌已被占用,即令牌正在携带信息发送。当"空"的令牌传送至正待发送信息包的节点时,可以立即发送并将令牌置为"忙"标志。因此,在使用令牌环的 LAN 中不会产生冲突。

当各节点都没有数据发送时,网络中令牌在环上循环传递。

令牌环的优点是,每当一站获得令牌后,可传送一遍长信息;但因为规定由源站收回信息包,所以大约有 50%的环路在传送无用信息,影响了传输效率;其次是负载下利用率高、对传输距离不敏感,各站可以实现公平访问策略。

在设计令牌环时要考虑一个比特的"物理长度"。若令牌环上的数据传输速率为 BMb/s,则环接口设备每隔 1/Bμs 发出一个比特。假设信号在环上的传播速率为 200m/μs,那么一个比特在环上占据的长度就为 200/B,这意味着一个速率为 1Mb/s、周长为 1000m 的令牌环,在同一时刻只有 5 比特在环上。一般来说,一个令牌有 24 比特长。因此,当令牌环上所有的节点处于空闲状态时,环路本身必须有足够的时延以容纳一个完整的令牌在环上循环。令牌的时延由两部分组成:一部分是每一站产生的 1 比特时延,另一部分就是环的信号传播时延。但若有的站关机,则该站的 1 比特时延就不存在了。所以必须人为地增加环路的传播时延,保证环上能够容纳一个完整的令牌。

例如,某令牌环,数据传输速率为 12Mb/s,环路上共有 80 个站点,当每个接口引入 1 比特时延时,此环的比特长度(是指数据帧传输时延等于信号在环路上传播时延的数据帧的比特数)为 185b,则令牌环长为多少?

$$(185-80\times1)\times200\div2\div12\times2(因为是环)=1750m=1.75km$$

令牌环的缺点:环路结构复杂、检错和可靠性较复杂。

3. 令牌总线

(1) 令牌总线(Token Bus)媒体访问控制。

令牌传递环网具有简单、经济、没有信息冲突等优点。但由于采取按位转发的方式,环路上节点增多,信息时延也随之增加。采取 CSMA/CD 方式的总线网络,由于以竞争方式随机访问传输介质,因而一定会有冲突发生,且随着网络负载的增加,冲突愈加严重,网络延时不确定。但总线具有广播式传输,任意节点间可直接进行通信等优点。

IEEE 802.4 定义了令牌总线媒体访问控制方法,既克服了 CSMA/CD 的缺点,为总线提供了公平访问的机会,又克服了令牌环网络存在的问题。

令牌总线是在物理总线上建立一个逻辑环(物理上是总线结构,逻辑上是环状拓扑结构,因此令牌传递顺序与节点的物理位置无关),每个节点被赋予一个顺序的逻辑位置,节点在获得令牌时发送数据,发送完数据后就将令牌发送给下一个节点,如图 4-3 所示。

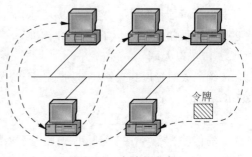

从逻辑上看,令牌从一个节点传送到下一个节点,使节点能获取令牌发送数据;从物理上看,节点是将数据广播到总线上,总线上

图 4-3 令牌的发送

所有的节点都可以监测到数据,并对数据进行识别,但只有目的节点才可以接收并处理数据。

(2) 令牌总线的优点。

介质访问延迟数据确定;不存在冲突,重负载下信道利用率高;支持优先级。

4.2 以太网组网技术

以太网是由美国施乐(Xerox)公司开发的,IEEE 802.3 发表于 1980 年,是以以太网技术为基础的。它以无源的电缆作为总线来传送数据帧,并以曾经在历史上表示传播电磁波的以太来命名。后来通过数字装备公司(Digital)以及英特尔(Intel)公司和施乐公司联合开发进而扩展为以太网标准。

4.2.1 传统以太网

1. 以太网工作原理

最早的以太网使用总线拓扑结构,即由一根总线电缆连接多台计算机,所有计算机共享这个单一的介质。任何连接在总线上的计算机都能在总线上发送数据,并且所有计算机都能接收数据。虽然任何计算机都能通过总线向其他计算机发送数据,但总线型拓扑的以太网要求要保证在任何时候只能有一台计算机发送信号,信号从发送计算机向共享电缆的两端传播。在数据帧的传送过程中发送计算机独占整个电缆,其他计算机必须等待。在此计算机完成传输数据帧后,共享电缆才能被其他计算机使用。如图 4-4 所示,在站点 A 发送时,其他站点都处于接收状态。

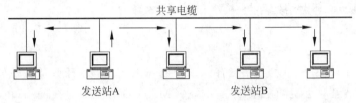

图 4-4　以太网工作原理

如果在没有任何约束的情况下,多台计算机同时发送数据,就会出现不同信号在总线相互叠加而互相破坏的现象,这样的叠加信号变为毫无用处的噪声,这就发生了冲突。当多用户访问的线路通信量增加时,冲突的可能性也随之增加。因此需要一种机制来协调通信,使冲突发生的可能性最小。这种在以太网中使用的介质访问控制方法就是带有冲突检测的载波监听多路访问 CSMA/CD(802.3 标准)。

2. 传统以太网

传统以太网发展到现在已经过了几个阶段,其版本有 10BASE-5、10BASE-2、10BASE-T 以及 10BASE-F。

(1) 10BASE-5。这是以太网最早的版本,也称为粗缆以太网。这里的"10"表示信号在电缆上的传输速率为 10Mb/s,BASE 表示电缆上的信号是基带信号,"5"表示每一段电缆的最大长度为 500m。10BASE-5 采用的是总线型拓扑结构,如图 4-5 所示。

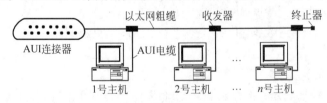

图 4-5　粗缆以太网

构建 10BASE-5 网络时,除每台计算机需要一块插在机箱内的网卡外,还需要一个收发器。收发器直接连接在粗缆上,由一根电缆连接收发器与计算机中的网卡。这样,收发器总是远离计算机。把计算机中的网卡与收发器相连的电缆称为连接单元接口 AUI 电缆,网卡和收发器上的连接器称为 AUI 连接器。

组成以太网的同轴电缆的两个末端必须安装一个信号终止器。使用终止器是为了当信号到达时防止反射回电缆。终止对网络的正确运行是很重要的,因为无终止电缆的末端像镜子反射光一样反射信号。如果一个站点试图在无终止电缆上发送一个信号,那么信号会从无终止的末端反射回来。当反射回来的信号到达发送站时,它将引起干扰。发送方会认为干扰是由另一个站点引起的,并使用一般的以太网冲突检测机制来回退。因此无终止的电缆是不能用的。

(2) 10BASE-2。10BASE-2 又称为细缆以太网。它是一种 10BASE-5 的低廉替代品,与 10BASE-5 具有相同的数据速率,也采用总线型拓扑结构。细缆以太网的优势在于价格便宜,便于安装。但细缆以太网每个网段的最大长度只有 185m,且只能连接较少的站点。

10BASE-2 的物理连接如图 4-6 所示。使用的连接器和电缆是网卡 NIC、细同轴电缆、BNC-T 连接器、终止器。在这种技术中,收发器的电路转移到 NIC 中,由一个连接器代替,将站点直接连接到电缆上,这样可以不必使用 AUI 电缆。

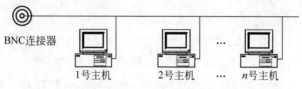

图 4-6 细缆以太网

(3) 10BASE-T。10BASE-T 称为双绞线以太网,是以太网中最流行的,它不再采用总线型结构,而是采用星状拓扑结构。使用非屏蔽双绞线电缆,最大长度为 100m,数据传输速率仍为 10Mb/s。

10BASE-T 将所有网络功能集中到一个智能集线器,在集线器中为每个站点提供一个端口。每个站点仍要有网卡 NIC、双绞线与 RJ-45 连接器构成双绞线电缆,连接站点的网卡与集线器端口,如图 4-7 所示,每台计算机直接与集线器相连。

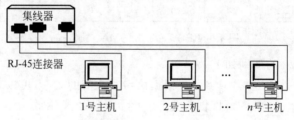

图 4-7 双绞线以太网

在 10BASE-T 网络中,集线器是使用电子部件模拟实际物理电缆的工作,因此整个网络仍然像传统的以太网一样运行。10BASE-T 虽然在物理结构上是一个星状网,但在逻辑上仍是一个总线型网,各站点使用的还是 CSMA/CD 协议,网络中各台计算机必须竞争对媒体的控制,在任何时候只能有一台计算机能够发送数据。

4.2.2 以太网帧格式

常用的以太网 MAC 帧有两种标准,一是 Ethernet V2 标准,二是 IEEE 的 802.3 标准。现在最常用的 MAC 帧是 Ethernet V2 的格式,它比较简单,其格式如图 4-8 所示。Ethernet V2 格式由 5 个字段组成,各字段含义如下。

目的地址:长度为 6 字节,接收方的 MAC 地址。

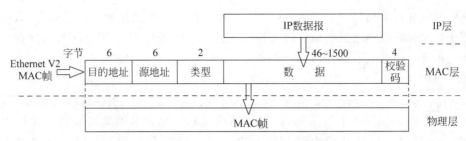

图 4-8   Ethernet V2 的 MAC 帧格式

源地址:长度为 6 字节,发送方的 MAC 地址。

类型:长度为 2 字节,表示该帧携带的数据类型(即上层协议的类型),以便接收方把收到的 MAC 帧的数据上交给上一层的这个协议。如 0x0800 表示上层使用 IP 层,0x0806 表示上层使用 ARP 请求或应答。

数据:长度为 46~1500 字节,被封装的数据。

校验码:长度为 4 字节,错误校验,当传输介质的误码率为 1×10^{-8} 时,MAC 子层可使未检测到的差错小于 1×10^{-14}。

Ethernet V2 的主要特点是通过类型域标识了封装在帧里的上层数据采用的协议,通过它,MAC 帧就可以承载多个上层(网络层)协议。但其缺点是没有标识帧长度的字段。

IEEE 802.3 标准规定的 MAC 帧就稍复杂些,其格式如图 4-9 所示。

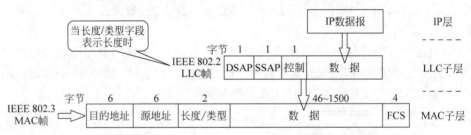

图 4-9   IEEE 802.3 的 MAC 帧格式

它和 Ethernet V2 的区别如下。

(1) 第三个字段是长度/类型字段。根据该字段数值的大小,可以表示为 MAC 帧封装的数据长度或者表示为 MAC 帧封装的数据类型。具体的区分如下。

① 若该字段数值小于 0x0600,这个字段就表示 MAC 帧数据的长度(请注意,不是整个 MAC 帧的长度)。

② 若该字段数值大于 0x0600(相当于十进制的 1536),则这个字段表示类型。

(2) 当长度/类型字段值大于 0x0600 表示类型时,IEEE 802.3 的 MAC 帧和 Ethernet V2 的 MAC 帧一样,数据字段所封装的是来自 IP 层的 IP 数据报。当长度/类型字段值小于 0x0600 表示长度时,MAC 帧的数据字段就必须装入 LLC 子层的 LLC 帧。

LLC 帧的字段如下。

① DSAP,1 字节,目的服务访问点,指出 MAC 帧的数据应上交给哪个协议。

② SSAP,1 字节,源服务访问点,指出该 MAC 帧是从哪个协议发送过来的。

③ 控制,1 或 2 字节。

④ 数据,该字段装入网络层的 IP 数据报。

为了达到比特同步，在传输介质上实际传送的要比 MAC 帧还多 8 字节。当 MAC 帧到达物理层时，要在帧前面插入 8 字节（由硬件生成），它由两个字段构成。第一个字段共 7 字节，由 10101010…（1 和 0 交替）构成，称为前同步码。其作用是使接收方在接收 MAC 帧时能迅速实现比特同步。第二个字段是帧开始定界符，定义为 1010101 1，表示在这后面的信息就是 MAC 帧。在 MAC 子层的 FCS 检验范围不包括前同步码和帧开始定界符。

IEEE 802.3 标准规定，凡出现下列情况之一，即为无效的 MAC 帧。

① 数据字段的长度与长度字段的值不一致。

② 帧的长度不是整数字节。

③ 用收到的帧检验序列 FCS 查出有差错。

④ 数据字段的长度不在 46～1500 字节。

对于检查出的无效 MAC 帧就简单地丢弃，以太网不负责重传丢弃的帧。

当 MAC 帧的数据字段的数据长度小于 46 字节时，则应加以填充。有效的 MAC 帧长度为 64～1518 字节。

IEEE 802.3 标准规定 64 字节最小帧长是为了解决冲突检测中可能出现的问题，即如果帧太短，冲突有可能在帧发送完毕后出现，这样发送方就检测不到了。

MAC 子层的标准规定了帧间隔为 9.6μs，即一个站在检测到总线空闲后，还要等 9.6μs 才能发送数据。这样做是为了使刚收到数据帧的站来得及做好接收下一帧的准备。

4.2.3　快速以太网

20 世纪 90 年代初，以太网速率提高到了 100Mb/s，并很快制定出向后兼容 10BASE-T 和 10BASE-F 的 100BASE-T 以太网规则，成为 IEEE 802.3u 标准，并被称为快速以太网。100BASE-T 是基于集线器在双绞线上传送 100Mb/s 基带信号的星状拓扑以太网，仍然使用 CSMA/CD 协议，如图 4-10 所示。

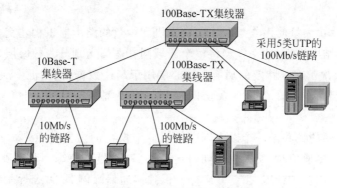

图 4-10　星状拓扑以太网

快速以太网的基本思想是，保留 802.3 的帧格式和 CSMA/CD 协议，只是将数据传输速率从 10Mb/s 提高到 100Mb/s。同时规定 100BASE-T 的站点与集线器的最大距离不超过 100m。

快速以太网标准支持 3 种不同的物理层标准，分别是 100BASE-T4、100BASE-TX 和 100BASE-FX。

100BASE-T4 需要 4 对 3 类或 5 类 UTP 线，这是为已使用 UTP3 类线的用户而设计的。它用 3 对线传送数据,每对线数据传输速率为 33.3Mb/s,另一对线用作冲突检测。

100BASE-TX 需要 2 对 5 类 UTP 双绞线或 1 类 STP 双绞线。其中,一对用于发送数据,另一对用于接收数据。

100BASE-FX 的标准电缆类型是内径为 $62.5\mu m$、外径为 $125\mu m$ 的多模光纤,仅需一对光纤,一路用于发送,一路用于接收。100BASE-FX 可将站点与服务器的最大距离增加到 185m,服务器和工作站之间(无集线器)的最大距离增加到约 400m;而使用单模光纤时,可达 2km。表 4-1 给出了快速以太网 3 种不同的物理层标准。

表 4-1 快速以太网的 3 种物理层标准

物理层标准	100BASE-TX	100BASE-FX	100BASE-T4
支持全双工	是	是	否
电缆对数	2 对双绞线	1 对光纤	4 对双绞线
电缆类型	UTP 5 类以上,STP 1 类	多模/单模光纤	UTP 3 类以上
最大距离	100m	200m,2km	100m
接口类型	RJ-45 或 DB9	MIC,ST,SC	RJ-45

4.2.4 交换式以太网

随着计算机的发展和普及,多媒体技术应用不断发展,大量图像数据需要在网络上传输,对网络带宽的要求越来越高,传统的共享式局域网是建立在"共享介质"的基础上,已不能满足多媒体应用对网络带宽的要求。例如,在传统共享式 10Mb/s 以太网中,各站点竞争并共享网络带宽。当用户增多时,分到每个用户的带宽就会相应减少,如果有 L 个用户,则每个用户占有的平均带宽只有 10Mb/s 的 $1/L$。网络通信负荷加重,冲突和重发现象大量发生,网络效率急剧下降,网络传输延迟增大,网络服务质量下降。而要解决上述问题,提高网络带宽的一个办法就是使用局域网交换机代替共享式的集线器,这样可以明显提高网络的性能。

在实际应用中,大量使用 2 层和 3 层交换机和少量的路由器来构建交换式以太网,设计中普遍采用 3 层结构模型,这个模型将整个局域网在逻辑上划分为核心层、汇聚层和接入层 3 个层次,每个层次都有其特定的功能。核心层用于高速数据转发,汇聚层负责路由聚合及流量控制,接入层面向工作组接入及访问控制。该模型结构清晰,网络运行效率高,易于扩展。

交换式以太网的核心是一个以太网交换机。交换机的主要特点是,每个端口直接与主机相连,当计算机要通信时,交换机能同时连通许多对端口,使每一对相互通信的主机都能像独占通信媒体那样,进行无冲突的数据传输。通信完成后就断开连接。如图 4-11 所示,交换机的各端口之间同时可以形成多个数据通道,端口之间帧的输入和输出已不再受到 CSMA/CD 媒体访问控制协议的约束。图 4-11 所示交换机中同时存在 4 个数据通道。

既然不受 CSMA/CD 的约束,在交换机内同时存在多个数据通道,那么就系统带宽而言,

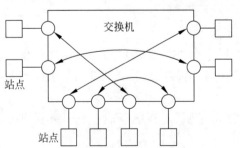

图 4-11 交换机内同时存在多对站点通信

就不再是只有 10Mb/s 或 100Mb/s,而是与交换机所具有的端口数有关。在使用交换机时,如果每个端口为 10Mb/s,但由于一个用户在通信时是独占而不是和其他网络用户共享传输介质的带宽,因此对有 N 对端口的交换机,系统总带宽可达 $N \times 10$Mb/s。所以说交换式以太网系统最明显的特点就是能拓展整个系统带宽。

从共享总线以太网或 10BASE-T 以太网转到交换式以太网时,所有接入设备的软件和硬件、网卡等都不需要做任何改动,即所有接入设备继续使用 CSMA/CD 协议。此外,只要增加交换机的容量,整个系统的容量就很容易进行扩充,如图 4-12 所示。

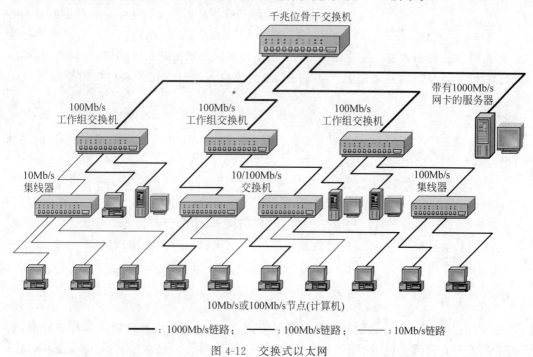

图 4-12 交换式以太网

交换式以太网与共享式以太网系统比较,其优点主要表现为如下 3 点。

(1) 每个端口上既可以连接站点,也可以连接一个网段。不论站点还是网段均独占 10Mb/s 或 100Mb/s 带宽。

(2) 系统的最大带宽可以达到端口带宽的 N 倍,其中 N 为端口对数。N 越大,系统能达到的带宽越高。

(3) 交换机连接了多个网段,网段上的运作都是独立的,被隔离的独立网段上的数据流信息不会在其他端口上广播。

4.3 组网硬件设备

计算机网络设备主要由集线器、网桥、中继器、路由器和交换机等组成,另外还要配备必要的服务器、工作站、网络接口卡或网卡、连接线、调制解调器等设备。

4.3.1 网卡

网卡又称网络适配器(Network Interface Card,NIC),是网络接口卡,如图 4-13 所示,是构成网络的基本配件。

1. 网卡的功能

网卡的基本功能是把网络工作站或者其他网络设备发来的数据传送给网络,或者反过来将网络发来的数据发送给工作站。

接口控制:网卡除了具有物理接口外,还可实现工作站与 NIC 之间的数据交换和使工作站对网卡进行控制。

代码转换:网卡必须具有实现物理层上的曼彻斯特编码和译码、并行和串行代码间的转换功能。

图 4-13　网卡

数据链路控制和数据缓冲存储的管理:网卡要实现数据链路层的功能,包括组帧、接收与发送数据帧以及帧的差错控制;同时网卡中的缓存区可分别用于存放要发送或接收的数据。

2. 网卡分类

(1) 按所支持的计算机分类,可分为标准 Ethernet 网卡(PC)、便携式网卡、PCMCIA 网卡(笔记本电脑)。

(2) 按传输速率分类,可分为 10Mb/s 网卡、100Mb/s 网卡、1000Mb/s 网卡、10/100Mb/s 自适应网卡、10/100/1000Mb/s 自适应网卡。

(3) 按传输介质分类,可分为双绞线网卡、粗缆网卡、细缆网卡和光纤网卡。

(4) 按总线类型分类,可分为 ISA 网卡(16 位)、EISA 网卡(32 位)、MCA 网卡(32 位)和 PCI 网卡(32 位)。

4.3.2　中继器

以太网标准中对线缆的距离都有严格的规定,如粗缆的最大长度被限制在 500m。这是因为当信号在电缆上传输时,介质的自然阻力会使信号的强度逐渐减弱,电缆越长,信号的强度就会变得越弱,这种信号逐步减弱的现象就称为衰减。衰减的程度取决于电缆的类型。例如,铜线电缆比光缆更容易导致信号衰减,因此光缆的长度可以远远大于铜线电缆。信号衰减的后果是影响载波监听和冲突检测的正常工作。当需要扩展以太网的距离时,就必须使用中继器将信号放大并整形后再转发出去。

中继器(Repeater,R)的作用是连接两根电缆,当它检测到一根电缆中有信号传来时,便转发一个放大的信号到另一根电缆,这样一个中继器就把一个以太网的有效连接距离扩大一倍。一个中继器连接的两根以太网电缆称为网段,每个网段中连有计算机站点。因为中继器传送两个网段的所有信号,所以使连在网段上的计算机能和连在另一个网段上的计算机通信。中继器是工作在物理层的设备,因此它不了解帧的格式,也没有物理地址。中继器直接连到以太网电缆上,并且不等一个完整的帧发送过来就把信号从一根电缆发送到另一根电缆。

粗缆以太网一个网段的最大连接距离是 500m,如图 4-14 所示,通过连接两个网段,一个中继器可以使以太网的连接距离增至 1000m。两个中继器连接三个网段可以使网络长度达 1500m。使用中继器后源计算机和目的计算机并不知道它们是否属于同一网段,只是仍像在一个网段一样进行通信。那么是否可以使用中继器无限制增加以太网的距离呢?当然答案是否定的。虽然这样能保证有足够的信号强度,但每个中继器和网段都增加了时延。如果时延时间太长,CSMA/CD协议就不能工作。中继器是当前以太网标准的一部分,在以太网标准中规定使用中继器必须遵守5-4-3规则。其中,5是指只能连接5个网段;4是指最多只能使用4个中继器;3指的是只能有3个网段可以连接计算机。

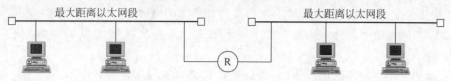

图 4-14　中继器 R 连接两个以太网网段

因为中继器是属于OSI中的物理层,所以它不了解所传输的信号。这就带来一个问题,即它从一个网段接收信号并放大转发到另一个网段时,不能区分该信号是有效帧还是一个失效帧或其他信号。因此在一个网段内发生冲突时,中继器就会向另一个网段发送不正确的信号,也就是与冲突相关的信号。同样,当在一个网段产生干扰信号时,中继器也会将它传送到另一个网段。这就是中继器最大的缺点,它会在网段之间传送无效信号,使得在一个网段中发生的冲突或干扰扩散至其他网段。

4.3.3　集线器

集线器(Hub)起到一个多端口中继器的作用,它接收相连设备的信号并完整转发出去,如图4-15所示。集线器能够支持各种不同的传输介质和数据传输速率。有些集线器还支持多种传输介质的连接器和多种数据传输速率。在以太网中,集线器通常是支持星状或混合形拓扑结构的。同时还必须遵守5-4-3-2-1规则,即只能连接5个网段,使用4个集线器,只能有3个网段可以连接计算机,2-1指的是一个网段只能有两个节点,且其中一个节点必须是计算机。

图 4-15　集线器

一般集线器会包括如下各部分。

(1) 端口。一个集线器有多个端口,每个端口通过与线缆相连使其与工作站或其他设备或集线器互联。采用的接口类型(例如有RJ-45与BNC)是由所采用的网络技术来决定的。集线器上的端口通常是4～24个。

(2) 上行链接端口。它被用来与另一个集线器连接以构成层次结构,上行链接端口可以被看作另外一种端口,但它只能用于集线器之间的连接。

(3) 主干网端口。它被用来与网络的主干网连接。对10BASE-T网络,这种连接通常是采用较短的细同轴电缆。

(4) 连接用发光二极管。端口上指示该端口是否被使用的指示灯。如果连接已经建立起来了,它就一直发绿光。如果认为已经建立了连接,但灯未亮,则需要检查连接情况,传输速率设置以及网络接口卡与集线器是否都接通了电源。

(5) 通信(发送和接收数据)用发光二极管。端口上指示该端口是否有数据传输的指示灯。端口正常传输数据时,绿灯应当是闪烁的。有些集线器没有指示发送的指示灯,或者没有指示接收数据的指示灯;还有一些集线器甚至不为这些端口提供这种指示灯。如果有这种指示灯,它们通常处于数据端口旁边并与连接用发光二极管相邻。

(6) 冲突检测用发光二极管(以太网的集线器才提供)。该指示灯显示发生了多少次冲突。整个集线器可能只有一个这种指示灯,也可能每一个端口都有一个这种指示灯。如果该指示灯一直亮着,表明有一个节点的连接出现问题或传输出现问题,需要断开连接。

(7) 电源。它为集线器供电,每个集线器都有自己的电源,每台集线器也都有自己的电源指示灯。如果该指示灯未亮,表明集线器未通电。有些集线器的供电器具有浪涌阻隔功能。

集线器是工作在物理层的设备,它的每个端口都具有发送和接收数据的功能。当集线器的某个端口接收到信号时,就简单地将该信号向所有端口转发。但有些集线器具有内部处理能力。例如,它们可以接受远程管理、过滤数据或提供对网络的诊断信息。能执行上述任何一种功能的集线器都被称作智能型集线器。

集线器有多种类型,如堆叠式集线器、模块式集线器和智能型集线器。堆叠式集线器是由几个集线器一个一个地叠在上面构成的;模块式集线器,全部网络功能以模块方式实现,各模块可以进行热插拔;智能型集线器,能够处理数据、监视数据传输并提供故障排除信息。

4.3.4 网桥

网桥(Bridge)也称为桥接器,是连接两个局域网的一种设备。网桥可以用于扩展网络的距离,在不同介质之间转发数据信号,以及隔离不同网段之间的通信。一般情况下,被连接的局域网具有相同的逻辑链路控制规程 LLC,但在介质访问控制协议 MAC 上可以不同。网桥是为各种局域网之间存储转发数据而设计的,它对末端站点的用户是透明的。

网桥在相互连接的两个局域网之间起到帧转发的作用,它允许每个局域网上的站点与其他站点进行通信,看起来就像在一个扩展的局域网上一样。为了有效地转发数据帧,网桥自动存储接收进来的帧,通过查找地址映射表完成寻址,并将接收帧的格式转换成目的局域网的格式,然后将转换后的帧转发到网桥对应的端口上。

网桥除了具有存储转发功能外,还具有帧过滤的功能。帧过滤功能是阻止某些帧通过网桥。帧过滤有3种类型:目的地址过滤、源地址过滤和协议过滤。目的地址过滤指的是当网桥接收到一个帧后,首先确定其源地址和目的地址,如果源地址和目的地址处在同一个局域网中,就简单地将其丢弃,否则就将其转发到另一个局域网上。目的地址过滤是网桥的最基本的功能。源地址过滤是指网桥拒绝某一特定地址(站点)发出的帧,这个特定地址无法从网桥的地址映射表中得到,但可以由网络管理模块提供。而协议过滤是指网桥能用帧中的协议信息来决定是转发还是滤掉该帧。协议过滤通常用于流量控制和网络安全控制,并不是每一种网桥都提供源地址过滤和协议过滤功能。

网桥的主要功能是在不同局域网之间进行互联。不同局域网在帧格式和数据传输速率等方面都不相同,例如,FDDI 网络中允许的最大帧长度是 4500 字节,而 IEEE 802.3 以太网的最大帧长度是 1518 字节。这样网桥在从 FDDI 向以太网转发数据帧时,必须将 FDDI 长达 4500 字节的帧分割成几个 1518 字节长度的 IEEE 802.3 帧,然后再将这些帧转发到以太网上;反之,在从以太网向 FDDI 转发数据帧时,必须将只有 1518 字节的以太网帧组合成 FDDI 格式的帧,并以 FDDI 格式传输。以上这些过程都涉及帧的分段和重组,帧的分段和重组工作必须快速完成,否则会降低网桥的性能。另外,网桥还必须具有一定的管理能力,以便对扩展网络进行有效管理。

从功能上可以将网桥分为封装式网桥、转换式网桥、本地网桥和远程网桥等。

(1) 封装式网桥是将某局域网的数据帧封装在另一种局域网的帧格式中,是一种"管道"技术。在使用封装式网桥的扩展网络中,不同网络之间的站点不能通信。

(2) 转换式网桥需要在不同的局域网之间进行帧格式的转换,它克服了封装式网桥的弊端。

(3) 本地网桥是指在传输介质允许范围内完成局域网之间的互联。

远程网桥是指两个局域网之间的距离超过一定范围需要用点到点线路或广域网进行连接的网桥,远程网桥必须成对使用。

下面介绍两种常用的网桥。

1. 透明网桥

目前使用较多的是透明网桥。透明网桥的基本设计思想是,网桥自动了解每个端口所接网段的机器地址(MAC 地址),形成一个地址映射表。网桥每次转发帧时,先查地址映射表。若查到,则向相应端口转发;若查不到,则向除接收端口之外的所有端口转发或扩散。

透明网桥是通过学习算法来填写地址映射表的。当网桥刚接入时,其地址映射表是空的,此时,网桥采用扩散技术将接收的帧转发到网桥的所有端口上(接收端口除外)。同时记录接收帧的源地址与端口的映射,透明网桥通过查看帧的源地址就可以知道通过哪个局域网可以访问某个站点。网桥通过这样的方法就逐渐将地址映射表建立起来。在图 4-16 所示中,网桥 B1 目前的地址映射表是空的,当从 LAN2 上接收到来自 C 的帧时,它就可以得出结论:经过 LAN2 肯定能到达 C。于是,网桥 B1 就在其地址映射表中添上一项,注明目的站地址为 C 时对应的转发端口是与 LAN2 相连的端口 2。如果以后网桥 B1 收到来自 LAN1 且目的地址为 C 的帧,它就按照该路径转发;如果收到来自 LAN2 且其目的地址为 C 的帧,则将此帧丢弃。通过同样的方法,网桥 B1 逐渐将其地址映射表建立起来;同样,网桥 B2 也通过这样的学习算法将自己的地址映射表建立起来。图 4-16 所示为 B1 和 B2 的地址映射表。

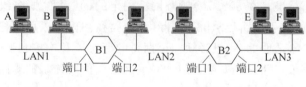

目的站地址	端口
A	1
B	1
C	2
D	2
E	2
F	2

目的站地址	端口
A	1
B	1
C	2
D	2
E	2
F	2

图 4-16 透明网桥

为了提高扩展局域网的可靠性,可以在局域网之间设置并行的两个或多个网桥,如图 4-17 所示,两个局域网之间有两个网桥。但是,这样配置引起了另外一些问题,因为在拓扑结构中产生了回路。设站点 A 发送一个帧 F,通过观察图 4-17 如何处理目的地址不明确的帧 F,就可以简单地了解这些问题。按照前面提到的算法,对于目的地址不明确的帧,每个网桥都要进行扩散。在本例中,网桥 B1 和网桥 B2 都只是将其复制到 LAN2 中,到达 LAN2 后分别记为 F1 和 F2。紧接着,网桥 B1 看见目的地不明确的帧 F2,将其复制转发到 LAN1。同样,网桥 B2 也将 F1 复制转发到 LAN1。这样的转发无限循环下去,就引起一个帧在网络中不停地兜圈,从而使网络无法正常工作。

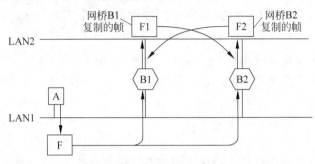

图 4-17　网桥引起帧在网络中兜圈

解决这个难题的方法是让网桥相互通信,并用一棵覆盖到每个局域网的生成树覆盖实际的拓扑结构,即互联在一起的网桥在进行彼此通信后,就能找出原来网络拓扑的一个子集,在此子集中整个连通的网络中不存在回路,在任何两个站点之间只有一条通路。一旦生成树确定了,网桥就会将某些接口断开,以确保从原来的拓扑得出一棵生成树。生成树算法选择一个网桥作为支撑树的根(例如,选择一个最小序号的网桥),然后以最短通路为依据,找到树上的每个站点。

2. 源路径网桥

源路径网桥是由 IBM 公司针对其 802.5 令牌环网提出的一种网桥技术,属于 IEEE 802.5 的一部分。其核心思想是发送方知道目的站点的位置,并将路径中间所经过的网桥地址包含在帧头中一并发出,路径中的网桥依照帧头中的下一站网桥地址将帧依次转发,直到将帧传送到目的地。

虽然源路径网桥标准是在 802.5 令牌环网上制定的,但并非源路径网桥只能用于令牌环网,或令牌环网只能使用源路径网桥。实际上,源路径网桥可以用于任何局域网的互联。源路径网桥对主机是不透明的,主机必须知道网桥的标识以及连接到哪一个网段上。使用源路径网桥可以利用最佳路径。如果在两个局域网之间使用并联的源路径网桥,则可使通信量比较平均地分配给每个网桥。

4.3.5　交换机

交换机(Switch)是属于 OSI 第二层的设备,也被称为多端口网桥,其中每个端口构成一个独立的局域网网段,通常能够有助于改善网络性能。这些端口之间通过桥接方式进行通信,交换机中有一个端口提供到主干网的高速上行链路。它还能够解析出 MAC 地址信息。交换机的所有端口都共享同一指定的带宽。每个连接到交换机上的设备都可以享有自己的专用信道。换言之,交换机可以把每个共享信道分成几个信道。

与网桥一样,交换机可以识别帧中的 MAC 地址,根据 MAC 地址进行转发,并将 MAC 地址与对应的端口记录在自己内部的地址映射表中。下面以图 4-18 为例,介绍交换机的工作流程。

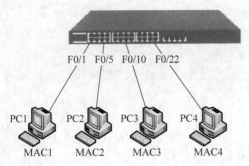

目的MAC地址	端口号
MAC1	F0/1
MAC2	F0/5
MAC3	F0/10
MAC4	F0/22

图 4-18　交换机的地址映射表

（1）假设有一帧是 PC1 发往 PC3 的，当交换机从端口 F0/1 收到该帧时，它先读取帧的源地址 MAC1，就知道主机 PC1 是连在 F0/1 端口，便在地址表中记录这一项。

（2）再读取帧中的目的地址 MAC3，并在地址表中查找相应的端口。

（3）如果表中已有目的地址 MAC3 对应端口 F0/5 这一项，交换机就把该帧直接转发到相应的 F0/5 端口。

（4）如果表中找不到相应项，则把该帧广播到所有端口。当目的主机 PC3 回送信息时，交换机可以学到目的 MAC3 地址与哪个端口对应，在下次传送帧时就不再需要向所有端口广播了。

不断循环这个过程，交换机就了解了全网的 MAC 地址信息，并建立和维护自己的地址映射表。

从以太网的观点来看，每个专用信道都代表一个冲突检测域。冲突检测域是一种从逻辑或物理意义上划分的以太网网段。在一个段内，所有的设备都要检测和处理数据传输冲突。由于交换机对一个冲突检测域所能容纳的设备数量有限制，因而这种潜在的冲突也就有限。

局域网交换机有 3 种数据交换方式，即直通交换、存储转发交换、无碎片直通交换。

（1）直通交换模式。采用直通模式的交换机会在接收数据帧的同时就立即按帧头中的目的地址把数据转发到目的端口。因为目的 MAC 地址是处于帧的前面。得到这些信息后，交换机就足以判断出哪个端口将会得到该帧，并可以开始传输该帧，而不用缓存数据，也不用检查数据的正确性。采用直通模式的交换机不能在帧开始传输时读取帧的校验序列，因此也就不能利用校验序列来检验数据的有效性。这种方式的优点是交换速度非常快，可以提供线速处理能力；缺点是缺乏对帧进行差错控制，不能检测出有问题的数据帧，而事实上，传播有问题的数据帧会增加网络的出错次数。所以采用直通交换模式的交换机比较适合较小的工作组，在这种情况下，对传输速率要求较高，而连接的设备相对较少，这就使出错的可能性降至最低。

（2）存储转发交换模式。运行在存储转发模式下的交换机在发送信息前要把整个数据帧读入内存并检查其正确性。尽管采用这种方式比采用直通方式更花时间，但采用这种方式可以存储转发数据，从而可以保证准确性。由于运行在存储转发模式下的交换机不传播错误数据，因而更适合于大型局域网。在一个大型网络中，如果不能检测出错误，就会造成严重的数据传输拥塞问题。

采用存储转发模式的交换机也可以在不同传输速率的网段间传输数据。例如，一个可以同时为 50 名学生提供服务的高速网络打印机,可以与交换机的一个 100Mb/s 端口相连,也可以允许所有学生的工作站利用同一台交换机的 10Mb/s 端口。在这种安排下,打印机就可以快速执行多任务处理。这一特征也使得采用存储转发模式的交换机非常适合有多种传输速率的环境。

(3) 无碎片直通交换模式。也称为分段过滤,是介于直通式和存储转发式之间的一种解决方案。交换机读取到数据帧的前 64 字节后就开始转发。由于冲突是在前 64 字节内发生的,如果读取的帧小于 64 字节,说明该帧是碎片(即在发送过程中由于冲突而产生的残缺不全的帧),则交换机就丢弃该帧。不过该模式对于校验不正确的帧仍然会被转发。

无碎片直通交换模式的数据处理速度比存储转发模式快,但比直通模式慢。由于能够避免部分残帧的转发,所以此模式被广泛应用于低档交换机中。

传统局域网交换机是运行在 OSI 模型的第二层(数据链路层)的设备,路由器运行在第三层,集线器运行在第一层。但集线器、网桥、交换机和路由器之间的界限正变得越来越模糊。而且,随着交换技术的发展,这种界限将会变得更加模糊。目前已经有运行在第三层(网络层)和第四层(传输层)的交换机,这使得交换机越来越像路由器了。能够解析第三层数据的交换机称为第三层交换机。同样,能够解析第四层数据的交换机称作第四层交换机。这些更高层的交换机也许可以称为路由交换机或应用交换机。

能解析更高层的数据使得交换机可以执行先进的过滤、统计和安全功能。第三层和第四层交换机能够比路由器更快地传输数据,而且比路由器更容易安装和配置。但一般来说,这些交换机的整体性能还是比不上路由器。很典型的例子就是交换机不能在以太网和令牌环网间传输数据,不能打包协议,也不能优化数据传输。这些差别使得交换机并不是特别适用于某些特殊的连接需要,即如果想连接一个 10BASE-T 以太网和一个 100BASE-T 以太网,使用交换机也就足够了。但如果连接一个令牌环网和一个以太网,就必须使用路由器了。

4.3.6　路由器

路由器(Router)可以将多个异构网络互联构成互联网。路由器与其他计算机相似,也有内存、操作系统、配置和用户界面,路由器中的操作系统称为互联网络操作系统(Internetwork Operating System,IOS)。路由器也有一个引导过程,用于从 ROM 装入引导程序,并将其操作系统和配置装入内存。路由器与其他计算机所不同的是,其用户界面以及内存的配置,如图 4-19 所示。下面以 Cisco 路由器为例进行说明。

图 4-19　路由器

1. 路由器的内存类型

路由器有多个存储器,每个存储器用于不同的功能。

(1) ROM。

只读存储器(ROM)中含有一份路由器使用的 IOS 副本。7000 系列路由器的 ROM 芯片位于路由器处理器板上,4000 的 ROM 芯片位于主板上。在 7000 和 4000 系列中,ROM 芯片可升级为新版的 IOS。在 2500 系列路由器和 1000 系列 LAN 扩展器中,ROM 芯片不能被升级,且只含有一个功能非常有限的操作系统,即仅有路由选择功能。在 2500 系列的路由器中,IOS 位于闪存中。

（2）RAM。

随机访问存储器(RAM)被 IOS 分为共享内存和主存。主存用于存储路由器配置和与路由协议相关的 IOS 数据结构。对于 IP,主存用于维护路由表和 ARP 表等；对于 IPX,主存用于维护 SAP 和其他表。

共享内存用于缓存等待处理的报文分组。这类内存仅被 4000 和 2500 系列路由器使用。

（3）Flash(闪存)。

闪存保存着在路由器上运行的 IOS 当前版本。ROM 的内容不可改写,而闪存是可擦写的,可将 IOS 的新版本写入闪存。

（4）NVRAM。

非易失性 RAM(Nonvolatile RAM,NVRAM)在断电后,其内容不会丢失,NVRAM 中保存着路由器配置信息。

2. 引导路由器

路由器的引导过程与 PC 类似,其过程如下。

（1）从 ROM 装入引导程序。

（2）从闪存装入操作系统(IOS,互联网络操作系统)。

（3）查找并加载 NVRAM 中的配置文件,或预先指定的网络服务器中的配置文件。若配置文件不存在,则路由器进入设置模式。

3. 配置 Cisco 的用户界面

路由器有一个控制台端口 Console 口,用于与终端相连,以便对路由器进行配置。每个路由器都带有一个控制台连接工具箱,其中包括一条黑色的 RJ-45 电缆和一组连接器。

可以将路由器连接到一台 PC 上,并运行终端仿真程序。大多数 PC 都带有一个 9 针的串口连接器,只要将 9 针的串口连接器连到 RJ-45 电缆,将路由器 Console 口与 PC 串口相连即可。将 PC 终端仿真程序设置为 9600b/s、8 位数据位、无奇偶校验和 1 位停止位,就可以对路由器进行设置。

这时会出现口令和路由提示。在输入正确的口令后,显示如下:

Hostname >

Hostname 是该路由器的名称。这时,可以开始输入命令。在 Cisco 用户界面中,有两级访问权限:用户级和特权级。用户级允许查看路由器状态,又称为用户执行模式。特权级又称为特权执行模式。在这种模式下,可以查看路由器的配置、改变配置和运行调试命令。特权模式又叫 Enable 模式,如果要进入特权执行模式,必须在输入正确的口令后,输入 enable 命令。操作如下:

Hostname > enable
Password; (在此输入 enable 密码后按 Enter 键)
Hostname #

这时,提示符变为一个单独的"♯",表示已具有了特权执行权限。

路由器可以工作在两种模式下：第一种是查看模式，在这种模式下，可输入 show 和 debug 命令，便可以查看接口的状态、协议和其他与路由器有关的项目。当第一次登录后，路由器便处于这种模式下。第二种是配置模式，它允许修改当时正在运行的路由器的配置。在配置模式中，当输入配置命令后，只要按回车键，此命令就会立即生效。在获得特权权限后，即可进入配置模式。操作如下：

```
Hostname# config terminal
Enter configuration commands,one per line. End with Ctrl/Z.
Hostname(config)#
```

进入配置模式的该命令告诉路由器将要从终端对它进行配置。同时提示符发生改变，提醒用户目前正处于配置模式。

例如，要为 Ethernet 0 接口输入配置，操作命令如下：

```
Hostname(config)interface ethernet0
Hostname(config-if)#
```

这样就进入了为 Ethernet 0 接口配置的界面，当相关配置设置好后，要返回上一级，可以输入如下命令：

```
Hostname(config-if)#exit
Hostname(config)#
```

如果想从任何一级退出配置模式，需同时按下 Ctrl+Z 组合键。

```
Hostname(config-int)#<Ctrl-Z>
Hostname#
```

要退出 Enable 模式，输入如下命令：

```
Hostname# exit
Hostname>
```

4.4　虚拟局域网

虚拟局域网(VLAN)是 20 世纪 90 年代局域网技术中最具有特色的技术，虚拟局域网技术突破了按照地域划分局域网段以及划分子网的限制。虚拟局域网技术的出现是和局域网交换技术分不开的。局域网交换技术在很大程度上代替了人们早已熟知的共享型介质。这种网络工作方式非常适合虚拟局域网技术的应用，并迅速成为降低成本、增加带宽的一种有效手段。

究竟什么是 VLAN 呢？虚拟局域网 VLAN 在逻辑上等价于广播域。可以将 VLAN 类比成一组最终用户的集合。这些用户可以处在不同的物理局域网上，但他们之间可以像在同一个局域网上那样自由通信而不受物理位置的限制。在这里，网络的定义和划分与物理位置和物理连接是没有任何必然联系的。网络管理员可以根据不同的需要，通过相应的网络软件灵活地建立和配置虚拟网，并为每个虚拟网分配它所需要的带宽。图 4-20 所示为连在 3 个交换机上的站点构成两个 VLAN。

虚拟局域网的合理使用能减少网络对路由器的依赖，同样有效地控制局域网内的广播流量，同时可减少由于网络站点的增加、移动和更改而造成网络维护的麻烦。如果没有对交

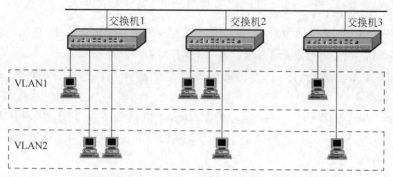

图 4-20　两个虚拟局域网 VLAN1 和 VLAN2

换机使用虚拟局域网技术进行设置,局域网交换机只能对确定目的地址的分组单独地进行信息交换,对于广播地址的分组仍然像集线器一样,向交换机的所有端口上转发广播信息。引入虚拟网的概念后,广播报文仅仅向同属于一个 VLAN 的局域网交换机的端口转发。从控制广播流量的角度看,VLAN 包括多个局域网物理网段,但是一个 VLAN 的广播报文被限制在该 VLAN 中,其余的 VLAN 则收不到任何报文。从网络站点可以移动的角度看,VLAN 应该是独立于网络设备物理端口定义的一种网段。例如,基于 MAC 地址定义的VLAN,无论物理网络站点移动到任何地方,只要该站点的网卡的物理地址(即 MAC 地址)不变,它还是连接到原来的 VLAN 上,无须更改任何网络。

划分虚拟局域网的方法有很多,常用的有以下 5 种。

(1)基于端口规则的 VLAN 划分。将交换机中的几个端口指定成一个 VLAN。基于端口规则的 VLAN 就是一个群组。

(2)基于 MAC 地址的 VLAN 划分。就是根据局域网 MAC 地址(即网卡物理地址)划分 VLAN。在实际实现时,还是根据不同 VLAN 中的 MAC 地址对应的交换机端口,实现VLAN 广播域的划分。

(3)基于协议规则的 VLAN 划分。基于协议规则的 VLAN 是把具有相同的第三层协议(即网络层协议)网络站点归并成一个 VLAN,这些站点连接的交换机端口构成一个广播域,以减少在同一个网络环境下不同协议之间的相互干扰。

(4)基于网络地址的 VLAN 划分。基于网络地址的 VLAN 是按照交换机连接的网络站点的网络层地址(例如,IP 地址或者 IPX 地址)划分 VLAN,从而确定交换机端口所属的广播域。

(5)基于用户定义规则的 VLAN 划分。用户网络管理员也可以根据帧的指定域中的特定模式或者特定取值,自己定义满足特定应用需要的 VLAN。

 实施过程

任务 1　双机互联对等网络的组建

本次任务需要两台安装 Windows 10 系统的计算机,也可以使用虚拟机来搭建实训环境。组建双机互联对等网络的步骤如下。

(1)将交叉线两端分别插入两台计算机网卡的 RJ-45 接口,如果观察到网卡的"Link/

Act"指示灯亮起,表示连接良好。

(2) 在 PC1 上,双击桌面"控制面板"图标,在打开的窗口中依次单击"所有控制面板项"→"网络和共享中心"→"更改适配器设置"链接,打开"网络连接"窗口。

(3) 右击"本地连接"图标,在弹出的快捷菜单中选择"属性"命令,弹出"本地连接 属性"对话框,如图 4-21 所示。

(4) 选择"本地连接 属性"对话框中的"Internet 协议版本 4(TCP/IPv4)"选项,再单击"属性"按钮(或双击"Internet 协议版本 4(TCP/IPv4)"选项),弹出"Internet 协议版本 4(TCP/IPv4)属性"对话框。

(5) 选中"使用下面的 IP 地址"单选按钮,并设置 IP 地址为"192.168.0.1",子网掩码为"255.255.255.0",如图 4-22 所示。同理,设置另一台 PC 的 IP 地址为"192.168.0.2",子网掩码为"255.255.255.0"。

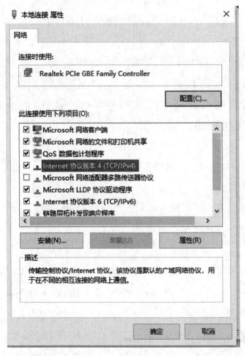

图 4-21 "本地连接 属性"对话框

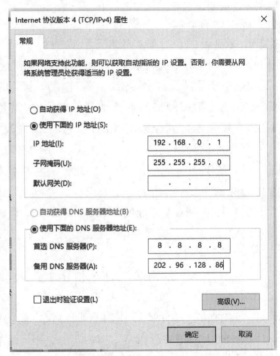

图 4-22 Internet 协议版本 4(TCP/IPv4)属性

图 4-23 "本地连接"状态

(6) 单击"确定"按钮,返回"本地连接 属性"对话框,选中"连接后在通知区域显示图标"复选框后,单击"关闭"按钮。可以发现,任务栏右下角的系统托盘中会出现网络连接提示信息,如图 4-23 所示。

(7) 选择"开始"→"运行"命令,弹出"运行"对话框,在"打开"文本框中输入 cmd 命令,切换到命令行状态。

(8) 输入"ping127.0.0.1"命令,进行回送测试,测试网卡与驱动程序是否正常工作。

(9) 输入"ping192.168.0.1"命令,测试本机 IP 地址是否与其他主机冲突。

(10) 输入"ping192.168.0.2"命令,测试与另一台 PC 的连通性,如图 4-24 所示。如果

ping 不成功,可关闭另一台 PC 上的防火墙后再试。同理,可在另一台 PC 中运行 ping 192.168.0.1 命令。

```
Microsoft Windows [版本 10.0.17763.615]
(c) 2018 Microsoft Corporation。保留所有权利。

C:\Users\Administrator>ping 192.168.0.2

正在 Ping 192.168.0.2 具有 32 字节的数据:
来自 192.168.0.2 的回复: 字节=32 时间<1ms TTL=64
来自 192.168.0.2 的回复: 字节=32 时间<1ms TTL=64
来自 192.168.0.2 的回复: 字节=32 时间<1ms TTL=64
来自 192.168.0.2 的回复: 字节=32 时间<1ms TTL=64

192.168.0.2 的 Ping 统计信息:
    数据包: 已发送 = 4, 已接收 = 4, 丢失 = 0 (0% 丢失),
往返行程的估计时间(以毫秒为单位):
    最短 = 0ms, 最长 = 0ms, 平均 = 0ms

C:\Users\Administrator>
```

图 4-24　对等网测试成功

任务2　小型共享式对等网的组建

组建小型共享式对等网的步骤如下。

1. 硬件连接

(1) 如图 4-25 所示,将 3 条直通双绞线的两端分别插入每台计算机网卡的 RJ-45 接口和集线器的 RJ-45 接口中,检查网卡和集线器的相应指示灯是否亮起,判断网络是否正常连通。

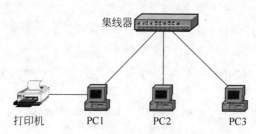

图 4-25　对等网络的网络拓扑结构

(2) 将打印机连接到 PC1。

2. TCP/IP 配置

(1) 配置 PC1 的 IP 地址为 192.168.1.10,子网掩码为 255.255.255.0;配置 PC2 的 IP 地址为 192.168.1.20,子网掩码为 255.255.255.0;配置 PC3 的 IP 地址为 192.168.1.30,子网掩码为 255.255.255.0。

(2) 在 PC1、PC2 和 PC3 之间用 ping 命令测试网络的连通性。

3. 设置计算机名和工作组名

(1) 右击"开始"弹出子菜单,选择"系统"选项,在打开的"设置"窗口右侧区域的"相关设置"中选择"重命名这台电脑"选项,弹出"系统属性"页面,如图 4-26 所示。

(2) 单击"更改"按钮,弹出"计算机名/域更改"页面,如图 4-27 所示。

图 4-26 "系统属性"页面

图 4-27 "计算机名/域更改"页面

（3）在"计算机名"文本框中输入 PC1 作为本机名，选中"工作组"单选按钮，并设置工作组名为 SMILE。

（4）单击"确定"按钮后，系统会提示重启计算机。重启后，修改后的"计算机名"和"工作组名"即可生效。

4. 安装共享服务

（1）右击桌面"开始"图标，选择子菜单中的"网络连接"选项，打开"设置"页面，在"高级网络设置"下选择"更改适配器设置"选项，打开"网络连接"页面。

（2）右击"本地连接"图标，在弹出的快捷菜单中选择"属性"命令，弹出"本地连接 属性"对话框，如图 4-28 所示。

（3）如果"Microsoft 网络的文件和打印机共享"复选框已选中，则说明共享服务安装正确；否则，选中"Microsoft 网络的文件和打印机共享"复选框。

（4）单击"确定"按钮，重启系统后设置生效。

5. 设置有权限共享的用户

（1）单击"开始"菜单，右击"计算机"选项，在弹出的快捷菜单中选择"管理"命令，打开"计算机管理"窗口，如图 4-29 所示。

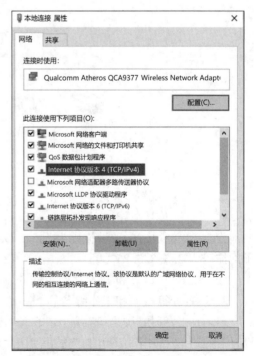

图 4-28 "本地连接 属性"对话框

图 4-29 "计算机管理"窗口

（2）在图 4-29 中，依次展开"本地用户和组"→"用户"选项，右击"用户"选项，在弹出的快捷菜单中选择"新用户"选项，弹出"新用户"对话框，如图 4-30 所示。

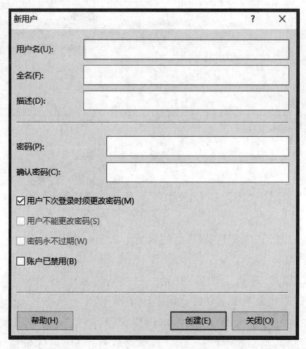

图 4-30 "新用户"对话框

（3）在图 4-30 中，依次输入用户名、密码等信息，然后单击"创建"按钮，创建新用户shareuser。

6. 设置文件夹共享

(1) 右击某一需要共享的文件夹,在弹出的快捷菜单中选择"特定用户"命令,如图 4-31 所示。

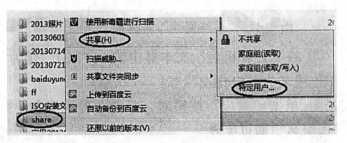

图 4-31　设置文件夹共享

(2) 弹出"文件共享"对话框,在下拉列表框中选择能够访问共享文件夹 share 的用户 shareuser,如图 4-32 所示。

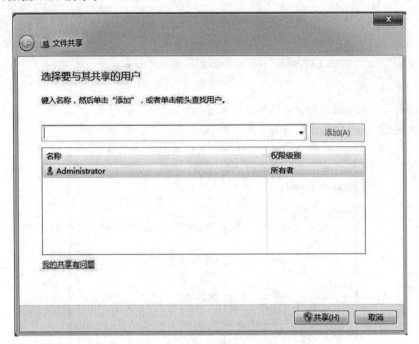

图 4-32　"文件共享"对话框

(3) 单击"共享"按钮,完成文件夹共享的设置,如图 4-33 所示。

7. 设置打印机共享

(1) 在安装打印机的计算机上选择"开始"→"设置"→"设备"→"相关设置"→"设备和打印机"命令,打开"打印机和传真"窗口,如图 4-34 所示。

(2) 右击需要共享的打印机图标,从弹出快捷菜单中选择"打印机属性"选项,打开"打印机属性"对话框。在"共享"选项卡中选中"共享这台打印机"单选按钮,并在"共享名"文本框中输入共享名称,如图 4-35 所示。

(3) 单击"确定"按钮,将该打印机设置为共享。这样,网络中的其他用户可以通过网络添加网络打印机。

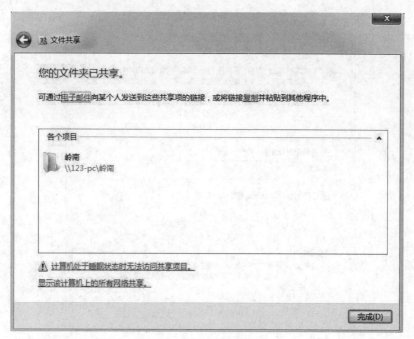

图 4-33　完成文件共享

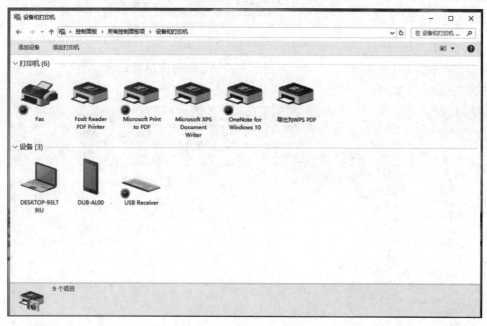

图 4-34　"设备和打印机"窗口

8. 使用共享文件夹

（1）在其他计算机（如 PC2）的资源管理器或 IE 浏览器的"地址"栏中输入共享文件所在的计算机名或 IP 地址，如输入"\\192.168.0.10"或"\\PC1"，然后输入用户名和密码，即可访问共享资源（如共享文件夹 share），如图 4-36 所示。

（2）右击共享文件夹 share 图标，在弹出的快捷菜单中选择"映射网络驱动器"命令，在

134

图 4-35 "打印机属性"对话框

"映射网络驱动器"对话框中单击"完成"按钮,便完成"映射网络驱动器"的操作。双击打开"计算机"。这时可以看到共享文件夹已被映射成了 Z 驱动器,如图 4-37 所示。

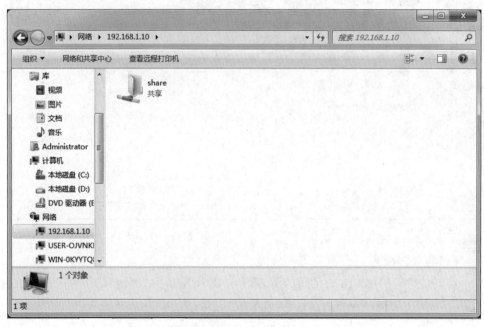

图 4-36 使用共享文件夹窗口

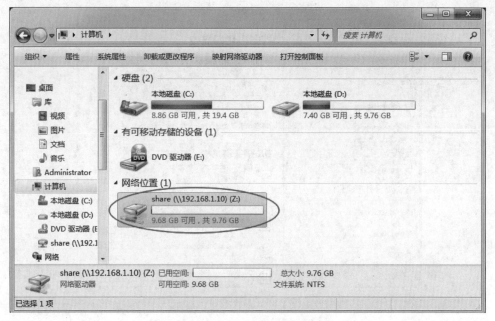

图 4-37　映射网络驱动器的结果窗口

9. 使用共享打印机

（1）在其他 PC 上，打开 Windows 10 的"设置"页面，选择"设备"→"打印机和扫描仪"选项，单击"添加打印机或扫描仪"左侧的"＋"号按钮，如图 4-38 所示。

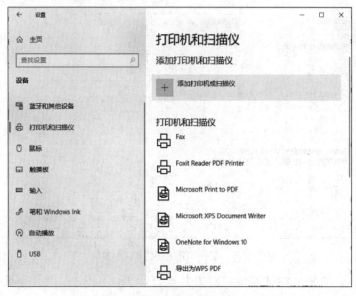

图 4-38　"打印机和扫描仪"窗口

（2）此时机器会自动搜索，当搜索不到时，选择"我需要的打印机不在此列表中"选项，如图 4-39 所示。

（3）此时会"按其他选项查找打印机"，可选择"按名称选择共享打印机"选项，也可在主机名或 IP 地址后面输入网络打印机的 IP，单击"下一步"按钮，如图 4-40 所示。

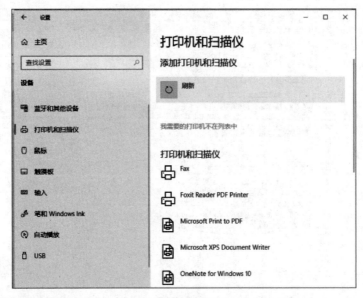

图 4-39　查找打印机

图 4-40　输入网络打印机的 IP 地址

（4）Windows 10 将会尝试连接到对方共享打印机，会自动检测并下载相应的驱动程序。如果之前计算机中安装过驱动，就选择使用当前的驱动；如果没有安装过驱动，就需要重新安装驱动，如图 4-41 所示。

（5）全部完成之后，会出现打印机的名称（可自行更改），将其设为共享，如图 4-42 所示。

（6）将此打印机设置为默认打印机，如图 4-43 所示。安装完成后，系统会显示成功添加共享打印机的消息。

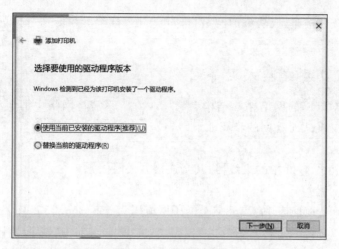

图 4-41 检测驱动程序

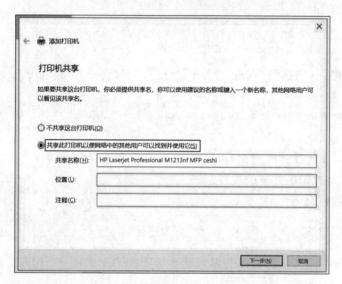

图 4-42 设置打印机共享

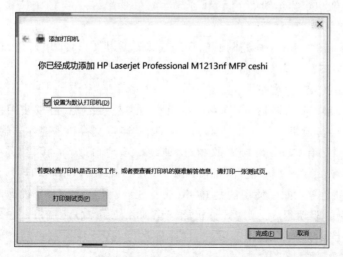

图 4-43 设置为默认打印机

（7）单击"完成"按钮，成功添加网络打印机。在"打印机和传真"窗口中会显示所添加的网络打印机图标。

任务 3 组建小型交换式对等网

小型交换式对等网的网络拓扑结构参考图 4-25。只需将网络中的集线器换成交换机即可。组建小型交换式对等网的步骤如下。

1. 硬件连接

用交换机替换图 4-25 中的集线器，其余连接方式同任务 2。

2. TCP/IP 配置

配置 PC1 的 IP 地址为 192.168.1.10，子网掩码为 255.255.255.0；配置 PC2 的 IP 地址为 192.168.1.20，子网掩码为 255.255.255.0；配置 PC3 的 IP 地址为 192.168.1.30，子网掩码为 255.255.255.0。

3. 测试网络连通性

（1）在 PC1 中，分别执行"ping 192.168.1.20"和"ping 192.168.1.30"命令，测试与 PC2、PC3 的连通性。

（2）在 PC2 中，分别执行"ping 192.168.1.10"和"ping 192.168.1.30"命令，测试与 PC1、PC3 的连通性。

（3）在 PC3 中，分别执行"ping 192.168.1.10"和"ping 192.168.1.20"命令，测试与 PC1、PC2 的连通性。

（4）观察使用集线器和使用交换机在连接速度等方面有何不同。

4. 文件共享与打印机共享的设置

具体操作过程同任务 2。

任务 4 配置智能以太网交换机 C2950

C2950 系列交换机为中型网络和城域接入应用提供智能服务。配置交换机 C2950 的网络拓扑图，如图 4-44 所示。

配置交换机 C2950 的步骤如下。

1. 硬件连接

如图 4-44 所示，将 Console 控制线的一端插入计算机 COM1 串行端口，另一端插入交换机的 Console 接口。开启交换机的电源。

2. 使用 SecureCRT 连接交换机

由于 Windows 7 或 Windows 10 系统都没有内置超级终端，可以使用接口调试软件如 SecureCRT 来连接交换机。下面是使用 SecureCRT 连接交换机的基本步骤。

（1）准备一根带有 Console 接口的线，这种线一端是 Console 接口，另一端是 COM 接头。将交换机的 Console 口与计算机的 COM 口（或 USB 转 COM 口）连接起来。

（2）安装驱动程序：如果使用的是 COM 转 USB 线，需要将 USB 线插入计算机的 USB 端口，并安装相应的驱动程序，以使计算机能够识别并使用 COM 端口。

（3）在电脑上安装 SecureCRT 软件，打开并运行它，新建连接，选择"Serial"选项作为连接类型，如图 4-44 所示。

（4）设置连接参数：打开电脑设备管理器，查看计算机的 COM 端口信息，如图 4-45 所示。根据端口信息，选择使用的串口号，设置波特率为 9600，取消选中旁边的流控选项。注意，这些参数需要与交换机的参数相匹配。选择连接参数如图 4-46 所示。

图 4-44　选择类型

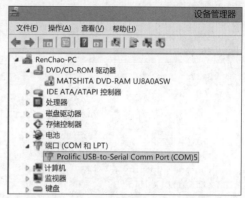

图 4-45　查看端口信息

（5）确认所有设置后，建立连接。这时就可以在 SecureCRT 软件中看到交换机的命令行提示符，即可开始在交换机上执行命令了。命令行界面如图 4-47 所示。

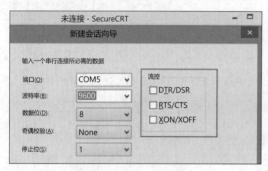

图 4-46　选择连接参数

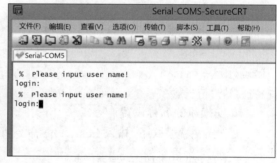

图 4-47　命令行界面

3. 交换机的命令行使用方法

（1）在任何模式下，用户在输入命令时，不用将其全部输入，只要前几个字母能够唯一标识该命令即可，此时按 Tab 键将显示全称。输入"？"可显示相关帮助信息。

```
Switch>?                        //显示当前模式下所有可执行的命令
    disable                 Turn off privileged commands
    enable                  Turn on privileged commands
    exit                    Exit from the EXEC
    help                    Description of the interactive help System
    ping                    Send echo message
    command                 Run Command on remote switch
    show                    Show running system information
    telnet                  open a telnet connection
    traceroute              Trace route to destination
```

（2）在用户模式下，输入 enable 命令，进入特权模式。

```
Switch>enable                   //进入特权模式
Switch#
```

组建局域网

用户模式的提示符为">",特权模式的提示符为"♯",交换机的默认名称为"Switch",可用 hostname 命令修改交换机的名称。

输入 disable 命令可从特权模式返回用户模式;输入 logout 命令可从用户模式或特权模式退出控制台操作。

(3) 如果忘记某命令的全部拼写,则输入该命令的部分字母后再输入"?",会显示相关匹配命令。

```
Switch♯co?                          //显示当前模式下所有以 co 开头的命令
configure                           copy
```

(4) 输入某命令后,如果忘记后面跟什么参数,可输入"?",会显示该命令的相关参数。

```
Switch♯copy ?                       //显示 copy 命令后可执行的参数
flash                               Copy from flash file system
running－config                     Copy from current system configuration
startup－config                     Copy from startup configuration
tftp                                Copy from tftp file system
xmodem                              Copy from xmodem file system
```

(5) 输入某命令的部分字母后,按 Tab 键可自动补齐命令。

```
Switch♯conf(Tab 键)                 //按 Tab 键自动补齐 configure 命令
Switch♯configure
```

(6) 如果要输入的命令的拼写字母较多,可使用简写形式,前提是该简写形式没有歧义,如 config t 是 configure terminal 的简写,输入该命令后,从特权模式进入全局配置模式。

```
switch♯config t                     //该命令代表 configure terminal,进入全局配置模式
Switch(config)♯
```

4. 交换机的名称设置

在全局配置模式下,输入 hostname 命令可设置交换机的名称。

```
Switch(config)♯hostname SwitchA            //设置交换机的名称为 SwitchA
SwitchA(config)♯
```

5. 交换机的口令设置

特权模式是进入交换机的第二个模式,比第一个模式(用户模式)有更大的操作权限,也是进入全局配置模式的必经之路。

在特权模式下,可用 enable password 和 enable secret 命令设置口令。

(1) 输入 enable password xxx 命令,可设置交换机的明文口令为 xxx,即该口令是没有加密的,在配置文件中以明文显示。

```
SwitchA(config)♯enable password aaaa      //设置特权明文口令为 aaaa
SwitchA(config)♯
```

(2) 输入 enable secret yyy 命令,可设置交换机的密文口令为 yyy,即该口令是加密的,在配置文件中以密文显示。

```
SwitchA(config)♯enable secret bbbb        //设置特权密文口令为 bbbb
SwitchA(config)♯
```

enable password 命令的优先级没有 enable secret 高。这意味着,如果用 enable secret 设置过口令,则用 enable password 设置的口令将会无效。

（3）设置 console 控制台口令的方法如下。

```
SwitchA(config)♯line console 0                    //进入控制台接口
SwitchA(config)♯login                             //启用口令验证
SwitchA(config)♯password cisco                    //设置控制台口令为 cisco
SwitchA(config)♯exit                              //返回上一层设置
SwitchA(config)♯
```

由于只有一个控制台接口，所以只能选择线路控制台 0(line console 0)。config-line 是线路配置模式的提示符。exit 命令是返回上一层设置。

（4）设置 Telnet 远程登录交换机口令的方法如下。

```
SwitchA(config)♯line vty 0 4                       //进入虚拟终端
SwitchA(config-line)♯10gin                         //启用口令验证
SwitchA(confiq-lime)♯password zzz                  //设置 Telnet 登录口令为 zzz
SwitchA(config-lime)♯exec-timeout 15 0             //设置超时时间为 15min 0s
SwitchA(config-line)♯exit                          //返回上一层设置
SwitchA(config)♯exit
```

只有配置了虚拟终端(VTY)线路的密码后，才能利用 Telnet 远程登录交换机。

较早版本的 Cisco IOS 支持 vty line 0～4，即同时允许 5 个 Telnet 远程连接。新版本的 Cisco IOS 可支持 vty line0～15，即同时允许 16 个 Telnet 远程连接。

使用 no login 命令允许建立无口令验证的 Telnet 远程连接。

6. 交换机的端口设置

（1）在全局配置模式下，输入 interface fa0/1 命令，进入端口设置模式（提示符为 config-if），可对交换机的 1 号端口进行设置。

```
SwitchA♯config terminal                            //进入全局配置模式
SwitchA(config)♯interface fa0/1                    //进入端口 1
SwitchA(config-if)♯
```

（2）在端口设置模式下，通过 description、speed、duplex 等命令可设置端口的描述、速率、单双工模式等，如下所示。

```
SwitchA(confiq-if)♯description "link to office"    //端口描述(连接至办公室)
SwitchA(confiq-if)♯speed 100                       //设置端口通信速率为 100Mb/s
SwitchA(config-if)♯duplex full                     //设置端口为全双工模式
SwitchA(config-if)♯shutdown                        //禁用端口
SwitchA(config-if)♯no shutdown                     //启用端口
SwitchA(confiq-if)♯end                             //直接退回到特权模式
SwitchA♯
```

7. 交换机可管理 IP 地址的设置

交换机的 IP 地址配置实际上是在 VLAN 1 的端口上进行配置，默认时交换机的每个端口都是 VLAN 1 的成员。

在端口配置模式下使用 ip address 命令可设置交换机的 IP 地址，在全局配置模式下使用 ip default-gateway 命令可设置默认网关。

```
SwitchA♯config terminal                                          //进入全局配置模式
SwitchA(config)♯interface vlan 1                                 //进入 VLAN 1
SwitchA(config-if)♯ip address 192.168.1.100.255.255.255.0        //设置交换机可管理 IP 地址
SwitchA(config-if)♯no shutdown                                   //启用端口
```

```
SwitchA(config-if)#exit                              //返回上一层设置
SwitchA(config)#ip default-gateway 192.1 68.1.1      //设置默认网关
SwitchA(config)#exit
SwitchA#
```

8. 显示交换机信息

在特权配置模式下,可利用 show 命令显示各种交换机信息。

```
SwitchA#show version                    //查看交换机的版本信息
SwitchA#show int vlan1                   //查看交换机可管理 IP 地址
SwitchA#show vtp Status                  //查看 VTP 配置信息
SwitchA#show running-config              //查看当前配置信息
SwitchA#show startup-config              //查看保存在 NVRAM 中的启动配置信息
SwitchA#show vlan                        //查看 VLAN 配置信息
SwitchA#show interface                   //查看端口信息
SwitchA#show int fa0/1                   //查看指定端口信息
SwitchA#show mac-address-table           //查看交换机的 MAC 地址表
```

9. 保存或删除交换机配置信息

交换机配置完成后,在特权配置模式下,可利用 copy running-config startup-config 命令(也可简写命令 copy run start)或 write(wr)命令,将配置信息从 RAM 内存中手工保存到非易失 RAM(NVRAM)中;利用 erase startup-config 命令可删除 NVRAM 中的内容,如下所示。

```
SwitchA#copy running-config startup-config    //保存配置信息至 NVRAM 中
SwitchA#erase startup-config                  //删除 NVRAM 中的配置信息
```

任务 5   虚拟局域网的划分

子任务 1   单交换机上的 VLAN 划分

单交换机上的 VLAN 划分的网络拓扑图如图 4-48 所示。

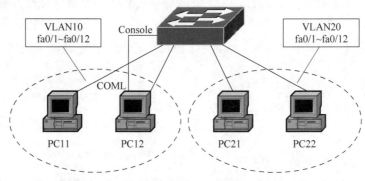

图 4-48   单交换机上的 VLAN 划分的网络拓扑图

单交换机上的 VLAN 划分的步骤如下。

1. 硬件连接

(1) 如图 4-48 所示,将 Console 控制线的一端插入 PC12 计算机的 COM1 串行端口,另一端插入交换机的 Console 接口。

(2) 用 4 根直通线把 PC11、PC12、PC21、PC22 分别连接到交换机的 fa0/2、fa0/3、fa0/13、fa0/14 端口上。

（3）开启交换机的电源。

2．TCP/IP 配置

（1）配置 PC11 的 IP 地址为 192.168.1.11，子网掩码为 255.255.255.0。

（2）配置 PC12 的 IP 地址为 192.168.1.12，子网掩码为 255.255.255.0。

（3）配置 PC21 的 IP 地址为 192.168.1.21，子网掩码为 255.255.255.0。

（4）配置 PC22 的 IP 地址为 192.168.1.22，子网掩码为 255.255.255.0。

3．连通性测试

用 ping 命令在 PC11、PC12、PC21、PC22 计算机之间测试连通性，将结果填入表 4-2 中。

表 4-2 　 VLAN 划分前各计算机之间的连通性

计 算 机	PC11	PC12	PC21	PC22
PC11	—			
PC12		—		
PC21			—	
PC22				—

4．VLAN 划分

（1）在 PC12 上打开超级终端，配置交换机的 VLAN，新建 VLAN 的方法如下：

```
Switch＞enable
Switch＃config t
Switch(config)＃vlan 10              //创建 VLAN 10,并取名为 caiwubu(财务部)
Switch(config-vlan)＃name caiwubu
Switch(config-vlan)＃exit
Switch(config)＃vlan 20              //创建 VLAN 20,并取名为 xiaoshoubu(销售部)
Switch(config-vlan)＃name xiaoshoubu
Switch(config-vlan)＃exit
Switch(config)＃exit
Switch＃
```

（2）在特权模式下，输入 show vlan 命令，查看新建的 VLAN。

```
Switch＃show vlan
VLAN NAME Status Ports
1 default active Fa0/1,Fa0/2,Fa0/3,Fa0/4
                 Fa0/5,Fa0/6,Fa0/7,Fa0/8
                 Fa0/9,Fa0/10,Fa0/11,Fa0/12
                 Fa0/13,Fa0/14,Fa0/15,Fa0/16
                 Fa0/17,Fa0/18,Fa0/19,Fa0/20
                 Fa0/21,Fa0/22,Fa0/23,Fa0/24
10 caiwubu active
20 xiaoshoubu active
```

（3）可利用 interface range 命令指定端口范围，利用 switchport access 命令把端口分配到 VLAN 中。把端口 fa0/1～fa0/12 分配给 VLAN 10，把端口 fa0/13～fa0/24 分配给 VLAN 20 的方法如下：

```
Switch＃config t
Switch(config)＃interface range fa0/1-12
Switch(config-if-range)＃switchport access vlan 10
```

```
Switch(config - if - range)#exit
Switch(config)#interface range fa0/13 - 24
Switch(config - if - range)#switchport access vlan 20
Switch(config - if - range)#end
Switch#
```

(4) 在特权模式下,输入 show vlan 命令,再次查看新建的 VLAN。

```
Switch#show vlan
VLAN NAME Status Ports
1 default active
10 caiwubu active Fa0/1, Fa0/2, Fa0/3, Fa0/4
                  Fa0/5, Fa0/6, Fa0/7, Fa0/8
                  Fa0/9, Fa0/10, Fa0/11, Fa0/12
20 xiaoshoubu active Fa0/13,Fa0/14,Fa0/15,Fa0/16
                  Fa0/17,Fa0/18,Fa0/1 9,Fa0/20
                  Fa0/21,Fa0/22,Fa0/23,Fa0/24
```

(5) 用 ping 命令在 PC11、PC12、PC21、PC22 之间再次测试连通性,将结果填入表 4-3 中。

表 4-3   VLAN 划分后各计算机之间的连通性

计 算 机	PC11	PC12	PC21	PC22
PC11	—			
PC12		—		
PC21			—	
PC22				—

(6) 输入 show running-config 命令,查看交换机的运行配置。

```
Switch#show running - config
```

子任务 2   多交换机上的 VLAN 划分

多交换机上的 VLAN 划分的网络拓扑结构图如图 4-49 所示。

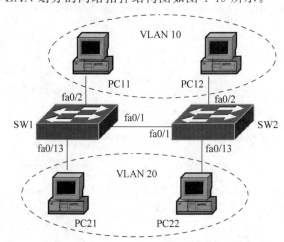

图 4-49   多交换机上的 VLAN 划分的网络拓扑图

多交换机上的 VLAN 划分的步骤如下。

1. 硬件连接

（1）如图 4-49 所示，用两根直通线把 PC11、PC21 连接到交换机 SW1 的 fa0/2、fa0/13 端口上，再用两根直通线把 PC12、PC22 连接到交换机 SW2 的 fa0/2、fa0/13 端口上。

（2）用一根交叉线把 SW1 交换机的 fa0/1 端口和 SW2 交换机的 fa0/1 端口连接起来。

（3）将 Console 控制线的一端插入 PC11 的 COM1 串行端口，另一端插入 SW1 交换机的 Console 接口。

（4）将另一根 Console 控制线的一端插入 PC12 的 COM1 串行端口，另一端插入 SW2 交换机的 Console 接口。

（5）启 SW1、SW2 交换机的电源。

2. TCP/IP 配置

（1）配置 PC11 的 IP 地址为 192.168.1.11，子网掩码为 255.255.255.0。

（2）配置 PC12 的 IP 地址为 192.168.1.12，子网掩码为 255.255.255.0。

（3）配置 PC21 的 IP 地址为 192.168.1.21，子网掩码为 255.255.255.0。

（4）配置 PC22 的 IP 地址为 192.168.1.22，子网掩码为 255.255.255.0。

3. 测试网络连通性

用 ping 命令在 PC11、PC12、PC21、PC22 之间测试连通性，将结果填入表 4-4 中。

表 4-4　VLAN 划分前各计算机之间的连通性

计 算 机	PC11	PC12	PC21	PC22
PC11	—			
PC12		—		
PC21			—	
PC22				—

4. 配置 SW1 交换机

（1）在 PC11 上打开超级终端，配置 SW1 交换机。设置 SW1 交换机为 VTP 服务器模式，方法如下：

```
Switch > enable
Switch # config t
Switch(config) # hostname SW1              //设置交换机的名称为 SW1
SW1(config) # exit
SW1 # vlan database                        //VLAN 数据库
SW1(vlan) # vtp domain smile               //设置 VTP 域名为 smile
SW1(vlan) # vtp server                      //设置 VTP 工作模式为 server(服务器)
SW1(vlan) # exit
SW1 #
```

（2）在 SWI 交换机上创建 VLAN 10 和 VLAN 20，并将 SW1 交换机的 fa0/2～fa0/12 端口划分到 VLAN 10，将 fa0/13～fa0/24 划分到 VLAN 20，具体方法参见"子任务 1"。fa0/1 端口默认位于 VLAN 1 中。

（3）将 SW1 交换机的 fa0/1 端口设置为干线 trunk，方法如下：

```
SW1 # config t
SW1(config) # interface fa0/1
SW1(config-if) # switchport trunk encapsulation dotlq   //设置封装方式为 dotlq
```

```
SW1(config-if)#switchport mode trunk              //设置该端口为干线 trunk 端口
SW1(config-if)#switchport trunk allowed vlan all  //允许所有 VLAN 通过 trunk 端口
SW1(config-if)#no shutdown
SW1(config-if)#end
SW1#
```

5. 配置 SW2 交换机

(1) 在 PC12 上打开超级终端,设置 SW2 交换机为 VTP 客户机模式,方法如下:

```
Switch>enable
Switch#config t
Switch(config)#hostname SW2          //设置交换机的名称为 SW2
SW2(config)#exit
SW2#vlan database                    //VLAN 数据库
SW2(vlan)#vtp domain smile           //加入 smile 域
SW2(vlan)#vtp client                 //设置 VTP 工作模式为 client(客户端)
SW2#
```

SW2 交换机工作在 VTP 客户端模式,它可从 VTP 服务器(SW1)处获取 VLAN 信息(如 VLAN 10、VLAN 20 等)。因此,在 SW2 交换机上不必也不能新建 VLAN 10 和 VLAN 20。

(2) 将 SW2 交换机的 fa0/2~fa0/12 端口划分到 VLAN 10,将 fa0/13~fa0/24 划分到 VLAN20,具体方法参见子任务 1。

(3) 参照上面的"4.配置 SW1 交换机"中的步骤(3),将 SW2 交换机的 fa0/1 端口设置为干线 trunk。

(4) 用 ping 命令在 PC11、PC12、PC21、PC22 之间测试连通性,将结果填入表 4-5 中。

表 4-5   VLAN 划分后各计算机之间的连通性

计 算 机	PC11	PC12	PC21	PC22
PC11	—			
PC12		—		
PC21			—	
PC22				—

小　　结

局域网是目前应用最为广泛的一种重要网络。局域网由连接各主机及工作站所需的软件和硬件组成,主要功能是实现资源共享、信息交换、均衡负荷和综合信息服务等。

在网络标准中,局域网以 Ethernet、令牌环和令牌总线为代表,而以太网是目前用得最多的局域网。常见的以太网标准有 10BASE-5、10BASE-2、10BASE-T、100BASE-T 等,它们多采用 CSMA/CD 访问控制方式。在一个普通的以太网中增加一个交换机,就构成一个交换式以太网,它能大幅提升以太网的带宽,同时交换机的 VLAN 功能将局域网带入了一个崭新的领域。

网络中传输系统主要指通信介质,常用的通信介质有同轴电缆、双绞线和光纤等。

网络互连设备有中继、集线器、交换机、网桥、路由器等,它们在连接中起了关键作用。

思考与练习

1. 局域网有哪些特点？为什么说局域网是一个通信子网？
2. 局域网由哪几部分组成？常用的联网设备有哪些？
3. 局域网可以采用哪些通信介质？
4. 简述几种常见局域网拓扑结构的优缺点。
5. 局域网的媒体访问控制方式有哪些？
6. 交换以太网与共享介质以太网有什么区别？
7. 什么是虚拟局域网？划分虚拟局域网的方法有哪些？
8. 网桥的工作原理和特点是什么？网桥与中继器有什么异同？

第5章 组建无线局域网

视频讲解

本章学习目标
- 熟练掌握无线网络的基本概念。
- 熟练掌握无线局域网的接入设备应用。
- 掌握无线局域网的配置方式。
- 掌握组建 Ad-Hoc 模式无线局域网的方法。
- 掌握组建 Infrastructure 模式无线局域网的方法。

5.1 无线局域网概述

无线局域网(Wireless Local Area Network,WLAN)是计算机网络与无线通信技术相结合的产物,正在获得越来越广泛的应用。无线局域网就是在不采用传统电缆线的同时,提供传统有线局域网的所有功能。无线局域网技术具有传统局域网无法比拟的灵活性。无线局域网的通信范围不受环境条件的限制,网络的传输范围大大拓宽,最大传输范围可达到几十千米。在有线局域网中,两个站点的距离在使用铜缆时被限制在 500m,即使采用单模光纤也只能达到 3000m,而无线局域网中两个站点间的距离目前可达到 50km,距离数千米的建筑物中的网络可以集成为同一个局域网。此外,无线局域网的抗干扰性强、网络保密性好。对于有线局域网中的诸多安全问题,在无线局域网中基本上可以避免。而且相对于有线网络,无线局域网的组建、配置和维护较为容易,一般计算机工作人员都可以胜任网络的管理工作。

IEEE 802.11 是 IEEE 在 1997 年提出的第一个无线局域网标准,由于传输速率最高只能达到 2Mb/s,所以主要被用于数据的存取。鉴于 IEEE 802.11 在传输速率和传输距离上都不能满足人们的需要,因此 IEEE 小组又相继推出了 IEEE 802.11b、IEEE 802.11a 和 IEEE 802.11g 3 个新标准。IEEE 802.11b 工作于 2.4GHz 频带,物理层支持 5.5Mb/s 和 11Mb/s 两个新传输速率。它的传输速率可因环境的变化而变化,在 11Mb/s、5.5Mb/s、2Mb/s、1Mb/s 之间切换,而且在 2Mb/s、1Mb/s 传输速率时与 IEEE 802.11 兼容。IEEE 802.11a 工作于更高的频带,物理层传输速率可达 54Mb/s,这就基本满足了现在局域网绝大多数应用的速度要求,而在数据加密方面,采用了更为严密的算法。但是,IEEE 802.11a 芯片价格昂贵、空中接力不好、点对点连接很不经济。空中接力就是较远距离点对点的传输。需要注意的是,IEEE 802.11b 和工作在 5GHz 频带上的 IEEE 802.11a 标准不兼容。目前使用的无线局域网大多符合 IEEE 802.11b 标准。

无线局域网的基础还是传统的有线局域网,是有线局域网的扩展和替换。它只是在有线局域网的基础上通过无线 Hub、无线接入节点(AP)、无线网桥、无线网卡等设备使无线通信得以实现。与有线网络一样,无线局域网同样也需要传送介质。只是无线局域网采用的传输介质不是双绞线或者光纤,而是红外线(IR)或者无线电波(RF),以后者使用居多。

无线局域网具有如下一些特点。

(1) 低功耗。由于无线应用的便携性和移动特性,低功耗是基本要求。另一方面,多种短距离无线应用可能处于同一环境之下,如 WLAN 和微波 RFID,在满足服务质量的要求下,要求有更低的输出功率,避免造成相互干扰。

(2) 多在室内环境下应用。与其他无线通信不同,由于作用距离限制,大部分短距离应用的主要工作环境是在室内,特别是 WPAN 应用。

(3) 低成本。短距离无线应用与消费电子产品联系密切,低成本是短距离无线应用能否推广普及的重要决定因素。此外,如 RFID 和 WSN 应用,需要大量使用或大规模敷设,成本成为技术实施的关键。

(4) 使用 ISM 频段。考虑到产品和协议的通用性及民用特性,短距离无线技术基本上使用免许可证(Industrial Scientific and Medical,ISM)频段。

5.2 Wi-Fi 技术

无线局域网采用了"Wi-Fi"技术。"Wi-Fi"技术,就是把笔记本电脑中的无线网卡虚拟成两个无线空间,充当两种角色:当与其他 AP(无线信号发射点)相连时,相当于一个普通的终端设备,这是传统应用模式;当与其他无线网络终端设备(如计算机、手机、打印机等)连接时,可作为一个基础 AP,此时只要作为 AP 的笔记本电脑能通过无线、有线、4G 等方式连接入网,那么与之连接的其他无线网络终端设备就可以同时上网了。

5.2.1 基本概念

Wi-Fi 全称 Wireless Fidelity,又称 802.11b 标准,是 IEEE 定义的一个无线网络通信的工业标准(IEEE 802.11)。IEEE 802.11b 定义了使用直接序列扩频(Direct Sequence Spectrum,DSS)调制技术在 2.4GHz 频带实现 11Mb/s 速率的无线传输,在信号较弱或有干扰的情况下,宽带可调整为 5.5Mb/s、2Mb/s 和 1Mb/s。

Wi-Fi 是由无线访问节点(Access Point,AP)和无线网卡组成的无线网络,AP 是当作传统的有线局域网络与无线局域网络之间的桥梁,其工作原理相当于一个内置无线发射器的 Hub 或者是路由;无线网卡则是负责接收由 AP 发射信号的 CLIENT 端设备。因此,任何一台装有无线网卡的 PC 均可透过 AP 分享有线局域网络甚至广域网络的资源。

最早的 IEEE 802.11 无线局域网标准是 IEEE 802.11b 标准。IEEE 802.11b 标准工作在 2.4GHz 的频段,采用 DSSS 技术和 CCK 编码方式,使数据传输速率达到 11Mb/s。

几乎和 IEEE 802.11b 标准同时制定的是 IEEE 802.11a 标准,IEEE 802.11a 标准工作在 5GHz 开放 ISM 频段,采用 OFDM 技术,数据传输速率高达 54Mb/s。

IEEE 802.11b 标准由于工作在低频段,成本低而获得了广泛的应用,但其数据传输速率低,为此在 IEEE 802.11b 和 IEEE 802.11a 标准的基础上又诞生了 IEEE 802.11g 标准。IEEE 802.11g 标准工作在 2.4GHz,采用 OFDM 技术,数据传输速率达到了 54Mb/s,并向后兼容 IEEE 802.11b 标准。

然后,在 2004 年 1 月,IEEE 成立了一个新的工作组制定速度更高的标准,这就是 IEEE 802.11n,IEEE 802.11n 可以工作在 2.4GHz 或 5GHz,采用 OFDM 技术,同时又引入 MIMO 技术,使得数据传输速率达到了 270Mb/s,甚至高达 540Mb/s。

除了 Wi-Fi 这种无线网络之外,还有其他通信范围和速率不同的无线技术,如图 5-1 所示。

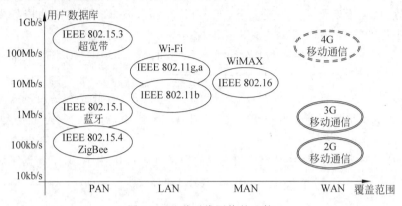

图 5-1　几种无线网络的比较

5.2.2　Wi-Fi 网络结构和原理

IEEE 802.11 标准定义了介质访问接入控制层(MAC 层)和物理层。物理层定义了工作在 2.4GHz 的 ISM 频段上,总数据传输速率设计为 2Mb/s(IEEE 802.11b)到 54Mb/s(IEEE 802.11g)。图 5-2 所示为 IEEE 802.11 的标准和分层。

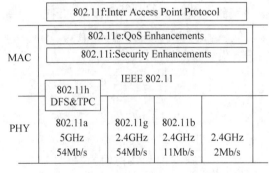

图 5-2　802.11 标准和分层

在 IEEE 802.11 的物理层,IEEE 802.11 规范是在 1997 年 8 月提出的,规定工作在 ISM 2.4～2.4835GHz 频段的无线电波,采用了 DSSS 和 FHSS 两种扩频技术。

工作在 2.4GHz 的跳频模式使用 70 个工作频道,FSK 调制,0.5MBPS 通信速率。其工作原理如图 5-3 所示。

与 IEEE 802.11 不同,IEEE 802.11h 发布于 1999 年 9 月,它只采用 2.4GHz 的 ISM 频段的无线电波,且采用加强版的 DSSS,它可以根据环境的变化在 11Mb/s、5Mb/s、2Mb/s 和 1Mb/s 之间动态切换。目前 IEEE 802.11b 协议是当前最为广泛的 WLAN 标准。

一个 Wi-Fi 连接点、网络成员和结构站点(Station)是网络最基本的组成部分。

(1) 基本服务单元(Basic Service Set,BSS)。网络最基本的服务单元。最简单的服务单元可以只由两个站点组成。两个设备之间的通信可以自由直接(Ad-Hoc)的方式进行,也可以在基站(Base Station,BS)或者访问点(Access Point,AP)的协调下进行,也称为 INFRASTUCTUR 模式。站点可以动态地连接(Associate)到基本服务单元中。

(2) 分配系统(Distribution System,DS)。分配系统用于连接不同的基本服务单元。

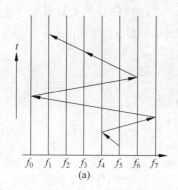
(a)

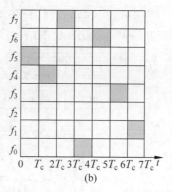
(b)

图 5-3 使用跳频工作原理

分配系统使用的媒介(Medium)逻辑上和基本服务单元使用的媒介是截然分开的,尽管它们物理上可能会是同一个媒介,例如同一个无线频段。

(3) 接入点(Access Point,AP)。接入点既有普通站点的身份,又有接入分配系统的功能。

(4) 扩展服务单元(Extended Service Set,ESS)。由分配系统和基本服务单元组合而成。这种组合是逻辑上的,并非物理上的,不同的基本服务单元有可能在地理位置上相距甚远。分配系统也可以使用各种各样的技术。

(5) 关口(Portal)。也是一个逻辑成分。用于将无线局域网和有线局域网或其他网络联系起来。

这里的媒介有 3 种,站点使用的无线媒介、分配系统使用的媒介以及和无线局域网集成在一起的其他局域网使用的媒介。物理上它们可能互相重叠。IEEE 802.11 只负责在站点使用的无线媒介上的寻址,分配系统和其他局域网的寻址不属无线局域网的范围。

Wi-Fi 网络的结构如图 5-4 所示。

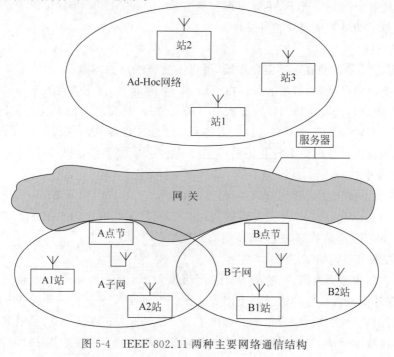

图 5-4　IEEE 802.11 两种主要网络通信结构

IEEE 802.11 网络底层和以太网 IEEE 802.3 结构相同,相关数据包装也使用 IP 通信标准和服务,完成互联网连接,IP 数据结构和 IP 通信软件结构如图 5-5 所示。

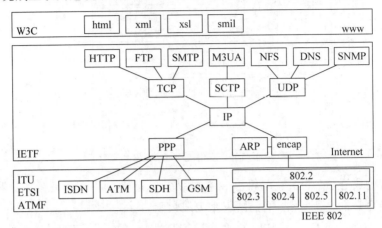

图 5-5　IEEE 802.11 的 IP 网络结构

5.2.3　Wi-Fi 技术的特点

Wi-Fi 技术具有下列优点。

1. 较广的无线电波的覆盖范围

Wi-Fi 的覆盖半径可达 100m,适合办公室及单位楼层内部使用;而蓝牙技术覆盖半径只有 15m 左右。

2. 传输速度快,可靠性高

IEEE 802.11b 无线网络规范是 IEEE 802.11 网络规范的变种,最高带宽为 11Mb/s,在信号较弱或有干扰的情况下,带宽可调整为 5.5Mb/s、2Mb/s 和 1Mb/s。带宽的自动调整有效地保障了网络的稳定性和可靠性。

3. 无须布线

Wi-Fi 最主要的优势在于不需要布线,可以不受布线条件的限制,因此非常适合移动办公用户的需要,具有广阔的市场前景。在机场、车站、咖啡店、图书馆等人员较密集的地方设置"热点",并通过高速线路将因特网接入上述场所,用户只要将支持无线 LAN 的笔记本电脑或 PDA 拿到该区域内,即可高速接入因特网。目前它已经从传统的医疗保健、库存控制和管理服务等特殊行业向更多行业拓展,甚至开始进入家庭及教育机构等领域。

4. 健康安全

IEEE 802.11 规定的发射功率不可超过 100mW,实际发射功率为 60~70mW,手机的发射功率为 200mW~1W,手持式对讲机高达 5W,而且无线网络的使用方式并非像手机直接接触人体,Wi-Fi 产品的辐射更小,是绝对安全的。

Wi-Fi 技术也有它的缺点。

首先是它的覆盖面有限,一般的 Wi-Fi 网络覆盖面只有 100m 左右。其次它的移动性不佳,只有在静止或者步行的情况下使用才能保证其通信质量。为了改善 Wi-Fi 网络覆盖面积有限和低移动性的缺点,近年来又提出了 IEEE 802.11n 协议草案。IEEE 802.11n 相比前面的标准技术优势明显,在传输速率方面,IEEE 802.11n 可以将 WLAN 的传输速率由目前 IEEE 802.11b/g 提供的 54Mb/s 提高到 300Mb/s 甚至 600Mb/s。在覆盖范围方面，IEEE 802.11n 采用智能天线技术，可以动态调整波束，保证让 WLAN 用户接收到稳定的信号，并可以减少其他信号的干扰，因此它的覆盖范围可扩大到几平方千米。这使得原来需要多台 IEEE 802.11b/g 设备的地方，只需要一台 IEEE 802.11n 产品就可以了。不仅方便了使用，还减少了原来多台 IEEE 802.11b/g 产品相互联通时可能出现的盲点，使得终端移动性得到了一定的提高。

5.2.4 Wi-Fi 技术的应用

由于 Wi-Fi 的频段在世界范围内是无须任何电信运营执照的免费频段，因此 WLAN 无线设备提供了一个世界范围内可以使用的、费用极其低廉且数据带宽极高的无线空中接口。用户可以在 Wi-Fi 覆盖区域内快速浏览网页，随时随地接听/拨打电话，而其他一些基于 WLAN 的宽带数据应用，如流媒体、网络游戏等功能更是值得用户期待。有了 Wi-Fi 功能，我们打长途电话(包括国际长途)、浏览网页、收发电子邮件、音乐下载、数码照片传递等，再也不需要担心速度慢和花费高的问题。

Wi-Fi 在掌上设备上应用越来越广泛，而智能手机就是其中一分子。与早期应用于手机上的蓝牙技术不同，Wi-Fi 具有更大的覆盖范围和更高的传输速率，因此 Wi-Fi 手机成为目前移动通信业界的时尚潮流。

现在 Wi-Fi 的覆盖范围在国内越来越广泛了，高级宾馆、豪华住宅区、飞机场以及咖啡厅之类的区域都有 Wi-Fi 接口。当我们去旅游、办公时，就可以在这些场所使用掌上设备尽情网上冲浪了。

5.3 无线网络接入设备

1. 无线网卡

无线网卡提供与有线网卡一样丰富的系统接口，包括 PCMCIA、MINI-PCI、PCI 和 USB 等。如图 5-6～图 5-9 所示。在有线局域网中，网卡是网络操作系统与网线之间的接口。在无线局域网中，它们是操作系统与天线之间的接口，用来创建透明的网络连接。

图 5-6 PCI 接口无线网卡(台式机)

图 5-7 PCMCIA 接口无线网卡(笔记本电脑)

图 5-8 USB 接口无线网卡(台式机和笔记本电脑)

图 5-9 MINI-PCI 接口无线网卡(笔记本电脑)

无线网卡可实现 CSMA/CA 协议,支持 802.11b/g/a/(基本都具有自适应功能)标准,完成类似于有线网以太网卡的功能。

2. 接入点

接入点(Access Point,AP)的作用相当于局域网集线器。它在无线局域网和有线网络之间接收、缓冲存储和传输数据,以支持一组无线用户设备。接入点通常是通过标准以太网线连接到有线网络上,并通过天线与无线设备进行通信。在有多个接入点时,用户可以在接入点之间漫游切换。接入点的有效范围是 20~500m。根据技术、配置和使用情况,一个接入点可以支持 15~250 个用户,通过添加更多的接入点,可以比较轻松地扩充无线局域网,从而减少网络拥塞并扩大网络的覆盖范围。

无线 AP 是无线网和有线网之间沟通的桥梁。根据 AP 的功用不同,WLAN 可以根据用户的不同网络环境需求,实现不同的组网方式。目前市场上的 AP 可支持以下 5 种无线 AP 工作模式。

(1) AP 模式。

能够提供无线客户端接入,如无线网卡接入。IP 由路由器的 DHCP 分配。在此模式下,设备相当于一台无线交换机。可实现无线之间、无线到有线、无线到广域网络的访问。

(2) WDS 模式(无线分布式系统/无线桥接模式)。

通过无线连接有线网络,不提供无线客户端接入,所有 AP 在同一网络,IP 由路由器的 DHCP 分配。各设备之间通过 MAC 地址来互相连接,且要求 SSID、停信道、密码、加密方式相同。

① WDS 分类。

WDS-P2P 模式(无线点对点桥接模式)。两个有线局域网之间,通过两台无线 AP 将它们连接在一起,可以实现两个有线局域网之间通过无线方式的互联和资源共享,也可以实现有线网络的扩展。此种模式下,AP 不支持无线客户端的接入,只能作为无线网桥使用。

WDS-P2MP 模式(无线点对多点桥接模式)。这种模式能够把多个离散的有线网络连成一体结构,相对于点对点无线网桥来说较为复杂。点对多点通常以一个网络为中心点发送无线信号,其他接收点进行接收(一般 AP 在点对多点桥接模式时最多支持 4 个远程点的接入)。此模式下,不支持无线客户端的接入。

点对多点桥接模式可以将多个有线局域网通过无线 AP 连接起来,而不需要使用网线,这适用于需要进行数据连接而又不方便布线的网络环境。若"根 AP"设置为点对多点模式,其他(最多 4 个)远端 AP 必须设置为点到点模式。

② WDS+AP 模式。

连接多个无线网络,提供无线客户端接入,所有 AP 在同一个网络中,IP 由无线路由器的 DHCP 分配或 AP 自己的 DHCP 分配,只需其中一个 AP 开启 DHCP。

(3) WISP(无线互联网服务提供商)。

WISP 用于将自己无线设备的 WAN 口通过无线连接对方的无线,从而实现上网。LAN 口 IP 由自己的 DHCP 分配,不用在对方路由器上设置自己的 MAC 地址,自身有路由功能。

(4) Repeater 模式(无线中继模式)。

中继器模式可以实现信号的中继和放大,适用于那些场地相对开阔、不便于铺设以太网线的场所。各设备之间可以通过 MAC 地址来互相连接。此模式无线信号由无线路由器提供,延伸无线信号,同时支持无线客户端接入,IP 由无线路由器的 DHCP 分配。

(5) AP Client 模式(AP 客户端模式或 Wireless Client)。

AP Client 端的用户为有线接入,各设备之间通过 MAC 地址来互相连接,通过该设备的 LAN 口连接到有线网卡的以太网接口,此设备可当作无线网卡使用。IP 由路由器的 DHCP 分配,用于将有线网络通过无线接入另外的网络。

无线 AP 支持标准有 IEEE 802.11b、IEEE 802.11g、IEEE 802.11a。室内无线 AP 如图 5-10 所示,室外无线 AP 如图 5-11 所示。

3. 无线路由器

无线路由器(Wireless Router)集成了无线 AP 和宽带路由器的功能,它不仅具备 AP 的无线接入功能,通常还支持 DHCP、防火墙、WEP 加密等功能,而且还包括了网络地址转换 NAT 功能,可支持局域网用户的网络连接共享。

绝大多数的无线宽带路由器都拥有 1 个 WAN 端口和 4 个(或更多)LAN 端口,可作为有线宽带路由器使用,如图 5-12 所示。

图 5-10　室内无线 AP　　　　图 5-11　室外无线 AP　　　　图 5-12　无线路由器

4. 天线

在无线网络中,天线可以起到增强无线信号的作用,可以把它理解为无线信号放大器。天线对空间的不同方向具有不同的辐射或接收能力。其主要功能有:提高无线信号的信噪比;加强数据传输的稳定性和可靠性;扩大无线局域网的覆盖范围。网卡和 AP 通常内置天线,但有时需要外接。根据方向的不同,可将天线分为全向天线和定向天线两种。

(1) 全向天线。全向天线是指在水平方向图上表现为 360°均匀辐射,也就是平常所说的无方向性。一般情况下,波瓣宽度越小,增益越大。全向天线在通信系统中一般应用距离近,覆盖范围大,价格便宜。增益一般在 9dB 以下。图 5-13 所示为全向天线。

(2) 定向天线。定向天线是指在某一个或某几个特定方向上发射及接收电磁波特别强,而在其他方向上发射及接收电磁波为零或极小的一种天线。图 5-14 所示为定向天线。采用定向发射天线的目的是增加辐射功率的有效利用率,增加保密性,增强抗干扰能力。

图 5-13　全向天线　　　　　　　　　图 5-14　定向天线

5.4　无线局域网的组网方式

无线局域网的组网模式大致上可以分为两种,一种是 Ad-Hoc(无线对等)模式,即点对点无线网络;另一种是 Infrastructure(基础结构)模式,即集中控制模式网络。Infrastructure 模式网络还可进一步细分为"无线路由器＋无线网卡模式"和"无线 AP＋无线网卡模式"两种。

5.4.1　Ad-Hoc 模式

Ad-Hoc 模式是一种点对点的对等式移动网络,没有有线基础设施的支持,网络中包含多个无线终端(移动主机)和一个服务器,均配有无线网卡,但不连接到接入点和有线网络,而是通过无线网卡相互通信。它主要用在没有基础设施的地方快速而轻松地建立无线局域网,如图 5-15 所示。

Ad-Hoc无线网络

图 5-15　Ad-Hoc 模式无线
对等网络

5.4.2　Infrastructure 模式

Infrastructure 模式也叫集中控制模式,是目前很多家庭中常见的无线局域网配置方式。

1. 无线路由器＋无线网卡模式

无线路由器＋无线网卡配置方式包含一个接入点和多个无线终端,无线路由器相当于一个无线 AP 集合了路由功能,接入点通过电缆连线与有线网络连接,通过无线电波与无线终端连接,可以实现无线终端之间的通信,以及无线终端与有线网络之间的通信。通过对这种模式进行复制,可以实现多个接入点相连接的更大的无线网络,如图 5-16 所示。

2. 无线 AP＋无线网卡模式

无线局域网有独立无线局域网和非独立无线局域网两种类型。所谓独立无线局域网(WLAN),是指整个网络都使用无线通信;所谓的非独立无线局域网,是指网络中既有无线模式,也有有线模式存在。非独立 WLAN 的无线接入点与周边的无线客户机形成了一个星状网络结构,再使用无线接入点的 LAN 端口与有线网络相连,可以使整个 WLAN 的终端都能访问有线网络的资源,并能访问 Internet,如图 5-17 所示。

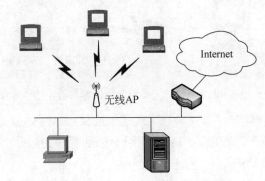

图 5-16　Infrastructure 模式无线局域网

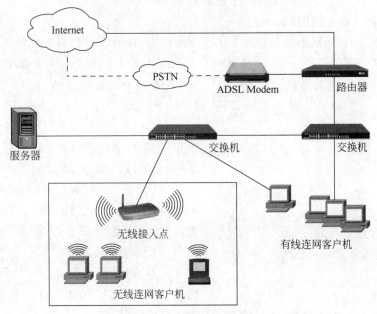

图 5-17　无线局域网示意

这种模式的无线 AP 设置以及与无线网卡或者是有线网卡建立连接,主要取决于所要实现的具体功能以及预定要用到的设备。不同的工作模式所能连接的设备不一定相同,连接的方式也不一定相同。

本类型适用于单位、学校机房、家庭用户组建无线局域网,具有较强的实用性。

 实施过程

任务 1　组建 Ad-Hoc 模式无线对等网

组建 Ad-Hoc 模式无线对等网的网络拓扑结构示意如图 5-18 所示。操作步骤如下。

1. 安装无线网卡及其驱动程序

(1) 安装无线网卡硬件。把 USB 接口的无线网卡插入 PC1 的 USB 接口中。

PC1　　　　　　　　　　　　　　　　　PC2

IP地址：192.168.0.1　　　　　　　　　IP地址：192.168.0.2
子网掩码：255.255.255.0　　　　　　　子网掩码：255.255.255.0

图 5-18　Ad-Hoc 模式无线对等网的网络拓扑结构示意

（2）安装无线网卡驱动程序。安装好无线网卡硬件后，Windows 10 操作系统会自动识别新硬件，提示开始安装驱动程序。安装无线网卡驱动程序的方法和安装有线网卡驱动程序的方法类似，此处不再赘述。

（3）无线网卡安装成功后，在桌面任务栏上会出现无线网络连接图标。

（4）同理，在 PC2 上安装无线网卡及其驱动程序。

2. 配置 PC1 的无线网络

（1）在 PC1 上，将原来的无线网络连接 TP-LINK 断开。单击右下角的无线连接图标，在弹出的菜单中选择 TP-LINK 连接，展开该连接，然后单击该连接下的"断开连接"按钮，如图 5-19 所示。

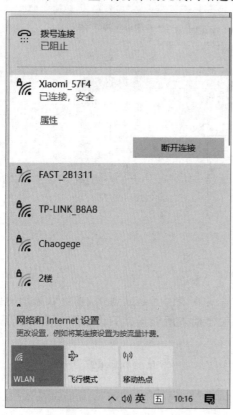

（2）双击"控制面板"图标，在打开的窗口中单击"网络和共享中心"链接，打开"网络和共享中心"窗口，如图 5-20 所示。

（3）单击"设置新的连接或网络"链接，弹出"设置连接或网络"对话框，选择"手动连接到无线网络"选项，如图 5-21 所示。

（4）设置完成，单击"下一步"按钮，弹出设置完成对话框，显示设置的无线网络名称和密码（不显示），单击"关闭"按钮，完成 PC1 无线临时网络的设置。

（5）单击右下角刚刚设置完成的无线连接 Temp，会发现该连接处于"断开"状态，如图 5-22 所示。

3. 配置 PC2 的无线网络

（1）单击 PC2 右下角的无线连接图标，在弹出的菜单中选择 Temp 连接，展开该连接，然后单击该连接下的"连接"按钮，进入等待连接 Temp 网络状态，如图 5-23 所示。

图 5-19　断开 TP-LINK 连接

（2）显示"输入网络安全密钥"对话框，在该对话框中输入 PC1 上设置的 Temp 无线连接密码，如图 5-24 所示。

（3）单击"确定"按钮，完成 PC1 和 PC2 无线对等网络的连接。

（4）这时查看 PC2 的无线连接，发现前面的"等待用户"已经变成了"已连接，安全"，如图 5-25 所示。

图 5-20　网络和共享中心

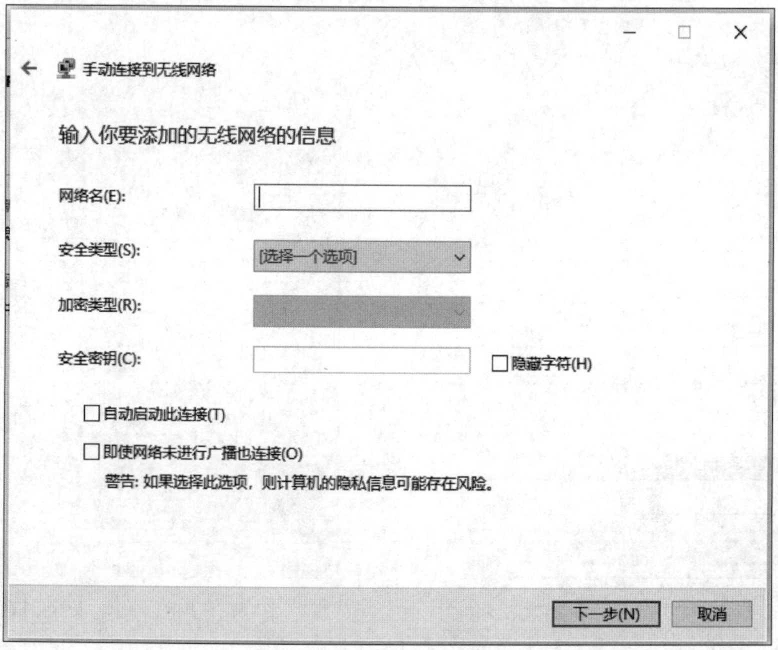

图 5-21　设置无线网络

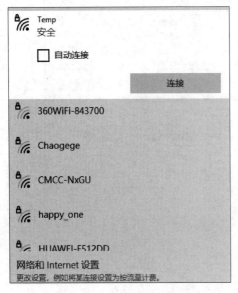

图 5-22　Temp 连接等待用户加入

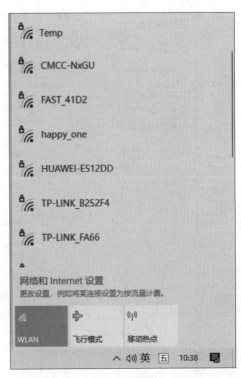

图 5-23　等待连接 Temp 网络

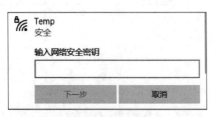

图 5-24　输入 Temp 无线连接密码

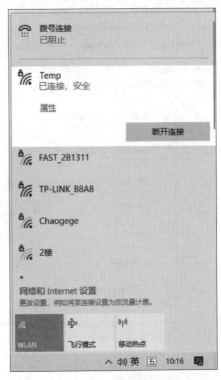

图 5-25　"已连接,安全"状态

4. 配置 PC1 和 PC2 无线网络的 TCP/IP

（1）在 PC1 的"网络和共享中心"窗口中单击"更改适配器设置"链接，打开"网络连接"窗口，右击无线网络适配器"Wireless Network Connection"，弹出快捷菜单，如图 5-26所示。

图 5-26　"网络连接"窗口

（2）在弹出的快捷菜单中选择"属性"命令，弹出无线网络连接的属性对话框。在此设置无线网卡的 IP 地址为 192.168.0.1，子网掩码为 255.255.255.0。

（3）同理，设置 PC2 的无线网卡的 IP 地址为 192.168.0.2，子网掩码为 255.255.255.0。

5. 连通性测试

（1）测试 PC1 与 PC2 的连通性。在 PC1 中，运行"ping 192.168.0.2"命令，如图 5-27所示，表明与 PC2 连通良好。

（2）测试 PC2 与 PC1 的连通性。在 PC2 中，运行"ping 192.168.0.1"命令，测试与 PC1的连通性。

至此，无线对等网络配置完成。

说明：

① PC2 中的无线网络名（SSID）和网络密钥必须与 PC1 相同。

② 如果无线网络连接不通，尝试关闭防火墙。

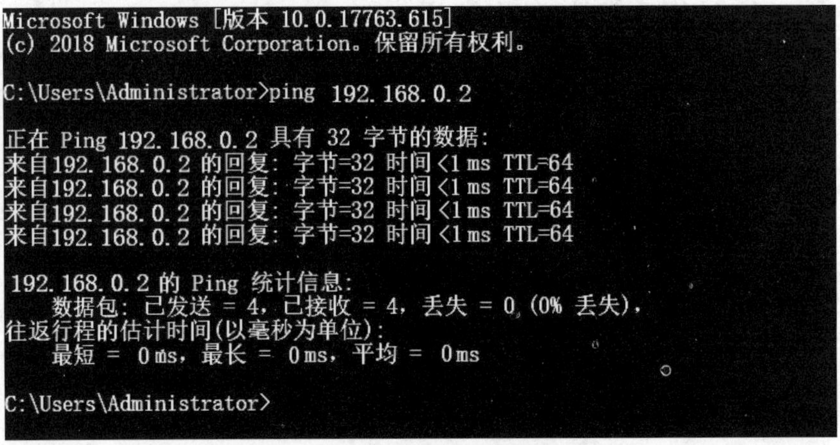

```
Microsoft Windows [版本 10.0.17763.615]
(c) 2018 Microsoft Corporation。保留所有权利。

C:\Users\Administrator>ping 192.168.0.2

正在 Ping 192.168.0.2 具有 32 字节的数据:
来自 192.168.0.2 的回复: 字节=32 时间<1ms TTL=64
来自 192.168.0.2 的回复: 字节=32 时间<1ms TTL=64
来自 192.168.0.2 的回复: 字节=32 时间<1ms TTL=64
来自 192.168.0.2 的回复: 字节=32 时间<1ms TTL=64

192.168.0.2 的 Ping 统计信息:
    数据包: 已发送 = 4, 已接收 = 4, 丢失 = 0 (0% 丢失),
往返行程的估计时间(以毫秒为单位):
    最短 = 0ms, 最长 = 0ms, 平均 = 0ms

C:\Users\Administrator>
```

图 5-27 在 PC1 上测试与 PC2 的连通性

③ 如果 PC1 通过有线接入互联网,PC2 想通过 PC1 无线共享上网,需设置 PC2 无线网卡的"默认网关"和"首选 DNS 服务器"为 PC1 无线网卡的 IP 地址(192.168.0.1),并在 PC1 的有线网络连接属性的"共享"选项卡中,设置已接入互联网的有线网卡为"允许其他网络用户通过此计算机的 Internet 连接来连接"。

任务 2 组建 Infrastructure 模式无线局域网

1. 安放无线 AP

(1) 安放无线 AP 在合适的位置。一般放在地理位置相对较高处,也可放在连入有线网络较方便的地方。

(2) 接通电源,AP 将自行启动。

2. 安装无线网卡

(1) 将无线网卡装入计算机中。

(2) 按照无线网卡的安装向导完成。

(3) 网卡安装好后,在桌面的右下角会出现网络连接图标。

(4) 设置计算机的 TCP/IP。

IP 地址:192.168.1.×××(×××范围为 2～254,注意不要与原网络中的 IP 地址重复)。

子网掩码:255.255.255.0。

默认网关:192.168.1.1。

无线 AP 的默认 IP 地址为 192.168.1.1,默认子网掩码为 255.255.255.0,这些值可以根据需要而改变,先按照默认值设置。

(5) 测试计算机与无线 AP 之间是否连通。

执行 ping 命令:ping 192.168.1.1。如果屏幕显示结果能 ping 通,则说明计算机已与无线 AP 成功连接,如果屏幕显示行出现"Request timed out.",则说明设备还未安装好,可以检查以下两项。

① 无线 AP 上的 Power 灯以及 WLAN 状态灯(Act)是否都亮。

② 计算机中的无线网卡是否已装好,TCP/IP 设置是否正确。

3. 设置无线 AP（以 TP-LINK 54M 宽带路由器为例）

（1）在浏览器的地址栏输入 AP 的地址，如 http://192.168.1.1/，连接建立起来后将会出现登录页面，输入用户名和密码（查看说明书之后，获知该产品的用户名和密码的出厂设置均为 admin），如图 5-28 所示。

图 5-28　输入用户名和密码

（2）进入无线 AP 设置页面，如图 5-29 所示。

图 5-29　无线 AP 设置页面

（3）单击该页面左边的"设置向导"，进入上网方式页面，可以根据实际情况进行选择，在这里选择"以太网宽带，自动从网络服务商获取 IP 地址（动态 IP）"，如图 5-30 所示。

选择"下一步"按钮，进入无线设置页面，如图 5-31 所示。

参数说明：

无线功能：如果启用此功能，则接入本无线网络的计算机将可以访问有线网络。

组建无线局域网

164

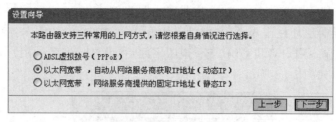

图 5-30 选择上网方式

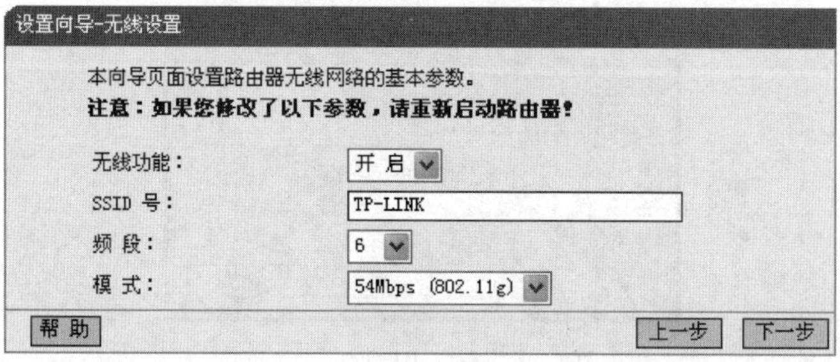

设置向导-无线设置

本向导页面设置路由器无线网络的基本参数。

注意：如果您修改了以下参数，请重新启动路由器！

无线功能： 开启
SSID 号： TP-LINK
频 段： 6
模 式： 54Mbps (802.11g)

帮助 上一步 下一步

图 5-31 无线设置

SSID 号：无线局域网用于身份验证的登录名，只有通过身份验证的用户才可以访问本无线网络。

频段：用于确定本无线路由器使用的无线频率段，选择范围为 1~13。若一个网络中有多个无线 AP，为了防止干扰，每个 AP 要设为不同的频段。

模式：可以选择 11Mb/s 带宽的 IEEE 802.11b 模式、54Mb/s 带宽的 IEEE 802.11g 模式(兼容 IEEE 802.11b 模式)。

设置完上网所需的各项网络参数后，可以看到设置向导完成页面。

(4) 查看无线 AP 的运行状态。单击页面左边的"运行状态"，出现如图 5-32 所示的页面。

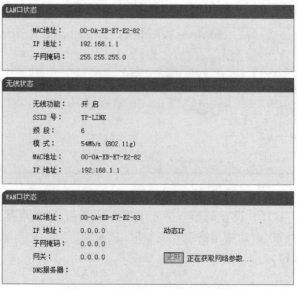

图 5-32 运行状态

至此,此无线网络应该能够连通并工作正常了。若想修改其网络参数,继续按下面的步骤进行。

(5) 网络参数设置。单击页面左边的"网络参数",进行"LAN 口设置",如图 5-33 所示。

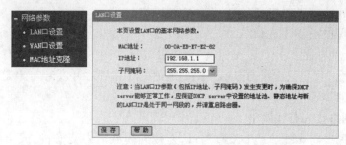

图 5-33　LAN 口设置

参数说明:

MAC 地址:该路由器对局域网的 MAC 地址,此值不可更改。

IP 地址:该路由器对局域网的 IP 地址,默认值为 192.168.1.1,可根据需要改变它。若改变了该 IP 地址,必须用新的 IP 地址才能登录路由器进行 Web 页面管理。

子网掩码:该值也可改变,但网络中计算机的子网掩码必须与此处相同。

此外,"WAN 口设置"和"MAC 地址克隆"暂可不设,按默认值进行。

4. 安全设置

当在无线"基本设置"里面"安全认证类型"选择"自动选择""开放系统""共享密钥"3 项时,使用的就是 Wep 加密技术,"自动选择"是无线 AP 可以和客户端自动协商成"开放系统"或者"共享密钥"。

单击页面左边的"无线设置",进行基本设置,如图 5-34 所示。

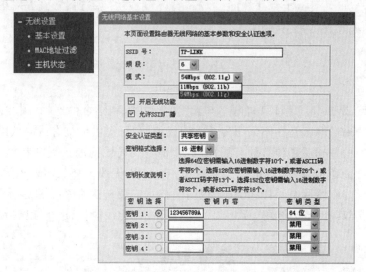

图 5-34　安全设置

除了设置向导中已进行的无线设置外,其他设置项目说明如下。

无线功能:如果选中,接入此无线网络的计算机将可以访问有线网络。

允许 SSID 广播:如果选中,路由器将向所有的无线连网计算机广播自己的 SSID 号。

安全认证类型：可以选择允许任何访问的开放系统模式,基于 Wep 加密机制的共享密钥模式,以及自动选择方式。

密钥选择：只能选择一条生效的密钥,但最多可以保存 4 条密钥。

密钥内容：在此输入密钥,注意长度和有效字符范围。

密钥类型：可以选择 64 位或 128 位,选择"禁用"将禁用该密钥。

此外,无线设置中的"MAC 地址过滤"可以设置具有某些 MAC 地址的计算机无法访问此无线网络,又可以指定只有具有某些 MAC 地址的计算机才可以访问此无线网络,大大增强了无线的安全性。

5. 将无线网络接入有线网络

(1) 用一根网线将无线 AP(LAN)端口,连接到局域网中交换机(或集线器)的一个端口,连接示意如图 5-35 所示。

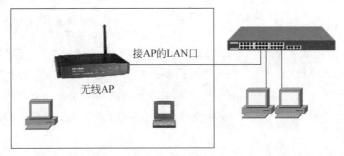

接AP的LAN口

无线AP

图 5-35　无线局域网连入有线网络示意

(2) 观察无线 AP 上的 LAN 指示灯,灯亮表示已连接,不亮则需检查网线等。

(3) 从连入无线的计算机上测试是否能访问到有线网络中的计算机：可通过 ping 命令进行连通测试,也可通过网上邻居访问。若 ping 不到或访问不到,需检查网络中的 IP 地址是否有冲突,网关设置是否不相同。

小　　结

无线局域网(WLAN)是计算机网络与无线通信技术相结合的产物,正在获得越来越广泛的应用。无线局域网就是在不采用传统电缆线的同时,提供传统有线局域网的所有功能。

无线局域网的基础还是传统的有线局域网,是有线局域网的扩展和替换。它只是在有线局域网的基础上通过无线 Hub、无线接入节点(AP)、无线网桥、无线网卡等设备使无线通信得以实现。与有线网络一样,无线局域网同样也需要传送介质。只是无线局域网采用的传输介质不是双绞线或者光纤,而是红外线(IR)或者无线电波(RF),以后者使用居多。

思考与练习

1. 无线局域网的网络设备有哪些?

2. 无线局域网的组网方式有哪些?

3. 无线 AP 有哪些支持标准? 无线 AP 有几种工作模式?

第6章 广域网和接入 Internet

视频讲解

6.1 广域网的基本概念

广域网也称为远程网,所覆盖的范围比城域网(MAN)更广,它一般是在不同城市之间的 LAN 或者 MAN 网络互联,地理范围可从几百千米到几千千米,跨省、跨国甚至跨洲,网络之间也可以通过特定方式进行互联,实现了局域资源共享与广域资源共享相结合,形成了地域广大的远程处理和局部区域处理相结合的网际系统。因为距离较远,信息衰减比较严重,所以这种网络一般是要租用专线,通过接口信息处理协议(IMP)和线路连接起来,构成网状结构,解决循径问题。

广域网包含很多用来运行用户应用程序的机器集合,我们通常把这些机器叫作主机(host);把这些主机连接在一起的是通信子网(Communication Subnet)。通信子网实际是一个数据网,其任务是在主机之间传送报文。将计算机网络中纯通信部分的子网与应用部分的主机分离开就可以简化网络的设计。

实际应用中,通信子网包含大量租用线路或专用线路,每条线路连着一对接口信息处理机(IMP)。当报文从源节点经过中间 IMP 发往远方目的节点时,每个 IMP 将输入的报文完整接收下来并存储起来,然后选择一条空闲的输出线路,继续向前传送,因此这种子网又称为点到点(Point-to-Point)的存储转发(Store-and-Forward)子网。目前,除了使用卫星的广域网外,几乎所有的广域网都采用存储转发方式。

广域网是按照一定的网络体系结构和相应的协议实现的,主要用于交互终端与主机的连接,计算机之间的文件或批处理作业传输以及电子邮件传输等。不过,随着吉比特以太网的出现,原来划分的局域网、城域网和广域网的界限也将随之消失,因为吉比特以太网可以用于局域网、城域网甚至广域网,只是采用不同速率的以太网而已。

广域网由许多交换机组成,交换机之间采用点到点线路连接。几乎所有的点到点通信方式都可以用来建立广域网,包括租用线路、光纤、微波、卫星信道。而广域网交换机实际上也可以是一台计算机,由处理器和输入/输出设备进行数据包的收发处理。

6.2　广域网数据交换的相关技术

数据通信是计算机技术和通信技术结合的产物,它是各种计算机和计算机网络赖以生存的基础,计算机网络的特点是数据量大、突发性强,当有信息要传送时,希望能在短时间内传完,所以它占用线路的时间很短,但要求占用足够大的带宽。

6.2.1　X.25 协议

X.25 协议是数据终端设备(DTE)与数据电路终接设备(DCE)之间的接口协议。所谓 DCE,是指传输线路上的终接设备。在物理上,如果是模拟传输线路,则 DCE 就是 Modem;若是数字传输线路,则 DCE 就是多路复用器或者数字信道接口设备。DCE 从功能上来讲,属于网络设备。因此可以说,X.25 是 DTE 和分组交换网之间的接口规程;X.75 是分组交换网之间互联时的网间接口协议。

X.25 协议是由 ITU-T 制定并于 1976 年通过的。经修改后的 X.25 协议指的都是虚电路方式,它为利用分组交换的数据传输系统在 DTE 和 DCE 之间交换数据和控制信息规定了一个技术标准。主要内容包括数据传输链路的建立、保持和释放,数据传输的差错控制和流量控制,防止网络发生拥塞,确保用户数据通过网络传送的安全,向用户提供尽可能多而且方便的服务。当前分组交换网用的就是 X.25 协议。

X.25 协议分为 3 层:物理层、数据链路层和分组层。各层在功能上互相独立,相邻层之间通过界面发生联系。每一层接收来自下一层的服务,并且向上一层提供服务。来自上层的应用报文在 X.25 分组层被分成长度为 8 字节或 128 字节的字段,在字段前加上分组标题(分组头)便形成了一个分组,再作适当处理后发送给 X.25 数据链路层。

X.25 协议的 3 层和 OSI 模型的下 3 层是一一对应的,只是将 OSI 的网络层(第 3 层)改为分组层,二者叫法不同,但其功能是一致的。

6.2.2　帧中继技术

帧中继(Frame Relay,FR)是 X.25 在新的传输系统、新型终端设备迅速发展的条件下,为适应急剧增长的 LAN 互联的形势而发展起来的技术。帧中继是一种对通信协议进行简化,从而实现了快速分组交换的通信方式。与 X.25 相比,它具有传输速率高,时间响应快,吞吐量大等优点。

帧中继是在分组交换网的基础上发展起来的,它只完成物理层和链路层、核心层的功能,保存了 X.25 的链路层 HDLC 的帧格式,但不采用 LAPB 规程,并按照 ISDN 标准,使用"D 信道链路接入协议",在链路层(帧级)实现链路的复用和转接,完全不用网络层,所以取名帧中继。

帧中继具有以下特点。

(1)帧中继对 X.25 协议进行了简化,取消了第二层的流量控制和差错控制,只保留端-端的流量控制和差错控制,这部分功能由高层协议去实现。

(2)由于取消了原来的第二层处理,原来第三层对于逻辑连接的复用和交换移到了第二层。

（3）通过独立于用户数据的逻辑通道传送呼叫控制信令,因此它在中间节点不需要与呼叫控制相关的状态和处理信息。

帧中继提供的逻辑连接可以分为永久虚电路和交换虚电路。永久虚电路是指在帧中继终端之间建立永久的虚电路连接,以建立永久虚电路为基础传送数据业务。交换虚电路是指在两个帧中继终端之间通过呼叫建立的虚电路,在建立了的交换虚电路上传送数据业务,当传送完毕以后,终端通过呼叫清除操作来拆除该虚电路。

6.2.3 路由选择

分组交换网络是由众多节点通过通信链路连接成一个任意的网格形状。当分组从一个主机传输到另一个主机时,可以通过很多条路径传输。在这些可能的路径中如何选择一条最佳的路径(如跳数最小、端到端的延时最小或者最大可用带宽),路由算法的目的就是根据所定义的最佳路径含义来确定出网络上两个主机之间的最佳路径。路由选择是网络层实现分组传递的重要功能,路由是把信息从源通过网络传递到目的地的行为,路由动作包括寻径和转发两项基本内容。

为了实现路由的选择,路由算法必须随时了解网络状态的以下信息。

（1）路由器必须确定它是否激活了对该协议组的支持。

（2）路由器必须知道目的地网络。

（3）路由器必须知道哪个外出接口是到达目的地的最佳路径。

那么该如何得到到达目的地的最佳路径呢?在计算机网络中,是通过路由算法进行度量值计算来决定到达目的地的最佳路径。小度量值代表优选的路径;如果两条或多路径都有一个相同的小度量值,那么所有这些路径将被平等地分享。通过多条路径分流数据流量被称为到目的地的负载均衡。一个好的路由算法通常要具备以下条件。

（1）迅速而准确地传递分组:如果目的主机存在,它必须能够找到通往目的地的路由,而且路由搜索时间不能过长。

（2）能适应由于节点或链路故障而引起的网络拓扑结构的变化:在实际网络中,设备和传输链路随时都可能出现故障。因此,路由算法必须能够适应这种情况,在设备和链路出现故障的时候,可以自动地重新选择路由。

（3）能适应源和目的主机之间的业务负荷的变化:业务负荷在网络中是动态变化的。路由算法应该能够根据当前业务负载情况来动态地调整路由。

（4）能使分组避开暂时拥塞的链路:路由算法应该使分组尽量避开拥塞严重的链路,最好还能平衡每段链路的负荷。

（5）能确定网络的连通性:为了寻找最优路由,路由算法必须知道网络的连通性和各节点的可达性。

（6）低开销:通常路由算法需要各节点之间交换控制信息来得到整个网络的连通性等信息。在路由算法中应该使这些控制信息的开销尽量小。

路由算法是网络层软件的一部分,它负责确定一个进来的分组应该被传送到哪一条输出线路上。如果子网内部使用了数据报,那么路由器必须针对每一个到达的数据分组重新选择路径,因为从上一次选择了路径之后,最佳的路径可能已经改变了。如果子网内部使用了虚电路,那么只有当一个新的虚电路被建立起来的时候,才需要确定路由路径。因此,数据分组只要沿着已经建立的路径向前传递就行了。无论是针对每个分组独立地选择路由路径,还是只有建立新连接的时候才选择路由路径,一个路由算法应具备的特性有正确性、简单性、健壮性、稳定性、公平性和最优性。

6.2.4 路由器

路由器(Router)是局域网和广域网之间进行互联的关键设备,通常的路由器都具有负载平衡、阻止广播风暴、控制网络流量以及提高系统容错能力等功能。

1. 路由器工作原理与特征

路由器工作在 OSI/RM 的网络层,实现网络层以及以下各层的协议转换,通常用来互

图6-1 路由器

联局域网和广域网,或者实现在同一点两个以上的局域网互联,最基本的功能是转发数据包。从物理结构上看,路由器和网桥没有什么差别,但路由器是在网络层互联网络,而网桥实现网络互联发生在数据链路层,如图 6-1 所示。

在通过路由器实现的互联网络中,路由器根据网络层地址(如 IP 地址)进行信息的转发,主要的功能有两个:路由选择和数据转发。

对数据包进行检测,判断其中所含的目的地址,若数据包不是发向本地网络的某个节点,路由器就要转发该数据包,并决定转发到哪一个目的地以及从哪个网络接口转发出去。

路由器有如下特点。

(1) 路由器是在网络层上实现多个网络之间互联的设备。

(2) 路由器为两个或两个以上网络之间的数据传输提供最佳路径选择。

(3) 路由器与网桥的主要区别:网桥独立于高层协议,它把几个物理子网连接起来,向用户提供一个大的逻辑网络;路由器是从路径选择角度为逻辑子网节点之间的数据传输提供最佳的路线。

(4) 路由器要求节点在网络层以上的各层中使用相同或兼容的协议。

2. 路由器的功能

(1) 连接功能:提供不同网络(如通信、类型、速率或接口)的连接,而且在不同网段之间定义了网络的逻辑边界,从而将网络分成各自独立的广播网域。

网络地址判断、最佳路由选择和数据处理功能:通过对每种网络层协议建立的路由表来判断目的地址、最佳路由以及数据过滤和特定数据的转发。

(2) 设备管理:可通过软件协议本身的流量控制参量来控制其转发的数据流量,以解决拥塞问题,还提供对网络配置管理、容错管理和性能管理的支持。

3. 路由器的相关概念

(1) 静态路由和动态路由。

静态路由选择是通过网络管理员设置路由表,确定某条网络链路是否关闭。

动态路由器通过监控网络变化决定是否自动更新路由表,重新配置网络路径。

(2) 路由表。

路由表是指记录相邻路由器的地址和状态信息的数据库。

静态路由表由网络管理员手动建立,一旦形成,到达某一目的网络的路由便固定下来。

它不能自动适应互联网结构的变化,添加或删除网络或路由器需要手动操作,一旦路由出现故障,即使存在其他路由,IP 数据报也不能传送到目的地。

动态路由表是网络中的路由器相互自动发送路由信息而动态建立的。

路由器使用路由表并根据传输距离和通信费用等要素,通过优化算法来决定一个特定的数据包的最佳传输路径。

路由表通常包含许多(N,R)对序偶。其中,N 指的是目的网络的 IP 地址;R 是到网络 N 路径上的"下一个"路由器的 IP 地址。因此,在路由器 R 中的路由表仅指定了从 R 到目的网络路径上的一步,而路由器并不知道目的地的完整路径。为了减少路由设备中路由表的长度,提高路由算法的效率,路由表中的 N 常常使用目的网络地址,而不是目的主机地址。

(3) 路由协议。

路由协议主要是基于路由器的 IP 路由协议,即路由器之间进行通信的一种规则,目的是使网络中的各个路由器能够"看到"完整的网络拓扑结构,从而找到到达目的地的最佳路径。

① 路由信息协议(RIP)。

RIP 是基于距离向量的分布式路由选择协议,是使用最广泛的内部网关协议之一。RIP 根据源节点与目的节点之间的路由器或路程段的数目(即跳数 hop count,定义每经过一个路由器则跳数加 1)来决定发送数据包的最佳途径(跳数越少越好,不考虑带宽、可靠性)。

RIP 规定一条路由最多只能有 15 跳,即 15 个路由器,若多于此值,则认为是不可到达的。RIP 的 IP 路由器每隔 30s 向相邻的路由器广播自己的整个路由表,默认超时为 180s,若在 180s 内没有相邻路由器更新路由表,则认为不可到达。

RIP 信息是封装在 UDP 数据报中传送的。每个路由器(初始化时要设置:使用 RIP、绑定前一网络地址、绑定后一网络地址、声明 RIP 版本号)根据其相邻路由器发送来的路由信息及距离最短的原则,逐步建立并不断更新自己的路由表。

RIP 的优点:协议简单、易于实现。

RIP 的缺点:跳数决定了 RIP 只适用于小型互联网环境;路由表的整个传送占用了网络带宽和处理时间;路由选择过于简单(不能根据网络带宽、时延、传输速度、可靠性而定);没有负载平衡;只有增强版信息中包含子网掩码才支持子网。

② 开放最短路径优先 OSPF。

开放最短路径优先 OSPF 是基于链路状态(是指与该路由器相邻的网络和路由器信息,以及将信息发送到这些网络和路由器所需的费用,如带宽、距离、时延或真正的费用)的分布式路由选择协议,是目前应用最普及的内部网关协议。

OSPF 把两个路由器之间的链路状态信息广播给网络中所有的路由器,每个路由器再把所有信息收集起来,形成整个网络的拓扑结构,采用 Dijkstra 最短通路算法产生各自的路由表。

OSPF 规定,每两个相邻路由器每隔 10s 交换一次短报文(Hello 报文),若 40s 内没有收到,则认为是不可到达,应立即修改链路状态数据库来重新计算路由表。链路状态的修改只涉及路由器链路状态报告而不是整个路由表,并且只当链路状态发生变化时才进行,同时 OSPF

信息是通过直接使用 IP 数据报发送的,这样数据报很短,因此减少了路由信息的通信量。

OSPF 的优点是克服了 RIP 的所有缺点。

③ 内部网关路由协议(IGRP)。

IGRP 是 Cisco 公司发布的一种距离向量路由协议,每隔 90s 广播发送路由更新信息,类似于 RIP,其特点如下。

- IGRP 没有 RIP 的 15 个跳数的限制。
- 具有负载均衡功能,能在不同网络之间同时使用多条路由(最多 6 条)。
- 使用综合参数的路由度量方式,可获得比 RIP 更好的路径。

④ 边界网关协议(BGP)。

BGP 是一种外部网关协议,用于在不同自治系统的路由器之间交换路由信息。1989 年首次公布,常用的是 1994 年的 BGP-4,最新版本为 BGP++。

BGP 工作在 TCP 层,可以在一定程度上保证传输的可靠性。BGP 路由器的路由表记录的是到每个目的地的完整路由,而不是到达每个目的地的距离。开始时,相邻 BGP 路由器之间交换它们的整个路由表信息;之后,当路由表发生改变时只交换更新的路由信息。每个 BGP 路由器按照相应的原则判断,选择最短距离的路由发送数据。

BGP 有两种工作模式:一种是内部 BGP——IBGP,用于单个自治系统内部 BGP 路由器之间。另一种是外部 BGP——EBGP,用于不同自治系统之间的链路上。

4. 路由器的分类

路由器有下列 4 种分类。

(1) 单协议路由器(仅一个协议,因而只有一个地址格式)和多协议路由器(每一个协议构建一个路由表)。

(2) 静态路由器、动态路由器和默认路由器。

(3) 本地和远程路由器。

(4) 桥路由器(具有双重作用,网桥功能和路由功能,依据接收的协议来定)。

6.3 广域网接口

路由器不仅能实现局域网之间连接,更重要的应用还是在于局域网与广域网、广域网与广域网之间的相互连接。路由器可将不同协议的广域网连接起来,使不同协议、不同规模的网络之间进行互通。而路由器与广域网连接的接口就被称为广域网接口(WAN 接口)。常见的广域网接口有以下几种。

1. RJ-45 端口

RJ-45 端口是最常见的端口。RJ-45 指的是由 IEC(60)603-7 标准化,使用由国际性的接插件标准定义的 8 个位置(8 针)的模块化插孔或者插头。RJ-45 是一种网络接口规范,类似的还有 RJ-11 接口,就是平常所用的"电话接口",用来连接电话线。双绞线的两端必须都安装这种 RJ-45 插头,以便插在网卡(NIC)、交换机(Switch)的 RJ-45 接口上,进行网络通信。

2. 高速同步串口

在早期的广域网连接中,路由器应用最多的端口还要算"高速同步串口(SERIAL)"了。

这种端口主要是用于连接以前应用非常广泛的 DDN、帧中继（Frame Relay）、X.25、PSTN（模拟电话线路）等网络连接模式。在企业网之间有时也通过 DDN 或 X.25 等广域网连接技术进行专线连接。这种同步端口一般要求速率相对较高，因为一般来说通过这种端口所连接的网络的两端都要求实时同步。

3. 异步串口

异步串口（ASYNC）主要是应用于 Modem 或 Modem 池的连接，用于实现远程计算机通过公用电话网拨入网络。这种异步端口相对于上面介绍的同步端口来说在速率上要求宽松许多，因为它并不要求网络的两端保持实时同步，只要求能连续即可。所以人们在上网时所看到的并不一定就是网站上实时的内容，但这并不重要，因为毕竟这种延时是非常小的，重要的是在浏览网页时能够保持网页正常的下载。

4. ISDN BRI 端口

ISDN BRI 端口用于 ISDN 线路通过路由器实现与 Internet 或其他远程网络的连接，用于目前的大多数双绞线铜线电话线。ISDN BRI 的 3 个通道总带宽为 144Kb/s。其中，两个通道称为 B（荷载 Bearer）通道，速率为 64kb/s，用于承载声音、影像和数据通信。第 3 个通道是 D（数据）通道，是 16kb/s 信号通道，用于告诉公用交换电话网如何处理每个 B 通道。ISDN 有两种速率连接端口，一种是 ISDNBRI（基本速率接口），另一种是 ISDNPRI（基群速率接口），基于 T1（23B＋D）或者 E1（30B＋D），总速率分别为 1.544Mb/s 或 2.048Mb/s。ISDNBRI 端口是采用 RJ-45 标准，与 ISDN NT1 的连接使用 RJ-45-to-RJ-45 直通线。

5. FDDI 端口

FDDI 的英文全称为 Fiber Distributed Data Interface，中文名为光纤分布式数据接口，它是 20 世纪 80 年代中期发展起来的一项局域网技术，它提供的高速数据通信能力要高于当时的以太网（10Mb/s）和令牌网（4Mb/s 或 16Mb/s）的能力。FDDI 标准由 ANSI X3T9.5 标准委员会制定，为繁忙网络上的高容量输入/输出提供了一种访问方法。FDDI 技术同 IBM 的 Token ring 技术相似，并具有 LAN 和 Token ring 所缺乏的管理、控制和可靠性措施，FDDI 支持长达 2km 的多模光纤。FDDI 网络的主要缺点是价格同前面所介绍的"快速以太网"相比贵许多，且因为它只支持光缆和 5 类电缆，所以使用环境受到限制，从以太网升级更是面临大量移植问题。其接口类型主要是 SC 类型。由于它的优势不明显，目前基本上不再使用了。

6. 光纤端口

对于光纤这种传输介质，虽然早在 100Base 时代就已开始采用了，当时这种百兆网络为了与普遍使用的百兆双绞线以太网 100Base-TX 区别，就称为 100Base-FX，其中的 F 就是光纤 Fiber 的第一个字母。不过由于在当时的百兆速率下，与采用传统双绞线介质相比，优势并不明显，况且价格比双绞线贵许多，所以光纤在 100Mb/s 时代没有得到广泛应用，它主要是从 1000Base 技术正式实施以来才得以全面应用，因为在这种速率下，虽然也有双绞线介质方案，但性能远不如光纤好，且在连接距离等方面具有非常明显的优势，非常适合城域网和广域网使用。

目前光纤传输介质发展相当迅速，各种光纤接口也是层出不穷，常见的有 SC（方形，路由器交换机上用得较多）、LC（接头与 SC 接头形状相似，较 SC 接头小一些）、MT-RJ（方形，两根光纤一个接头收发一体）等接口。目前较为常见的光纤接口主要是 SC 和 LC 类型，无论是在局域网中，还是在广域网中，光纤占着越来越重要的地位。

6.4　广域网技术

6.4.1　ADSL 技术

ADSL 技术是利用一对普通电话双绞线的高速不对称的传输技术。非常适用于对双向带宽要求不一样的应用,如 Web 浏览、多媒体点播、信息发布等,因此适用于 Internet 接入、VOD 系统等。下面主要介绍 ADSL。

1. ADSL 的功能特点

不对称数字用户线 ADSL 方式是数字用户线系统(xDSL)中的一种,是一种基于双绞线的有效宽带接入技术,也是目前主要的宽带接入技术之一。它误码率低,非常适合于用户密度低的居民区和地理上分散的小企业或部门,使用 ADSL 除能提供高速 IP 外(如 Internet、远程教育、远程购物、网上购物等业务),还可提供视频点播(VOD)业务,使用户能够坐在家中观看相当于 VCD 质量的影片。ADSL 通过非对称传输,利用频分复用技术(或回波抵消技术)使上、下行信道分开来减小串扰的影响,从而实现信号的高速传送。衰减和串扰是决定 ADSL 性能的两项指标。传输速率越高,它们对信号的影响也越大,因此 ADSL 的有效传输距离随着传输速率的提高而缩短。ADSL 中使用的主要关键技术有复用技术和调制技术。

(1) 复用技术。它用来建立多个信道。ADSL 可通过两种方式对电话线进行频带划分,一种方式是频分复用(FDM),另一种是回波抵消(EC)。这两种方式都将电话线 $0\sim4$ kHz 的频带用作电话信号传送。对剩余频带的处理,两种方法则各有不同,FDM 方式将电话线剩余频带划分为两个互不相交的区域:一端用于上行信道,另一端用于下行信道。下行信道由一个或多个高速信道加入一个或多个低速信道,且以时分多址复用方式组成。上行信道由相应的低速信道以时分方式组成。EC 方式将电话线剩余频带划分为两个相互重叠的区域,它们也相应地对应于上行信道和下行信道。两个信道的组成与 FDM 方式相似,但信号有重叠,而重叠的信号靠本地回波消除器将其分开。频率越低,滤波器越难设计,因此上行信道的开始频率一般都选在 25kHz,带宽约为 135kHz。在 FDM 方式中,下行信道一般起始于 240kHz,带宽则由线路特性、调制方式和数据传输速率决定。EC 方式由于上、下行信道是重叠的,使下行信道可利用频带增宽,从而增加了系统的复杂性,一般在使用 DMT 调制技术的系统中才运用 EC 方式。

(2) 调制技术。目前国际上广泛采用的 ADSL 调制技术有 3 种:正交幅度调制(OAM)、无载波幅度/相位调制(CAP)、离散多音调制(DMT)。其中,DMT 调制技术被 ANSI 标准化小组 TIE 1.4 制定的国家标准所采用,但由于此项标准推出时间不长,目前仍有相当数量的 ADSL 产品采用 OAM 或 CAP 调制技术。

① OAM 调制技术:原先是利用幅移键控和相移键控相结合的高效调制技术,以 160AM 为例,这是在载波信号的一个周期内,从 15°开始,相位每改变 30°就输出一个电平,从而得到 12 个相位电平状态,再在 55°、145°、235°、325°相互垂直的 4 个相位处使电平发生两次变化,于是在一个载波周期内得到 16 个相位幅值,用来表示 0000～1111 的

16 个二进制数,即一个载波码元可携带 4 位二进制数。现在更高效的调制器能实现 128QAM 和 256QAM(即获得 128/256 个相位幅值),目前实用的 QAM Modem 只能做到 8 位每波特,相当于可在 680 千波特、信噪比为 33dB 的信道上传输 5.44Mb/s 的数据。QAM 编码的特点是能充分利用带宽,抗噪声能力强等。但用于 ADSL 时的主要问题是如何适应不同电话线路之间性能的较大差异性,要得到较为理想的工作特性,QAM 接收器需要一个用于解码的、与发送端具有相同频谱和相位特性的输入信号,QAM 接收器利用自适应均衡器来补偿传输过程中信号产生的失真,这就是采用 QAM 的 ADSL 系统的复杂性的主要原因。

② CAP 调制技术:以 QAM 调制技术为基础发展而来的,可以说它是 QAM 技术的一个变种。CAP 技术用于 ADSL 的主要技术难点是要克服近端串音对信号的干扰。一般可通过使用近端串音抵消器或近端串音均衡器来解决这一问题。

③ DMT 调制技术:一种多载波调制技术。其核心思想是将整个传输频带(0~1104kHz),除 0~4kHz 作为语音频道外,其余部分划为 255 个子信道,每个子信道之间的频率间隔为 4.3125kHz。对应不同频率载波,其中 4~138kHz 为上行道,138~1104kHz 为下行道,在不同的载波上分别进行 QAM 调制,不同信道上传输的信息容量(即每个载波调制的数据信号)根据当前子信道的传输性能决定。

DMT 调制系统根据情况使用这 255 个子信道,可以根据各子信道的瞬时衰减特性、时延特性和噪声特性,在每个子信道上分配 1~15 比特的数据,并关闭不能传输数据的信道,从而使通信容量达到可用的最高传输能力。

电话双绞线的 0~1.1MHz 频带是非线性的,不同频率衰减不同,噪声干扰情况不同,时延也不同;若将全频带作为一个通道,一个单频噪声干扰就会影响整个传输性能。而 DMT 调制方式将整个频带分成很多信道,每个信道频带较窄,可认为是线性的。各信道根据干扰和衰减情况可以自动调整传输比特率,以获得较好的传输性能。

由于美国的 ADSL 国家标准(T1.413)推荐使用 DMT 技术,所以在今后几年中,将会有越来越多的 ADSL 调制解调器采用 DMT 技术。ADSL 接入网投资小、易实现,可同时实现打电话和数据传输,ADSL 将成为主要的宽带接入技术。

2. ADSL 的应用

由于 ADSL 在开发初期是专为视频节目点播而设计的,具有不对称性和高速的下行通道。随着 Internet 的高速发展,ADSL 作为一种高速接入 Internet 的技术更具生命力,它使得在现有的 Internet 上提供多媒体服务成为可能。

目前 ADSL 主要提供 Internet 高速宽带接入服务,用户只要通过 ADSL 接入,访问相应的站点便可免费享受多种宽带多媒体服务。

ADSL 个人用户还可申请拥有一个固定的静态 IP 地址,可以用来建立个人主页。ADSL 局域网用户可以申请拥有 4 个固定的静态 IP 地址,申请了 ADSL 局域网状式入网的公司可以在中国公众多媒体网(视聆通)上架设公司的网站,提供 www、FTP、E-mail 等服务;ADSL 服务有足够的带宽供局域网用户共享,用户可以通过代理服务器的形式为整个公司的局域网用户提供上网服务。随着 ADSL 技术的进一步推广应用,ADSL 接入还将可以提供点对点的远程医疗、远程教学、远程可视会议等服务。

6.4.2 电缆调制解调器

1. Cable Modem 概述

Cable Modem(电缆调制解调器)又名线缆调制解调器,它是一种可通过有线电视网络实现高速数据接入的设备。Cable Modem 有 3 个接头,第一个接有线电视插座,第二个接计算机,第三个接普通电话。大多为外置式,通过标准 10BASE-T 以太网卡和双绞线与计算机相连。

Cable Modem 终端是用户设备与同轴网络的接口,它具有标准以太网接口,可以连接单台计算机,也可以连接多台计算机或局域网。Cable Modem 接收下行数据,经解调后传输到计算机,同时将上行数据信号进行射频调制,经本地网络传向前端。

Cable Modem 与以往的 Modem 在原理上都是将数据进行调制后在 Cable(电缆)的一个频率范围内传输,接收时进行解调,传输机理与普通 Modem 相同;不同之处在于它是通过有线电视 CATV 的某个传输频带进行调制解调的。而普通 Modem 的传输介质在用户与交换机之间是独立的,即用户独享通信介质。Cable Modem 属于共享介质系统,其他空闲频段仍然可用于有线电视信号的传输。

Cable Modem 彻底解决了由于声音图像的传输而引起的阻塞,其速率已达 10Mb/s 以上,下行速率则更高。而传统的 Modem 虽然已经开发出了速率为 56kb/s 的产品,但其理论传输极限为 64kb/s,再想提高已不大可能。

Cable Modem 也是组建城域网的关键设备,混合光纤同轴网(HFC)主干线用光纤,在节点小区内用树枝形总线同轴电缆网连接用户,其传输频率可高达 550~750MHz。在 HFC 网中传输数据就需要使用 Cable Modem。

Cable Modem 将是未来网络发展的必备之物。但是,目前尚无 Cable Modem 的国际标准,各厂家产品的传输速率均不相同。因此,高速城域网宽带接入网的组建还有待于 Cable Modem 标准的出台。

2. Cable Modem 技术原理

Cable Modem 是目前有线电视进入 Internet 接入市场的唯一法宝。自从 1993 年 12 月,美国时代华纳公司在佛罗里达州奥兰多市的有线电视网上进行模拟和数字电视、数据的双向传输试验获得成功后,Cable 技术就已经成为最被看好的接入技术。一方面,其理论上可以提供极快的接入速度和相对低廉的接入费用;另一方面,有线电视拥有庞大的用户群。

有线电视公司一般为 42~750MHz 的电视频道中分离出一条 6MHz 的信道用于下行传送数据。通常下行数据采用 64QAM(正交调幅)调制方式,最高速率可达 27Mb/s,如果采用 256QAM,最高速率可达 36Mb/s。上行数据一般通过 5~42MHz 的一段频谱进行传送,为了有效抑制上行噪声积累,一般选用 QPSK 调制,QPSK 比 64QAM 更适合噪声环境,但速率较低。上行速率最高可达 10Mb/s。

Cable Modem 本身不单纯是调制解调器,它集 Modem、调谐器、加/解密设备、桥接器、网络接口卡、SNMP 代理和以太网集线器的功能于一身。它无须拨号上网,不占用电话线,可永久连接。服务商的设备同用户的 Modem 之间建立了一个 VLAN(虚拟专网)连接,大多数 Modem 提供一个标准的 10BASE-T 以太网接口同用户的计算机或局域网集线器相连。

除了双向 Cable Modem 接入方案之外,有线电视厂商也推出单向 Cable Modem 接入方案。它的上行通道采用电话 Modem 回传,从而节省了现行 CATV 网进行双向改造所需的庞大费用,节约了运营成本,可以即刻推出高速 Internet 接入服务;但也丧失了 Cable Modem 技术的最大优点:不占用电话线、不需要拨号及永久连接。

6.4.3 移动互联技术

移动互联网(Mobile Internet,MI)就是将移动通信和互联网二者结合起来,成为一体。它是一种通过智能移动终端,采用移动无线通信方式获取业务和服务的新兴业务,它包含终端、软件和应用 3 个层面。终端层包括智能手机、平板电脑、电子书、MID 等;软件层包括操作系统、中间件、数据库和安全软件等;应用层包括休闲娱乐类、工具媒体类、商务财经类等不同应用与服务。

1. 移动互联网的产生和发展

从互联网络技术与意义上讲,早期的移动互联网络理论与技术的工作主要有两个:一个是 1991 年由美国哥伦比亚大学的 John loannidis 等提出的,采用了虚拟移动子网和 IP in IP 隧道封包的方法,被称为 Columbia Mobile IP。此后,John loannidis 又进一步完善了 Columbia Mobile IP 的设计思想和方法。另一个是 Sony 公司的 Fumio Terqoka 等设计的移动节点协议,即虚拟 IP(Virtual IP,VIP),使用特殊的路由器来记忆移动节点的问题,并定义了新的 IP 头选项来传递数据。后来,IBM 的 C. Perkins 和 Y. Rekhter 利用现有 IP 的松散源选路(Loose Source Routing)也设计了一种移动节点协议。

1994 年,A. Myles 和 C. Perkins 综合了上述 3 种移动节点协议,设计出一种新的协议 MIP,并由 IETF 组织发展为现在的 Mobile IP。

1996 年,IETF 相继公布了 IPv4 的主机移动支持协议规范,包括 RFC 2002(IP 移动性支持)、RFC 2003(IP 分组到 IP 分组的封装)、RFC 2004(最小封装协议)、RFC 2005(移动 IP 的应用)和 RFC 2006(IP 移动性支持管理对象的定义)等。初步总结了移动 IP 的一些前期研究成果,奠定了相关研究的基础。

2003 年,IETF 颁布了移动 IPv4 的新规范 RFC 3344,取代了 RFC 2002。

2. 移动互联网的基本工作原理及关键技术

(1) 移动互联网的基本工作原理。

传统 IP 技术的主机不论是有线接入还是无线接入,基本上都是固定不动的,或者只能在一个子网范围内小规模移动。在通信期间,它们的 IP 地址和端口号保持不变。而移动 IP 主机在通信期间可能需要在不同子网间移动,当移动到新的子网时,如果不改变其 IP 地址,就不能接入这个新的子网。如果为了接入新的子网而改变其 IP 地址,那么先前的通信将会中断。

移动互联网技术是在 Internet 上提供移动功能的网络层方案,它可以使移动节点用一个永久的地址与互联网中的任何主机通信,并且在切换子网时不中断正在进行的通信,达到的效果如图 6-2 所示。

(2) 移动互联网的接入技术。

移动互联网的网络接入技术主要包括以下内容。

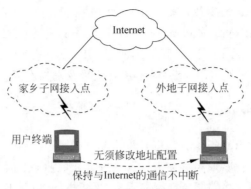

图 6-2　移动互联网的基本工作原理

① 移动通信网络。移动通信网络经历了 1G、2G、3G 时代的发展,现在进入 4G 时代,并在加快 5G 技术的实施。4G 能够以 100Mb/s 的速度下载数据,20Mb/s 的速度上传数据。5G 相对于当前而言,数据流量增长 1000 倍,用户数据速率提升 100 倍,速率提升至 10Gb/s 以上,入网设备数量增加 100 倍,电池续航时间增加 10 倍,端到端时延缩短 5 倍。

② 无线局域网。目前正在发展 AC-AP 架构的 WLAN 解决技术,即 AC(无线控制器)负责管理无线网络的接入和 AP(接入点)的配置与监测、漫游管理及安全控制等,AP(接入点)只负责 802.11 报文的加解密。

③ 无线 MESH 网络。WMN 是一种自组织、自配置的多跳无线网络技术,MESH 路由器通过无线方式构成无线骨干网,少数作为网关的 MESH 路由器以有线方式连接到互联网。

④ 其他接入网络。小范围的无线个域网(WPAN)有 NFC、Bluetooth、UWB、ZigBee、IrDA 等技术。

(3) 移动互联网的管理技术。

移动互联网的管理技术主要有 IP 移动性管理和媒体独立切换协议两类。IP 移动性管理技术能够使移动终端在异构无线网络中漫游,是一种网络层的移动性管理技术,移动 IP 有两种:一种是基于 IPv4 的移动 IPv4;另一种是基于 IPv6 的移动 IPv6。目前正在大力发展的是移动 IPv6 技术,移动 IPv6 协议有着足够大的地址空间和较高的安全性,能够实现自动地址配置并有效解决了三角路由问题。媒体独立切换协议也就是 IEEE 802.21 协议,能解决异构网络之间的切换与互操作的问题。

(4) 移动互联网的应用服务平台技术。

应用服务平台技术是指通过各种协议把应用提供给移动互联网终端的技术统称,主要包括云计算、HTML 5.0、Widget、Mashup、RSS、P2P 等。

3. 移动互联网的应用

(1) 手机 App。

App 是 Application 的缩写,通常专指手机上的应用软件,或称手机客户端。2008 年 3 月 6 日,苹果公司对外发布了针对 iPhone 的应用开发包(SDK),供免费下载,以便第三方应用开发人员开发针对 iPhone 及 iTouch 的应用软件。这使得 App 开发者们从此有了直接面对用户的机会,同时也催生了众多 App 开发商的出现。2010 年以后,Android 平台在手机上呈井喷态势发展,使得许多人相信 Android 平台的应用 App 开发市场将拥有非常广阔的前景。

(2) 移动支付。

移动支付是指消费者通过移动终端(通常是手机、Pad 等)对所消费的商品或服务进行账务支付的一种支付方式。客户通过移动设备、互联网或者近距离传感直接或间接向银行金融企业发送支付指令产生货币支付和资金转移,实现资金的移动支付,实现了终端设备、互联网、应用提供商以及金融机构的融合,完成货币支付、缴费等金融业务。

移动支付可以分为两大类。

① 微支付:根据移动支付论坛的定义,微支付是指交易额少于 10 美元,通常是指购买移动内容业务,例如游戏、视频下载等。

② 宏支付:宏支付是指交易金额较大的支付行为,例如在线购物或者近距离支付(微支付方式同样也包括近距离支付,如交停车费等)。

从移动通信体系结构来看,支撑移动支付的技术分为 4 个层面。

① 传输层:GSM、CDMA、TDMA、GPRS、蓝牙、红外、非接触芯片、RFID。

② 交互层:语音、WAP、短信、USSD、i-mode。

③ 支撑层:WPKI/WIM、SIM、操作系统。

④ 平台层:STK、J2ME、BREW、浏览器。

(3) WAP。

WAP 是 Wireless Application Protocol(无线应用协议)的英文缩写。1997 年夏天,爱立信、诺基亚、摩托罗拉和 Phone.com 等通信业巨头发起了 WAP 论坛,目标是制定一套全球化的无线应用协议,使互联网的内容和各种增值服务适用于手机用户和各种无线设备用户,并促使业界采用这一标准。目前 WAP 论坛的成员超过 100 个,其中包括全球 90% 的手机制造商、总用户数加在一起超过 1 亿的移动网络运营商(包括重组前的中国电信、中国联通)及软件开发商。

WAP 是一种技术标准,融合了计算机、网络和电信领域的诸多新技术,旨在使电信运营商、Internet 内容提供商和各种专业在线服务供应商能够为移动通信用户提供一种全新的交互式服务。通俗地讲,就是使手机用户可以享受到 Internet 服务,如新闻、电子邮件、订票、电子商务等专业服务。

WAP 采用客户机/服务器模式,在移动终端中嵌入一个与 PC 上运行的浏览器(如 IE、NETSCAPE)类似的微型浏览器,更多的事务和智能化处理交给 WAP 网关。服务和应用临时性地驻留在服务器中,而不是永久性地存储在移动终端中。

WAP 代理服务器的功能如下。

① 实现 WAP 协议栈和 Internet 协议栈的转换。

② 编解码器(Content Encoders and Decoders)。

③ 高速缓存代理。

(4) 二维码。

二维码(Two-Dimensional Code)又称为二维条码。它是用特定的几何图形按一定规律在平面(二维方向)上分布的黑白相间的图形,是所有信息数据的一把钥匙。在现代商业活动中,可实现的应用十分广泛,如产品防伪/溯源、广告推送、网站链接、数据下载、商品交易、定位/导航、电子凭证、车辆管理、信息传递、名片交流、Wi-Fi 共享等。如今智能手机"扫一扫"功能的应用使得二维码更加普遍。

二维码可分为矩阵式二维码和行列式二维码。矩阵式二维码(又称棋盘式二维码)是在一个矩形空间内通过黑白像素在矩阵中的不同分布进行编码。行排式二维码(又称堆积式二维码或层排式二维码),其编码原理是建立在一维码基础之上,按需要堆积成二行或多行。

6.4.4 共享上网技术

由于入网计算机呈爆炸性增长,IP 地址逐渐成为稀缺资源,通过拨号上网或 ADSL 只能获得一个临时的 IP,专线上网的单位也只有有限的 IP,当单位网络规模不断扩大时,IP 地址会逐渐不足。

为了解决这个问题,可采用共享上网技术,它有两种实现方式:一是用应用层的 Proxy 技术;二是用网络层的 NAT 技术。

1. 使用代理技术

Proxy 处于客户机与服务器之间,对于服务器来说,Proxy 是客户机,Proxy 提出请求,服务器响应;对于客户机来说,Proxy 是服务器,它接受客户机的请求,并将服务器上传来的数据转给客户机。它的作用很像现实生活中的代理服务商。因此,Proxy Server 的中文名称就是代理服务器。

Proxy Server 的工作原理是,当客户在浏览器中设置好 Proxy Server 后,使用浏览器访问所有 www 站点的请求都不会直接发送给目的主机,而是先发送给代理服务器,代理服务器接受了客户的请求以后,由代理服务器向目的主机发出请求,并接收目的主机的数据,保存于代理服务器的硬盘中,然后再由代理服务器将客户要求的数据发送给客户。

代理服务器有 4 个作用。

一是提高访问速度。因为客户要求的数据保存于代理服务器的硬盘中,因此下次这个客户或其他客户再要求相同目的站点的数据时,就会直接从代理服务器的硬盘中读取,代理服务器起到了缓存的作用。当热门站点有很多客户访问时,代理服务器的优势更为明显。

二是 Proxy 可以起到防火墙的作用。因为所有使用代理服务器的用户都必须通过代理服务器访问远程站点,因此在代理服务器上就可以设置相应的限制,以过滤或屏蔽掉某些信息。这是局域网网关对局域网用户访问范围限制最常用的办法,也是局域网用户为什么不能浏览某些网站的原因。

三是通过代理服务器访问一些不能直接访问的网站。互联网上有许多开放的代理服务器,客户在访问权限受限时,如果可以访问代理服务器,并且可以访问目标网站,那就可以突破权限限制。

四是安全性得到提高。无论是上聊天室还是浏览网站,目的网站只能知道用户来自代理服务器,而用户的真实 IP 无法测知,这就使得用户的安全性得以提高。

2. 使用 NAT 技术

NAT 的英文全称是 Network Address Translation,中文含义是"网络地址转换",它是一个 Internet 工程任务组(Internet Engineering Task Force,IETF)标准,允许一个整体机构以一个公用 IP 地址出现在 Internet 上。

简单地说,NAT 就是在局域网内部网络中使用内部地址,而当内部节点要与外部网络进行通信时,就在网关处将内部地址替换成公用地址,从而在外部公网(Internet)上正常使用,NAT 可以使多台计算机共享 Internet 连接,这一功能很好地解决了公共 IP 地址紧缺的问题。

通过这种方法,只申请一个合法 IP 地址,就可以把整个局域网中的计算机接入 Internet 中。这时,NAT 屏蔽了内部网络,所有内部网计算机对于公共网络来说是不可见的,而内部网计算机用户通常不会意识到 NAT 的存在。

这里提到的内部地址,是指在内部网络中分配给节点的私有 IP 地址,这个地址只能在内部网络中使用,不能被路由(一种网络技术,可以实现不同路径转发)。虽然内部地址可以随机挑选,但是通常使用的是下面的地址:10.0.0.0～10.255.255.255,172.16.0.0～172.16.255.255,192.168.0.0～192.168.255.255。

NAT 将这些无法在互联网上使用的保留 IP 地址翻译成可以在互联网上使用的合法 IP 地址。而全局地址是指合法的 IP 地址,它是由 NIC(网络信息中心)或者 ISP(网络服务提供商)分配的地址,对外代表一个或多个内部局部地址,是全球统一的可寻址的地址。

 实施过程

任务 1　把计算机连接到 Internet

1. 环境要求

ADSL 或宽带专线、ADSL Modem 1 台、已安装 Windows 10 或 Windows Server 2016 操作系统的计算机 1 台。

2. 通过 ADSL 连接 Internet 操作步骤

(1) 右击 Windows 10 系统桌面上的网络图标,在弹出的下拉菜单中选择"属性"选项,如图 6-3 所示。

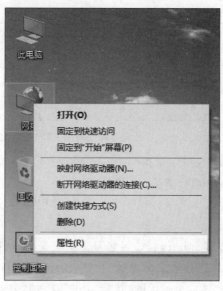

图 6-3　选择"属性"选项

广域网和接入 *Internet*

（2）进入"网络和共享中心"页面，单击"设置新的连接或网络"链接，如图6-4所示。

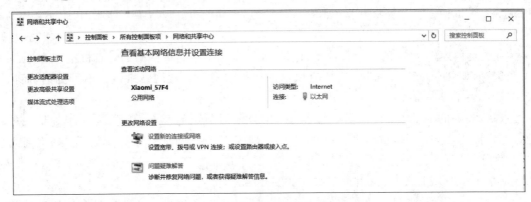

图6-4　"网络和共享中心"页面

（3）在"设置连接或网络"窗口中选择"连接到 Internet"选项，然后单击"下一步"按钮，如图6-5所示。

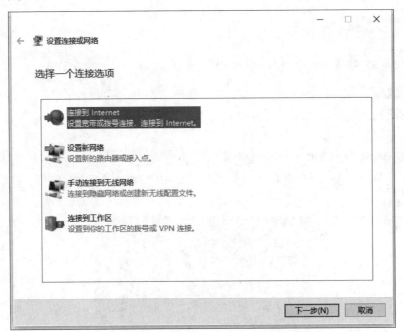

图6-5　"设置连接或网络"窗口

（4）在"连接到 Internet"窗口中单击"设置新连接"链接，如图6-6所示。

（5）再单击"宽带 PPPoE(R)"链接，如图6-7所示。

（6）在打开的界面中输入申请 ADSL 时得到的账号和密码，并设置连接名称，然后单击"连接"按钮，如图6-8所示。

（7）这时系统将自动连接 Internet，如果账号密码正确，则稍作等待后便可以上网了。

（8）连接成功后，在网络连接里面可以看到刚刚创建的宽带连接图标，右击"宽带连接"图标，选择"创建快捷方式"选项，在弹出的"快捷方式"对话框中单击"是"按钮，这样就便于以后通过桌面图标快速连接上网，如图6-9所示。

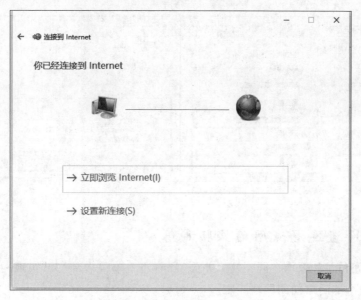

图 6-6 "连接到 Internet"窗口

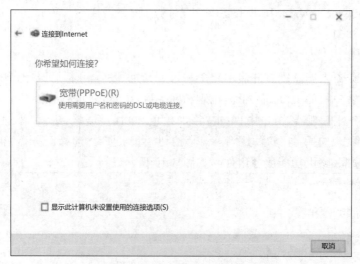

图 6-7 单击"宽带 PPPoE(R)"链接

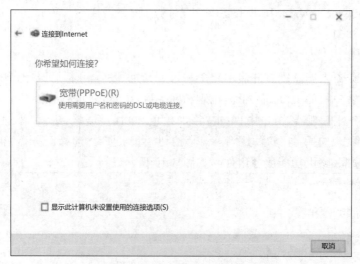

图 6-8 设置连接名称

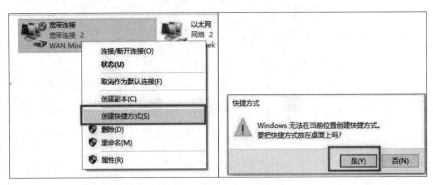

图 6-9　选择"创建快捷方式"

任务 2　两个直连局域网的互联通信

某校教务处和财务部均在同一校区办公,目前两个单位内部均已实现网络互联。现根据需要,配置两个部门之间的网络互联。

1. 环境要求

装有 Windows Server 2016 操作系统的双网卡服务器 1 台、Windows 10 计算机两台(分别代表两个部门)。

2. 操作步骤

首先,在服务器上安装配置并启用路由和远程访问服务,可将该服务器配置为路由器;然后,配置两台客户机的 IP 地址、子网掩码和网关地址,具体步骤如下。

(1) 在"服务器管理器"窗口中,单击"添加角色和功能"链接,进入"添加角色和功能向导"窗口。保持默认选择,连续单击"下一步"按钮,直到进入"选择服务器角色"页面,勾选"远程访问"复选框(路由功能服务组件),如图 6-10 所示。

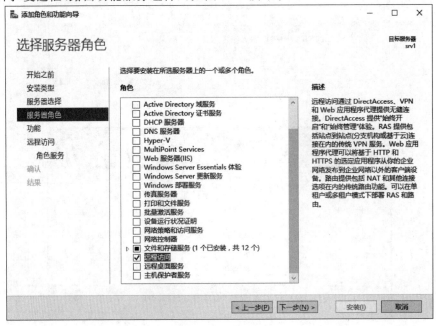

图 6-10　选择服务器角色

（2）保持默认选择，连续单击"下一步"按钮，选择"远程访问"→"选择角色服务"选项，在"选择角色服务"窗口中勾选"路由"复选框，"DirectAccess 和 VPN（RAS）"会被自动勾选。同时，在弹出的"添加路由所需的功能？"对话框中，保持默认选项，选择"添加功能"复选框，然后单击"下一步"按钮，如图 6-11 所示。

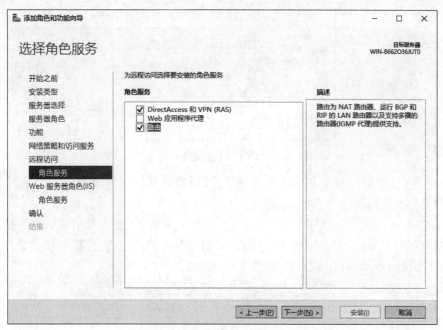

图 6-11　"选择角色服务"窗口

（3）按默认选项继续执行"添加角色和功能向导"窗口中的步骤，完成路由和远程访问服务的安装。

（4）在两台客户机上使用具有管理员权限的账户登录 PC1 和 PC2，将 IP 地址、子网掩码和网关配置到本地连接中，如图 6-12 所示。

图 6-12　PC1 和 PC2 的 TCP/IP 配置

广域网和接入 Internet

（5）按 Win＋R 快捷键，打开运行窗口，输入 cmd 命令，在 PC1 中打开命令提示符窗口，执行 ping 192.168.1.253 命令，检查其默认网关的通信情况，结果显示通信成功。执行 ping 192.168.2.1 命令，检查与另一子网的 PC2 的通信情况，结果显示连接超时，如图 6-13 所示。

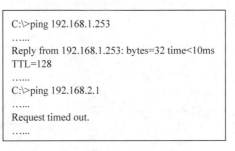

```
C:\>ping 192.168.1.253
……
Reply from 192.168.1.253: bytes=32 time<10ms
TTL=128
……
C:\>ping 192.168.2.1
……
Request timed out.
……
```

图 6-13　PC1 的 ping 命令测试结果

（6）同理，可以在 PC2 上进行类似的测试，可以发现局域网内部和网关的通信良好，但是无法和另一个局域网的计算机通信。

（7）在"服务器管理器"窗口中的"工具"下拉菜单中选择"路由和远程访问"选项，打开"路由和远程访问"窗口，右击控制台中"ROUTER（本地）"选项，在弹出的快捷菜单中选择"配置并启用路由和远程访问"选项，如图 6-14 所示。

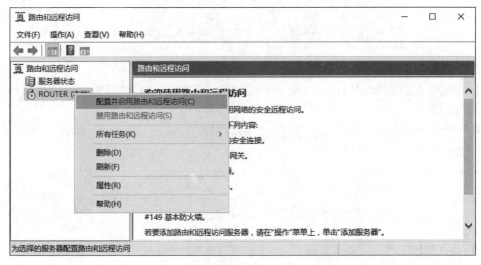

图 6-14　"路由和远程访问"控制台

（8）在弹出的"路由和远程访问服务器安装向导"对话框中，勾选"自定义配置"单选按钮，单击"下一步"按钮，如图 6-15 所示。

（9）在"自定义配置"对话框中，勾选"LAN 路由（L）"复选框（该功能用于提供不同局域网的互联路由服务），单击"下一步"按钮，如图 6-16 所示。

（10）按照默认步骤完成路由和远程访问服务的配置，并在最终弹出的"启用服务"对话框中，单击"启用服务"按钮，启动路由和远程访问服务。完成后，选择"IPv4"→"常规"选项，可以看到如图 6-17 所示的路由器直接连接的两个网络的接口配置信息。

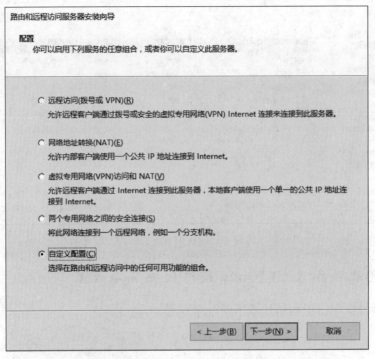

图 6-15 "路由和远程访问服务器安装向导"的"配置"对话框

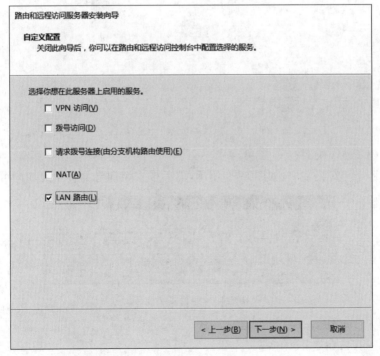

图 6-16 "自定义配置"对话框

广域网和接入 *Internet*

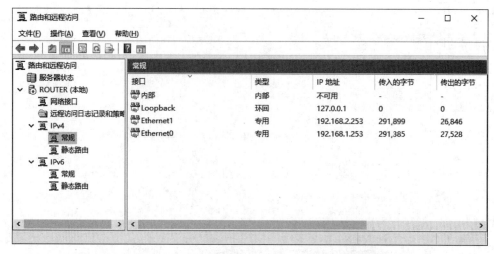

图 6-17　路由和远程访问"IPv4"的"常规"界面

任务 3　代理服务器 CCProxy 软件的安装与设置

代理服务器在网络中的拓扑结构如图 6-18 所示。

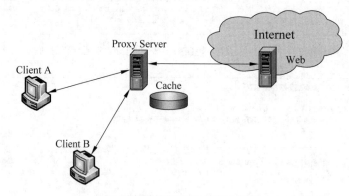

图 6-18　代理服务器的拓扑结构

1. 安装 CCProxy 文件

运行 CCProxy 安装文件,如图 6-19 所示,然后按安装向导的提示完成即可。

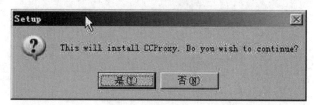

图 6-19　运行安装文件

安装完成后,如图 6-20 所示。

运行 CCProxy,如图 6-21 所示。

单击"设置"图标,打开"设置"对话框进行设置,如图 6-22 所示。

完成"设置"后,单击"确定"按钮。各端口功能如表 6-1 所示。

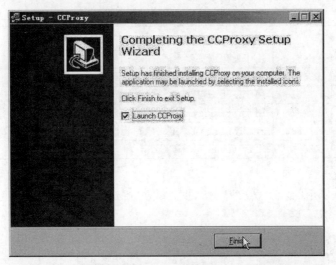

图 6-20　安装完成

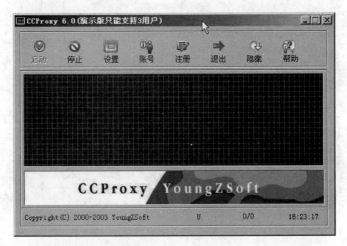

图 6-21　运行 CCProxy

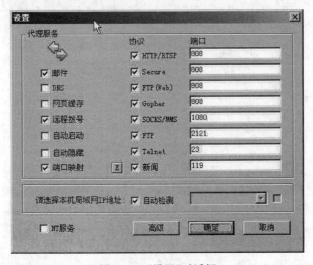

图 6-22　"设置"对话框

广域网和接入 Internet

表 6-1 端口功能与协议

协 议	端 口	功 能
HTTP	808	用于使用浏览器上网
FTP(Web)	808	用于使用浏览器访问 FTP 站点
FTP	2121	用于使用 FTP 客户端软件访问 FTP 站点
RTSP	808	用于 Real Player
SOCKS/MMS	1080	SOCKS 用于某些网络应用程序,如 QQ;MMS 用于 Microsoft 媒体服务
Telnet	23	用于 Telnet 客户端程序

2. 账号设置

打开图 6-23 所示的"账号管理"对话框,单击"新建"按钮,弹出"新建账号"对话框,如图 6-24 所示。

图 6-23 "账号管理"对话框

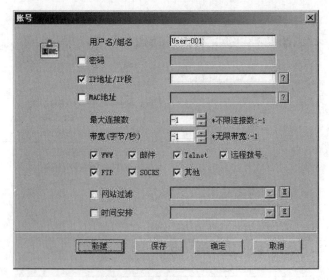

图 6-24 "新建账号"对话框

选择"IP 地址/IP 段",在图 6-25 所示的"获取地址"对话框中填写 IP 地址后,单击"获取"按钮,创建完的账号如图 6-26 所示。

图 6-25 "获取地址"对话框

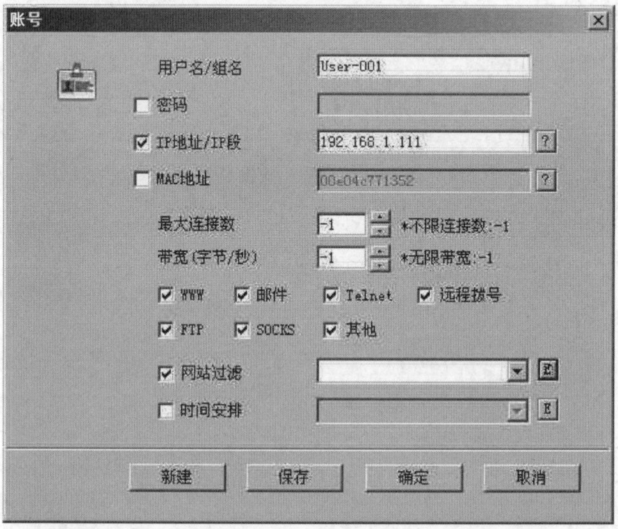

图 6-26 创建账号

接下来可对连接用户进行"自动扫描",如图 6-27 所示。并可查看用户连接信息,"用户连接信息"中显示连接时间、用户名、IP 地址、事件等内容,如图 6-28 所示。

图 6-27 对连接用户扫描

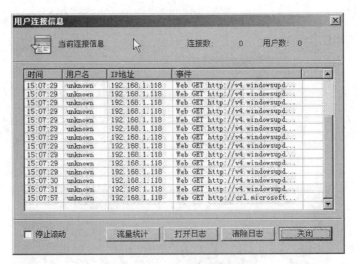

图 6-28　用户连接信息

3. 设置二级代理

实现"二级代理"的拓扑结构如图 6-29 所示。

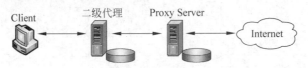

图 6-29　二级代理的拓扑结构

(1) 在"设置"对话框中单击"高级"按钮,打开"二级代理"选项卡,对代理地址、代理协议、端口进行设置,如图 6-30 所示。

(2) 打开"缓存"选项卡,设置"缓存更新时间""通过 IE 改变缓存选项""缓存路径""缓存大小",勾选"总是从缓存里读取"复选框,如图 6-31 所示。

图 6-30　"二级代理"选项卡

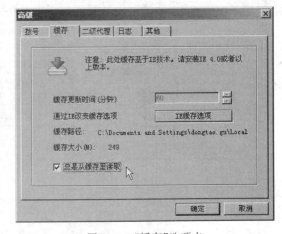

图 6-31　"缓存"选项卡

(3) 通过"账号管理"界面,打开"网站过滤"对话框,如图 6-32 所示。设置"网站过滤名""站点过滤""禁止连接""禁止内容",确定图 6-33 所示的应用过滤规则。

(4) 时间安排。打开"时间安排"对话框,如图 6-34 所示。完成对星期、时间安排名的

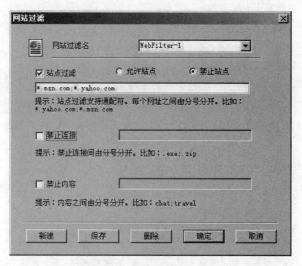

图 6-32 "网站过滤"对话框

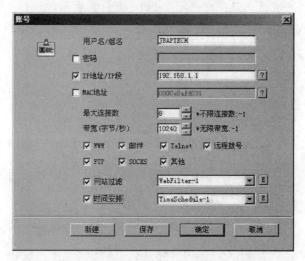

图 6-33 账号设置内容

设置。通过"时间表"勾选时间段复选框，在"应用于"的选项中勾选相应的选项，如图 6-35 所示。

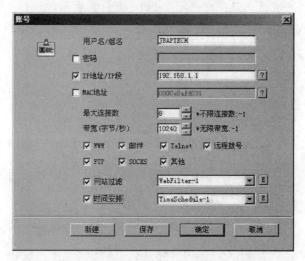

图 6-34 "时间安排"对话框

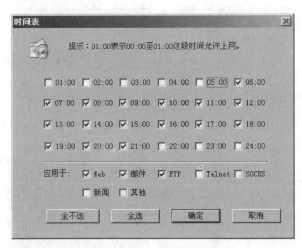

图 6-35 "时间表"中的选项

（5）日志管理。通过日志可以查看用户的上网行为,在图 6-36 所示的"日志"选项卡中设置日志存储路径、日志文件最大行数,即可打开日志文件查看内容,如图 6-37 所示。

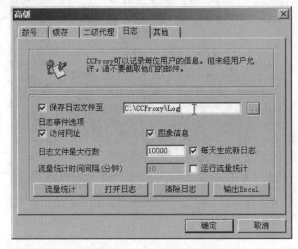

图 6-36 "日志"选项卡

图 6-37 查看日志文件内容

（6）配置 IE 浏览器。

打开图 6-38 所示的"Internet 选项"对话框，选择"连接"选项卡，单击"局域网设置"按钮，弹出"局域网（LAN）设置"对话框，设置"地址"和"端口"，如图 6-39 所示。

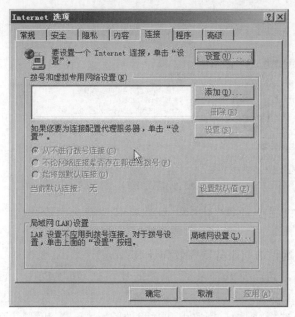

图 6-38 "Internet 选项"对话框

单击"设置"按钮，打开"代理服务器设置"对话框，如图 6-40 所示。对代理服务器的类型、地址、端口进行设置。

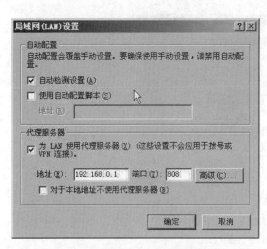

图 6-39 "局域网（LAN）设置"对话框

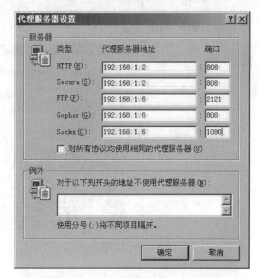

图 6-40 "代理服务器设置"对话框

任务 4 配置与管理网络地址转换 NAT 服务器

根据网络拓扑图 6-41 所示的环境来部署 NAT 服务器。其中，NAT 服务器主机名为 win2022-1，该服务器连接内部局域网网卡（LAN）的 IP 地址为 10.10.10.1/24，连接外部网络网卡(WAN)的 IP 地址为 200.1.1.1/24；NAT 客户端主机名为 win2022-2，其 IP 地址为 10.10.10.2/24；内部 Web 服务器主机名为 win2022-4，IP 地址为 10.10.10.4/24；Internet 上的 Web 服务器主机名为 win2022-3，IP 地址为 200.1.1.3/24。

196

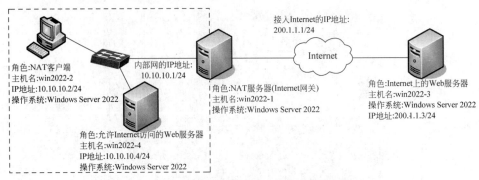

图 6-41　架设 NAT 服务器网络拓扑

在计算机 win2022-1 上通过"路由和远程访问"控制台配置并启用 NAT 服务，具体步骤如下。

1. 打开"路由和远程访问服务器安装向导"页面

以管理员账户登录到需要添加 NAT 服务的计算机 win2022-1 上，选择"开始"→"管理工具"→"路由和远程访问"命令，打开"路由和远程访问"控制台。右击服务器 win2022-1，在弹出的快捷菜单中选择"配置启用路由和远程访问"命令，打开"路由和远程访问服务器安装向导"页面。

2. 选择网络地址转换

单击"下一步"按钮，弹出"配置"对话框，在该对话框中可以配置 NAT、VPN 及路由服务，在此选择"网络地址转换(NAT)"单选按钮，如图 6-42 所示。

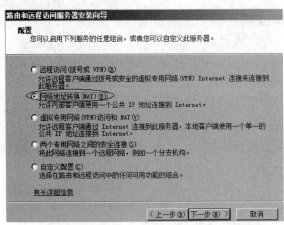

图 6-42　选择网络地址转换(NAT)

3. 选择连接到 Internet 的网络接口

单击"下一步"按钮，弹出"NAT Internet 连接"对话框，在该对话框中指定连接到 Internet 的网络接口，即 NAT 服务器连接到外部网络的网卡，选中"使用此公共接口连接到 Internet"单选按钮，并选择接口为 WAN，如图 6-43 所示。

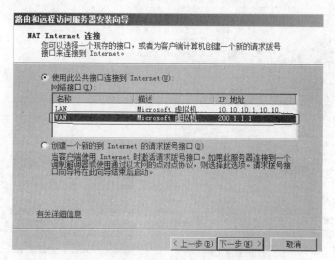

图 6-43　选择连接到 Internet 的网络接口

4. 结束 NAT 配置

单击"下一步"按钮,弹出"正在完成路由和远程访问服务器安装向导"对话框,最后单击"完成"按钮即可完成 NAT 服务的配置和启用。

5. 停止 NAT 服务

要停止 NAT 服务,可以使用"路由和远程访问"控制台,具体步骤如下。

(1) 以管理员账户登录到 NAT 服务器,打开"路由和远程访问"控制台,NAT 服务启用后显示绿色向上标识箭头。

(2) 右击服务器,在弹出的快捷菜单中选择"所有任务"→"停止"命令,停止 NAT 服务。

(3) NAT 服务停止以后,显示红色向下标识箭头,表示 NAT 服务已停止。

6. 禁用 NAT 服务

要禁用 NAT 服务,可以使用"路由和远程访问"控制台,具体步骤如下。

(1) 以管理员登录到 NAT 服务器上,打开"路由和远程访问"控制台,右击服务器,在弹出的快捷菜单中选择"禁用路由和远程访问"命令。

(2) 接着弹出"禁用 NAT 服务警告信息"界面。该信息表示禁用路由和远程访问服务后,若要重新启用路由器,则需要重新配置。

(3) 禁用路由和远程访问后的控制台界面,显示红色向下标识箭头。

7. NAT 客户端计算机配置和测试

配置 NAT 客户端计算机,并测试内部网络和外部网络计算机之间的连通性,具体步骤如下。

(1) 设置 NAT 客户端计算机网关地址。

以管理员账户登录 NAT 客户端计算机 win2022-2,打开"Internet 协议版本 4(TCP/IPv4)"对话框。设置其"默认网关"的 IP 地址为 NAT 服务器的内网网卡(LAN)的 IP 地址,在此输入 10.10.10.1,如图 6-44 所示。最后单击"确定"按钮即可。

(2) 测试内部 NAT 客户端与外部网络计算机的连通性。

在 NAT 客户端计算机 win2022-2 上打开命令提示符界面,测试与 Internet 上的 Web 服务器(win2022-3)的连通性,输入命令 ping 200.1.1.3。如图 6-45 所示,显示能连通。

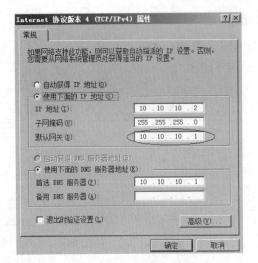

图 6-44　设置 NAT 客户端的网关地址

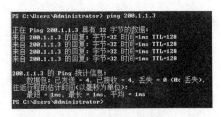

图 6-45　测试 NAT 客户端计算机与
外部计算机的连通性

（3）测试外部网络计算机与 NAT 服务器、内部 NAT 客户端的连通性。

以本地管理员账户登录到外部网络计算机（win2022-3），打开命令提示符界面，依次使用命令 ping 200.1.1.1、ping 10.10.10.1、ping 10.10.10.2、ping 10.10.10.4，测试外部计算机 win2022-3 与 NAT 服务器外网卡和内网卡及内部网络计算机的连通性。如图 6-46 所示，除 NAT 服务器外网卡外均不能连通。

```
PS C:\Users\Administrator> ping 200.1.1.1

正在 Ping 200.1.1.1 具有 32 字节的数据:
来自 200.1.1.1 的回复: 字节=32 时间=2ms TTL=128
来自 200.1.1.1 的回复: 字节=32 时间=1ms TTL=128
来自 200.1.1.1 的回复: 字节=32 时间=1ms TTL=128
来自 200.1.1.1 的回复: 字节=32 时间<1ms TTL=128

200.1.1.1 的 Ping 统计信息:
    数据包: 已发送 = 4, 已接收 = 4, 丢失 = 0 (0% 丢失),
往返行程的估计时间(以毫秒为单位):
    最短 = 0ms, 最长 = 2ms, 平均 = 1ms
PS C:\Users\Administrator> ping 10.10.10.1

正在 Ping 10.10.10.1 具有 32 字节的数据:
PING: 传输失败。General failure.
PING: 传输失败。General failure.
PING: 传输失败。General failure.
PING: 传输失败。General failure.

10.10.10.1 的 Ping 统计信息:
    数据包: 已发送 = 4, 已接收 = 0, 丢失 = 4 (100% 丢失),
PS C:\Users\Administrator> ping 10.10.10.2

正在 Ping 10.10.10.2 具有 32 字节的数据:
PING: 传输失败。General failure.
PING: 传输失败。General failure.
PING: 传输失败。General failure.
PING: 传输失败。General failure.

10.10.10.2 的 Ping 统计信息:
    数据包: 已发送 = 4, 已接收 = 0, 丢失 = 4 (100% 丢失),
```

图 6-46　测试外部网络计算机与 NAT 服务器、内部 NAT 客户端的连通性

任务 5　路由器的配置

一般情况下，路由器的基本配置方式有 5 种。

（1）控制台（Console 口）接终端，或运行终端仿真软件的计算机。

（2）辅助端口（AUX口）接 Modem，通过电话线与远程终端或运行终端仿真软件的计算机相连。

（3）通过 Ethernet 上的简单文件传输协议（TFTP）服务器。

（4）通过 Ethernet 上的 Telnet 程序。

（5）通过 Ethernet 上的简单网络管理协议（SNMP）路由器可通过运行网络管理软件的工作站配置，如 Cisco 的 CiscoWorks，HP 的 OpenView 等。

但路由器的第一次设置必须按第 1 种方式进行。配置步骤如下。

1. 硬件连接

（1）如图 6-47 所示，将 Console 控制线的一端插入计算机 COM1 串口，另一端插入路由器的 Console 接口。

图 6-47　基本配置路由器的网络拓扑

（2）接通路由器的电源。

2. 连接路由器

由于 Windows 7 及后续的系统不再包含超级终端程序，可以使用接口调试软件（如 SecureCRT）连接路由器，基本步骤如下。

（1）将路由器的 Console 口与计算机的 COM 口连接以后，安装驱动程序，使电脑能够识别并使用 COM 端口。

（2）在计算机上安装 SecureCRT 软件，打开并运行它，新建连接，在"协议"下拉菜单中选择 Serial 选项作为连接类型，如图 6-48 所示。

图 6-48　选择类型

（3）选择连接路由器使用的串行口，设置波特率为 9600，取消勾选所有"流控"选项，以保证这些参数需要与路由器的参数相匹配，如图 6-49 所示。

（4）完成所有设置后，建立连接。这时就可以在 SecureCRT 软件中看到路由器的命令行提示符，则可以开始在交换机上执行命令了。

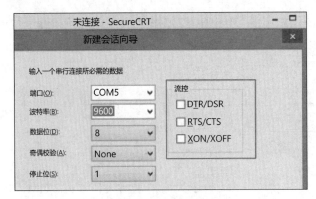

图 6-49　设置连接参数

3. 路由器的开机过程

(1) 断开路由器电源,稍后重新接通电源,观察路由器的开机过程及相关显示内容,部分屏幕显示信息如下所示。

```
System Bootstrap, Version 12.4(1r) RELEASE SOFTWARE(fc1)
Copyright@2005 by CISCO Systems, Inc.
Initializing memory for ECC
c2821 processor with 262144 Kbytes of main memory
Main memory is configured to 64 bit mode with ECC enabled
Readonly ROMMON initialized
program load complete, entry point:0x8000f000, size:0x274bf4c
Self decompressing the im age:
＃＃＃＃＃＃＃＃＃＃＃[OK]                          //IOS 解压过程
```

(2) 在以下的初始化配置对话框中输入 n 后按 Enter 键,再次按 Enter 键进入用户模式,方括号中的内容是默认选项。

```
Would you 1ike to enter the initial configuration dialog?
[Yes ]:n                                     // n 表示 No
Would you 1ike to terminate autoinstall? [yes]: [Enter]
Press RETURN to get started!
Router >
```

4. 路由器的命令行配置

路由器的命令行配置方法与交换机基本相同,以下是路由器的一些基本配置。

```
Router > enable                              //进入特权命令状态
Router #configure terminal                   //进入全局设置状态
Router(config) #hostname routerA             //配置路由器名称为 routerA
RouterA(config) #banner motd  $              //配置终端登录到路由器时的提示信息
You are welcome!
 $
RouterA(config) #int f0/1                     //进入端口 1
RouterA(config - if) #ip address 192.168.1.1 255.255.255.0 //设置端口 1 的 IP 地址和子网掩码
RouterA(config - if) #description connecting the company's intranet!    //端口描述
RouterA(config - if) #no shutdown             //激活端口
RouterA(config - if) #exit
RouterA(config) #interface serial 0/0         //进入串行端口 0
RouterA(config - if) #clock rate 64000        //设置时钟速率为 64000b/s
RouterA(config - if) #bandwidth 64            //设置提供带宽为 64kb/s
```

```
RouterA(config - if)#ip address 192.168.10.1 255.255.255.0        //设置 IP 地址和子网掩码
RouterA(config - if)#no shutdown                                   //激活端口
RouterA(config - if)#exit
RouterA(config)#exit
RouterA#
```

5. 路由器的显示命令

通过 show 命令,可查看路由器的 IOS 版本、运行状态、端口配置等信息,如下所示。

```
RouterA#show version                //显示 IOS 的版本信息
RouterA#show running - config       //显示 RAM 中正在运行的配置文件
RouterA#show startup - config       //显示 NVRAM 中的配置文件
RouterA#show interface s0/0         //显示 s0/0 接口信息
RouterA#show flash                  //显示 flash 信息
RouterA#show ip arp                 //显示路由器缓存中的 ARP 表
```

任务 6   配置局域网间的路由

局域网间路由的网络拓扑图如图 6-50 所示。

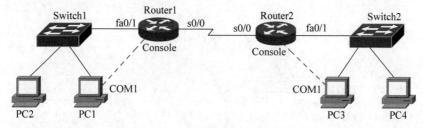

图 6-50   配置局域网间路由的网络拓扑

配置局域网间路由的步骤如下。

1. 硬件连接

(1) 用 V35 线缆将 Router1 的 s0/0 接口与 Router2 的 s0/0 接口连接。

(2) 用直通线将 Switch1 的 fa0/1 接口与 Router1 的 fa0/1 接口连接。

(3) 用直通线将 Switch2 的 fa0/1 接口与 Router2 的 fa0/1 接口连接。

(4) 用直通线将 PC1、PC2 连接到 Switch1 的 fa0/2、fa0/3 接口上。

(5) 用直通线将 PC3、PC4 连接到 Switch2 的 fa0/2、fa0/3 接口上。

(6) 用 Console 控制线将 PC1 的 COM1 串口连接到 Router1 的 Console 接口上。

(7) 用 Console 控制线将 PC3 的 COM1 串口连接到 Router2 的 Console 接口上。

2. IP 地址规划

IP 地址规划如表 6-2 所示。

表 6-2   各 PC 和路由器接口的 IP 地址、子网掩码、默认网关的设置

设备/接口	IP 地址	子 网 掩 码	默 认 网 关
PC1	192.168.1.10	255.255.255.0	192.168.1.1
PC2	192.168.1.20	255.255.255.0	192.168.1.1
PC3	192.168.2.10	255.255.255.0	192.168.2.1
PC4	192.168.2.20	255.255.255.0	192.168.2.1

设备/接口		IP 地 址	子 网 掩 码	默 认 网 关
Router1	s0/0	192.168.10.1	255.255.255.0	
	fa0/1	192.168.1.1	255.255.255.0	
Router2	s0/0	192.168.10.2	255.255.255.0	
	fa0/1	192.168.2.1	255.255.255.0	

3. 各 PC 的 IP 地址设置

按表 6-2 所示,设置各 PC 的 IP 地址、子网掩码、默认网关。

4. Router1 的设置

在 PC1 上登录到 Router1 上,进行如下设置。

(1) 设置 Router1 的名称,如下所示。

```
Router > enable
Router♯config terminal
Router(config)♯hostname Router1
Router1(config)♯exit
Router1♯
```

(2) 设置 Router1 的控制台登录口令,如下所示。

```
Router1♯config terminal
Router1(config)♯ line console 0
Router1(config-line)♯password cisco1
Router1(config-line)♯login
Router1(config-line)♯end
Router1♯
```

(3) 设置 Router1 的特权模式口令,如下所示。

```
Router1♯config terminal
Router1(config)♯enable password cisco2
Router1(config)♯enable secret cisco3
Router1(config)♯exit
Router1♯
```

(4) 设置 Router1 的 Telnet 登录口令,如下所示。

```
Router1♯config terminal
Router1(config)♯line vty 0 4
Router1(config-line)♯password cisco4
Router1(config-line)♯login
Router1(config-line)♯end
Router1♯
```

(5) 设置 Router1 的 s0/0、fa0/1 接口的 IP 地址,如下所示。

```
Router1♯config terminal
Router1(config)♯interface s0/0
Router1(config-if)♯ip address 192.168.10.1 255.255.255.0
Router1(config-if)♯clock rate 64000
Router1(config-if)♯no shutdown
Router1(config-if)♯exit
Router1(config)♯interface fa0/1
Router1(config-if)♯ip address 192.168.1.1 255.255.255.0
```

```
Router1(config - if)♯no shutdown
Router1(config - if)♯end
Router1♯
```

（6）设置 Router1 的静态路由，如下所示。

```
Router1♯config terminal
Router1(config)♯ip route 192.168.2.0 255.255.255.0 192.168.10.2
Router1(config)♯exit
Router1♯copy run start 或 Write
Router1♯
```

（7）查看 Router1 的运行配置和路由表，如下所示。

```
Router1♯show running - config
Router1♯show startup - config
Router1♯show ip route
```

在特权模式下，可用 erase startup-config 命令删除启动配置文件，可用 reload 命令重启路由器。

5. Router2 的设置

在 PC3 上登录到 Router2 上，参考表 6-2 中的有关数据设置 Router2，具体设置方法参考上面的 Router1 设置。

6. 连通性测试

用 Ping 命令在 PC1、PC2、PC3、PC4 之间测试连通性，测试结果填入表 6-3 中。

表 6-3　计算机之间的连通性

计 算 机	PC1	PC2	PC3	PC4
PC1				
PC2				
PC3				
PC4				

小　　结

广域网一般是在不同城市之间的 LAN 或者 MAN 网络互联，地理范围可从几百千米到几千千米。因为距离较远，信息衰减比较严重，所以这种网络一般要租用专线，通过 IMP（接口信息处理）协议和线路连接起来，构成网状结构，解决循径问题。

通信网可以分为交换网络和广播网络，在交换网络中又分为电路交换网络和分组交换网络（包括帧中继和 ATM）；而在广播网络中分为总线型网络、环状网络和星状网络。广域网中主要采用的是交换网络。

与数据广域网相关的技术问题主要有分组交换、路由选择和拥塞控制 3 个。

路由器工作在 OSI/RM 的网络层，实现网络层及以下各层的协议转换，通常用来互联局域网和广域网，或者实现在同一点两个以上的局域网互联。其最基本的功能是转发数据包。

计算机上网要首先连接到 ISP（Internet Service Provider），ISP 就是为用户提供

Internet 接入和 Internet 信息服务的公司和机构。根据传输介质的不同,接入网技术可分为有线接入、无线接入和综合接入三大类。

思考与练习

1. ADSL 接入的特点有哪些?
2. 帧中继提供哪几种逻辑连接?
3. 接入网是通过哪些接口来界定覆盖范围的?
4. 常用的路由协议有哪些?

第7章 网络操作系统

视频讲解

本章学习目标

- 掌握用户和组的概念。
- 掌握管理本地用户。
- 掌握设置本地用户属性。
- 掌握配置 Windows Server 2022。
- 掌握使用 Windows Server 2022 管理控制器。

网络工程在设计和施工完成之后,必须在网络服务器和客户机上安装相应的网络系统。网络系统有 4 种常见的工作模式:对等(Peer to Peer)模式、文件/服务器(File/Server)模式、客户/服务器(Client/Server)模式以及浏览器/服务器(Browse/Server)模式。网络系统是人们在使用计算机的过程中,为了满足提高资源利用率、增强计算机系统性能两大需求,伴随着计算机技术本身及其应用的日益发展,而逐步地形成和完善起来的。

网络系统的安装分两部分:服务器操作系统和客户机操作系统。在服务器上必须安装相应的网络操作系统,它是网络的灵魂,负责管理整个网络结构。网络操作系统除了具有常规操作系统所具有的功能之外,还应具有以下的网络管理功能,即网络通信功能、网络内的资源管理功能和网络服务功能。流行的网络操作系统有 UNIX、Windows Server 系列、Linux 等。同时还必须在客户机上安装和配置桌面操作系统,如 Windows 10/11、Macintosh、Linux 等,本书结合 Windows Server 2022 网络操作系统进行介绍。

7.1 操作系统概述

网络操作系统是用户和计算机网络之间的接口。在计算机(包括微机)及计算机网络(包括局域网)中,通过 CPU 完成各种运算、控制、操作,即执行程序;通过存储器保存数据和程序;通过外存储器保存大量的永久性和长期性文件和信息;通过各种外围设备实现机内外的信息交换,实现输入/输出(I/O);通过通信子网及协议完成信息和数据的远距离传送,实现通信和资源的共享;通过通信处理机实现对各种文字信息、程序的远距离存取和调动等。与这些硬件工作过程相联系,计算机及计算机网络内还存在着各种软件资源,如应用程序、服务程序、调试程序、解释程序、编辑程序、编译程序、汇编程序、装配程序、I/O 管理程序、中断处理程序等。组织调度这些软件资源并协调计算机或计算机网络的硬件资源高速、高效率地完成用户所提出的各种任务(数值计算、资源共享、用户通信等)的组织者和管理者就是操作系统。

计算机操作系统总的来说有以下 4 类:DOS、Windows、UNIX、Linux。

其中属于图形界面操作系统的有 Windows 系列、Apple 系列,属于字符界面操作系统的有 UNIX 系列、Linux 系列、DOS 系列等。

计算机网络是通过介质和通信处理机把地理上分散且能独立工作的计算机和计算机系统连接起来的一种网络结构。能够把网络中的各种资源有机地连接起来,提供网络资源共享功能、网络通信功能和网络服务功能的操作系统称为网络操作系统(Network Operating System,NOS)。网络操作系统支持标准化的通信协议,支持与多种客户端操作系统平台的连接,具有可靠性、容错性和可扩展性等特性。

网络操作系统的主要功能包括下面 6 个方面。

1. 网络通信

网络通信是网络最基本的功能,其任务是在源主机与目的主机之间实现无差错数据传输。网络操作系统作为服务器的灵魂,在网络通信方面支持更多的协议,提供更高的安全性和可用性。

2. 网络服务

网络操作系统内置了常用的网络服务,还可以应用第三方软件扩展服务。典型的网络服务有电子邮件、文件传输、远程访问、共享硬盘、共享打印等。

3. 资源管理

网络操作系统对网络中的共享资源,如磁盘阵列、打印机等硬件及目录、文件、数据库等软件实施有效的管理,协调用户对共享资源的访问和使用,保证数据的安全性和一致性。

4. 网络管理

支持网络管理协议,如简单网络管理协议(SNMP)等,提供安全管理、故障管理和性能管理等多种管理功能,其中安全管理是网络管理最主要的任务。

5. 互操作能力

互操作能力是指在不同的网络操作系统之间进行连接和相互操作的能力。网络操作系统具有实现在不同网络之间相互访问和相互操作的能力。

目前主流的网络操作系统包括 UNIX、Linux 系列和 Windows 系列。

6. 提供网络接口

向用户提供一组方便有效的、统一的、获取网络服务的接口以改善用户界面,如命令接口、菜单、窗口等。

网络操作系统也要处理资源的最大共享及资源共享的受限性之间的矛盾。即一方面要能够提供用户所需要的资源及其对资源的操作、使用,为用户提供一个透明的网络;另一方面要对网络资源有一个完善的管理,对各个等级的用户授予不同的操作使用权限,保证在一个开放的、无序的网络里,数据能够有效、可靠、安全地被用户使用。

7.2　Windows Server 2022

Windows Server 2022 是微软公司新一代的服务器操作系统,从 Windows Server 2003 到最新的 Windows Server 2022,微软公司不断地改进和创新,为企业用户提供更好的性能、安全性和可靠性。无论是小型企业网络还是大型云环境,微软服务器操作系统都提供了丰富的功能和解决方案,满足不同企业的需求。

7.2.1 Windows Server 2022 简述

1. 版本演进

自 Windows Server 问世以来,微软不断改进和演进其服务器操作系统,为企业用户提供更强大、安全和可靠的解决方案。

(1) Windows Server 2003。

Windows Server 2003 是微软的服务器操作系统。相对于 Windows 2000(Windows NT 5.0 Server)做了很多改进,它引入了许多重要的功能,包括活动目录(如可以从 schema 中删除类)、远程桌面服务和网络访问保护。这使得它成为企业级网络环境中的首选操作系统。它适用于文件共享、打印服务器、Web 服务器和小型企业网络等场景。

(2) Windows Server 2008。

Windows Server 2008 引入了许多新的功能,包括服务器管理器、PowerShell 和 BitLocker 等。它还提供了更好的虚拟化支持,使得在同一物理服务器上运行多个虚拟机成为可能。Windows Server 2008 适用于中小型企业和大型企业,特别是那些需要更好的虚拟化和安全性的场景。

从 Windows Server 2008 R2 开始,Windows Server 不再提供 32 位版本。Windows Server 2008 R2 继续提升了虚拟化、系统管理弹性、网络存取方式,以及信息安全等领域的应用,其中有不少功能需搭配 Windows 7。Windows Server 2008 R2 重要新功能包含:Hyper-V 加入动态迁移功能,作为最初发布版中快速迁移功能的一个改进;Hyper-V 将以毫秒计算迁移时间。

(3) Windows Server 2012。

Windows Server 2012 引入了许多创新的功能,如存储空间、动态访问控制和 Hyper-V 3.0 等。它提供了更高的可伸缩性和灵活性,并支持云计算环境的部署。Windows Server 2012 适用于云服务提供商、虚拟化环境和企业级应用程序等场景。

(4) Windows Server 2016。

Windows Server 2016 进一步加强了云计算和虚拟化的支持。它引入了 Nano Server,一个精简的操作系统版本,专为云环境和容器化工作负载设计。此外,Windows Server 2016 还提供了更高级的安全性功能,如 Shielded VM 和 Windows Defender 增强版。它适用于混合云环境、大规模虚拟化和软件定义存储等场景。

(5) Windows Server 2019。

Windows Server 2019 继续加强了云和虚拟化功能。它引入了 Windows Admin Center,一个集中管理工具,简化了服务器管理任务。此外,它还提供了更强大的存储功能,如 Storage Migration Service 和 Storage Replica。Windows Server 2019 适用于边缘计算、混合云环境和关键业务应用程序等场景。

(6) Windows Server 2022。

截至 2024 年 5 月,Windows Server 2022 是目前最新的版本,它于 2021 年发布。该版本专注于改进性能、安全性和可靠性。它提供了更高级的存储功能,如嵌入式 ReFS 和云边缘存储。此外,它还增强了安全性,引入了 Secured-core Server 技术,提供了更好的保护机制。Windows Server 2022 适用于各种企业环境,包括边缘计算、虚拟化环境和大规模数据中心。

2. Windows Server 2022 关键功能

Windows Server 2022 是 Windows Server 2019 的后续版本,微软针对远程功能、Azure 混合集成和服务器保护 3 个关键主题引入了许多实用创新。此外,可借助 Azure 版本,利用云的优势使 VM 保持最新状态,同时最大限度地减少停机时间。

(1) 借助 Azure 实现混合功能。

Windows Server 2022 内置混合云功能让本地服务器可以像云原生资源一样在 Azure 云平台进行统一的管理,高级多层安全性硬件、软件、数据、传输一层层加固,不给病毒和恶意攻击可乘之机。

① 利用云就绪混合功能,帮助提高备份和灾难恢复等关键功能的效率并降低成本,从而提高利润。

② 通过 Windows Admin Center 进行集中、统一的服务器管理,帮助用户的 IT 团队最大限度地利用时间并提高工作效率。

③ 借助 Azure Monitor,深入了解用户的基础设施、网络和应用程序。

④ 借助 Azure Automanage 自动执行频繁、耗时且容易出错的管理任务,帮助提高工作负载的正常运行时间。

⑤ 借助 Azure Arc 扩展各项管理功能,组织、管理和保护多云环境。

(2) 提升了系统安全性能。

在 Windows Server 2022 中引入了许多提升安全性的功能。IT 和 SecOps 团队可以利用 Secured-core Server 高级保护功能和预防性防御功能,跨硬件、跨固件、跨虚拟化层,加强系统安全性。

① 通过提升安全性以及对远程桌面和应用程序的无缝访问,使员工能够随时随地高效开展工作。

② 通过增强型远程用户体验,提供对高性能存储和图形等强大功能的访问权限,提高员工的敬业度。

③ 为 IT 部门配备精简工具,帮助实施综合的本地和远程桌面服务器管理,从而节约时间。

④ 利用简化的远程桌面许可证管理来节约资金,从而更好地分配适用于远程桌面服务的客户端访问许可证(CAL)。

(3) 实现服务器基础设施的现代化。

① 使用 Windows Server 软件定义的数据中心解决方案,提升数据中心效率并改善资源管理。

② 使用不同规模的企业都能负担得起的高性能软件定义的存储和网络,采用更加高效经济的方式进行扩展。

③ 为业务关键型工作负载(如在 Windows Server 2022 上使用 Microsoft SQL Server) 获得一流的性能、可扩展性和可用性。

④ 提高了 Windows 容器的应用兼容性,借助现代的容器化管理平台,引领应用创新,帮助构建更安全、更可靠、功能更强大的应用。它支持 IPv6 和双协议栈,还支持使用 Calico

实施一致的网络策略。

（4）热补丁。

从 Windows Server 2022 Datacenter Azure 版本开始，热补丁支持在不重新启动的情况下在 VM 上应用安全更新。用 Azure 来修补服务以及 Azure 与适用于 Window Server 的 Automanage 一起使用时，可自动执行热修补的载入、配置和业务流程。

（5）支持 WSL 2。

借助 WSL 2，微软开始随 Windows 一起发布完整的 Linux 内核，从而实现完整的系统调用兼容性。此外，Linux 发行版的性能明显优于基于 WSL 原始版本的发行版。Linux 现在运行在一种 VM 中，但它被设计成比传统 VM 更轻量级和原生体验。

7.2.2　Windows Server 2022 用户和组的管理

用户账户控制（User Account Control，UAC）是一项 Windows 安全功能，旨在保护操作系统免受未经授权的更改。当对系统的更改需要管理员级权限时，UAC 会通知用户，从而让用户有机会批准或拒绝更改。UAC 以管理员权限执行的方式来限制恶意代码的访问权限，从而提高 Windows 设备的安全性。UAC 使用户能够根据可能影响其设备的稳定性和安全性的操作作出明智的决策。

UAC 默认处于启用状态，如果具有管理员权限，则可以对其进行配置。

Windows Server 2022 是微软的一个多用户、多任务的服务器操作系统，系统管理员通过创建用户账户为每一个用户提供系统访问凭证。在实际项目中，基于安全考虑，系统管理员会根据每一个用户的岗位职责来设置系统访问权限，所分配的权限仅限于其所管理的具体工作任务。

Windows Server 2022 服务器为满足不同岗位的工作任务要求，系统内置了大量的组账户，每个组账户对应特定的系统配置权限，系统管理员可以配置用户账户的隶属组来为每个用户分配系统配置权限。也就是说，对用户账户的授权其实是通过设置用户账户隶属组来完成的。

Windows Server 2022 的用户和组管理涉及以下工作任务。

（1）管理信息中心的用户账户：为信息中心员工创建用户账户。

（2）管理信息中心的组账户：为信息中心各岗位创建组账户，根据岗位工作任务分配用户访问权限。

1. 本地用户账户

本地用户账户是指安装了 Windows Server 2022 的计算机在本地安全目录数据库中建立的账户。使用本地账户只能登录到建立该账户的计算机，并访问该计算机的系统资源。

本地用户账户建立在非域控制器的 Windows Server 2022 独立服务器、成员服务器以及其他 Windows 客户端。本地用户账户只能在本地计算机上登录，无法访问域中其他计算机资源。

本地计算机上都有一个管理账户数据的数据库，称为安全账户管理器 SAM。SAM 数据库文件路径为系统盘下\Windows\system32\config\SAM。在 SAM 中，每个账户被赋予唯一的安全识别号 SID，用户要访问本地计算机，都需要经过该机 SAM 中的 SID 验证。

2. 内置账户

Windows Server 2022 中还有一种账户叫内置账户,它与服务器的工作模式无关。当 Windows Server 2022 安装完毕后,系统会在服务器上自动创建一些内置账户,Administrator 和 Guest 是其中最重要的两个。

(1) Administrator(系统管理员):拥有最高的权限,管理着 Windows Server 2022 系统和域。系统管理员的默认名字是 Administrator,可以更改系统管理员的名字,但不能删除该账户。该账户无法被禁止,永远不会到期,不受登录时间和只能使用指定计算机登录的限制。

(2) Guest(来宾):是为临时访问计算机的用户提供的,该账户自动生成,可以更改名字,且不能被删除,可以更改名字。Guest 只有很少的权限,默认情况下,该账户被禁止使用。例如,当希望局域网中的用户都可以登录到自己的计算机,但又不愿意为每一个用户建立一个账户时,就可以启用 Guest。

3. 组的概念

为了简化对用户账户的管理工作,Windows Server 提供了组的概念。组是指具有相同或者相似特性的用户集合,当要给一批用户分配同一个权限时,就可以将这些用户都归到一个组中,只要给这个组分配此权限,组内的用户就都会自动拥有此权限。这里的组就相当于一个班级或一个部门,班级里的学生、部门里的工作人员就是用户。

在 Windows Server 2022 中,用组账户来表示组,用户只能通过用户账户登录计算机,不能通过组账户登录计算机。

(1) 内置本地组。

内置本地组是在系统安装时默认创建的,并被授予特定权限以方便计算机的管理,常见的内置本地组有下面 5 个。

Administrators:在系统内具有最高权限,拥有赋予权限,可添加系统组件、升级系统、配置系统参数、配置安全信息等。内置的系统管理员账户是 Administrators 组的成员。如果这台计算机加入域中,则域管理员自动加入该组,并且有系统管理员的权限。属于 Administrators 组的用户,都具备系统管理员的权限,拥有对这台计算机最大的控制权,内置的系统管理员 Administrator 就是此本地组的成员,而且无法将其从此组中删除。

Guests:内置的 Guest 账户是该组的成员。一般情况下,没有固定账户的用户临时访问域或计算机时使用 Guests。该账户默认情况下不允许对域或计算机中的设置和资源做更改。出于安全考虑,Guest 账户在 Windows Server 2022 安装好之后是被禁用的,如果需要可以手动地启用。应该注意该账户的权限设置,因为该账户经常被黑客攻击。

IIS_IUSRS:这是 Internet 信息服务(IIS)使用的内置组。

Users:是一般用户所在的组,所有创建的本地账户都自动属于此组。Users 组权限受到很大的限制,对系统有基本的权利,如运行程序;使用网络,但不能关闭 Windows Server,不能创建共享目录和使用本地打印机。如果这台计算机加入域,则域用户自动被加入该组。

Network Configuration Operations:该组的成员可以更改 TCP/IP 设置,并且可以更新和发布 TCP/IP 地址。该组中没有默认的成员。

(2) 内置特殊组。

除了以上所述的内置本地组和内置域组,还有一些内置的特殊组。特殊组存在于每一台装有 Windows Server 2022 系统的计算机内,用户无法更改这些组的成员。也就是说,无法在"Active Directory 用户和计算机"或"本地用户与组"内看到,并管理这些组。用户只有在设置权限时才能看到这些组。以下列出 3 个常用的特殊组。

Everyone:包括所有访问该计算机的用户,如果为 Everyone 指定了权限并启用 Guest 账户时一定要小心,Windows 会将无效账户的用户当成 Guest 账户,该账户自动得到 Everyone 的权限。

Creator Owner:文件等资源的创建者就是该资源的 Creator Owner。不过,如果创建是属于 Administrators 组内的成员,则其 Creator Owner 为 Administrators 组。

Hyper-V Administrators:一般情况下都是系统管理员进行虚拟机设置,但是有时候也需要一些受限用户操作虚拟机,也就是普通用户。默认情况下,普通用户没有虚拟机管理权限,可以通过添加用户(aaa)、添加 Hyper-V 管理员组(Hyper-V Administrators,简称 HVA 组)的方式,将普通用户添加为 Hyper-V 管理员。

4. 创建用户

Windows Server 2022 安装完成后,系统会自动创建一些默认的本地用户账户,管理员也可以根据需要通过以下操作步骤创建其他的本地用户账户。

(1) 通过向导式菜单创建账户。

① 以系统管理员 Administrator 身份登录到服务器,在"服务器管理器"界面中选择"工具"选项卡,在弹出的下拉式菜单中选择"计算机管理"选项,打开"计算机管理"窗口。

② 在"计算机管理"界面中,选择"系统工具"→"本地用户和组"→"用户"选项,如图 7-1 所示。

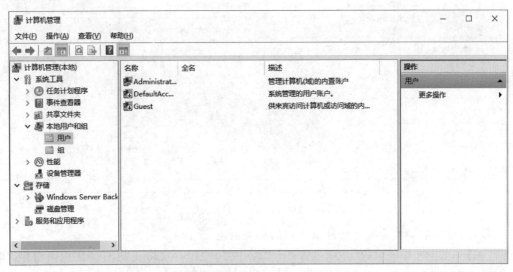

图 7-1 "计算机管理"窗口中的用户管理界面

③ 右击"用户"图标,在弹出的右键快捷菜单中选择"新用户"选项,在打开的"新用户"对话框中输入需要创建用户的相关信息即可完成新用户创建。图 7-2 中填写的内容为研发中心主任张生的相关信息。

④ 填入相关内容后,单击"创建"按钮完成用户创建。单击"关闭"按钮后,在"计算机管理"控制台界面中可以看到刚刚新创建的用户 Zhang,结果如图 7-3 所示。

图 7-2 "新用户"对话框

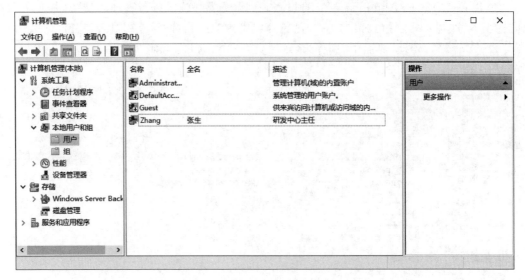

图 7-3 "计算机管理"界面"用户"

(2) 通过用户属性管理界面修改账户的相关信息。

① 打开如图 7-4 所示的"计算机管理"界面,在用户账户 Zhang 的右键快捷菜单中,管理员可根据实际需要选择菜单中的命令对账户进行管理操作。

② 参考前面的步骤,继续完成网络组用户 Li 和 Song,系统管理组用户 Huang 和 Zhao 的账户创建,结果如图 7-5 所示。

提示:在 Windows Server 2016、Windows Server 2019 操作系统中也可参照以上操作步骤执行。

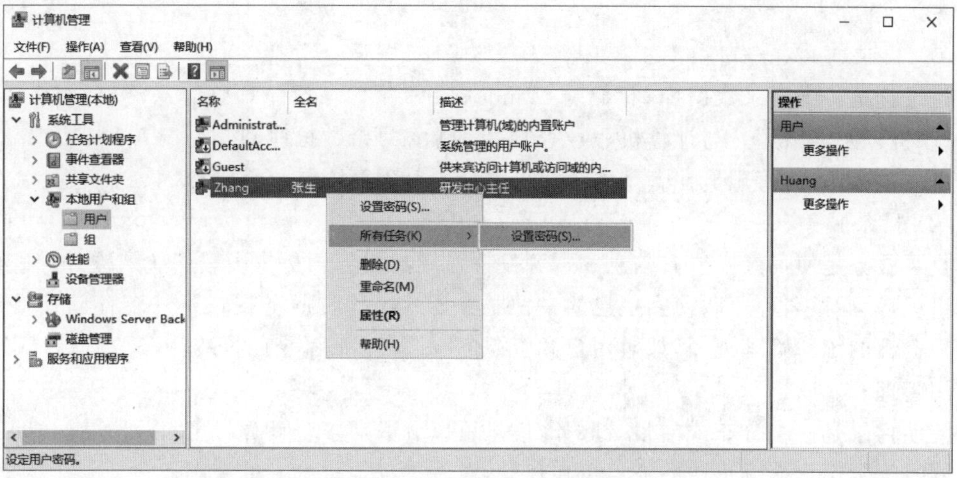

图 7-4   用户账户的右键快捷菜单

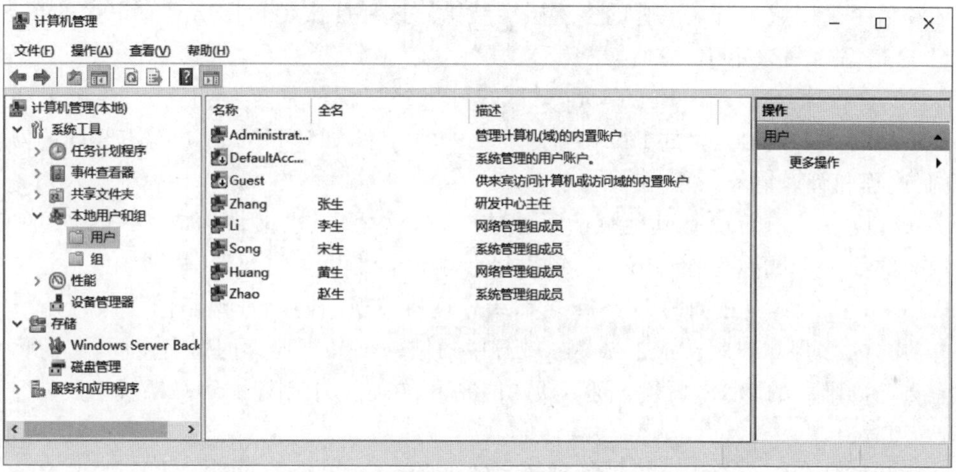

图 7-5   "计算机管理"界面的"用户"

7.2.3   域服务管理

Active Directory 域服务(Active Directory Domain Service,AD DS)是提供目录服务的组件。AD DS 是一种分布式数据库,用于存储和管理在 Windows 网络环境下的用户账户、计算机、打印机等对象及其相应的权限和策略等信息。借助于活动目录,管理员可以实现服务器的日常事务处理并向用户提供网络管理和维护服务。

AD DS 被广泛用于企业网络环境中的用户管理、域管理、权限管理、策略管理等场景。除此之外,AD DS 也可以用于架设 Windows Server 作为文件服务器、打印服务器、网关、防火墙等服务。

AD DS 由物理和逻辑两部分组成。AD DS 的物理结构由站点和域控制器组成,AD DS 的逻辑结构由域、域树、域林和组织单位组成。

1. 活动目录的基本概念

活动目录就是用于 Windows 网络中的目录服务,它包括两方面内容:目录和目录相关的服务。

(1) 目录。

目录就是一个目录数据库,存储着 Windows 网络上的各种对象信息,包括服务器、文件、打印机以及网络用户与计算机账号等共享资源。目录数据库使整个 Windows 网络的配置信息集中存储,使管理员在管理网络时可以集中管理而不是分散管理。

(2) 目录服务。

目录服务是使目录中所有信息和资源发挥作用的服务。提供了按层次结构方式进行信息的组织,然后按名称关联检索信息的一种服务方式。这种服务提供了一个存储在目录中的各种资源的统一管理视图,如对用户和资源的管理、基于目录的网络服务管理、基于网络的应用管理等。

活动目录是一个分布式的目录服务,信息可以分散在多台计算机上,保证快速访问和容错。同时不管用户从哪里访问或信息在何处,对用户都提供统一的视图。

(3) 活动目录的组成。

活动目录采用域、域树、域林的多重层次结构。这种层次使得网络具有很强的扩展性,便于组织、管理及目录定位。

① 域:域是活动目录的核心单元,是账户和网络资源的集合,具有统一的域名和安全性。其中域名是该域的完整的 DNS 名称,而域中的对象,如计算机、用户等有相同的安全要求、复制过程和管理请求。

② 域树:一个域可以是其他域的子域或父域,这些子域、父域构成了一棵树,称为域树。域树的第一个域称为根(Root),域树中的每一个域共享的配置、模式对象、全局目录(Global Catalog),具有相同的 DNS 域名后缀。域树实现了连续的域名空间。

③ 域林:多棵域树就构成了域林。域林中的域树不共享连续的命名空间,它的每一域树拥有自己的唯一的 DNS 命名空间。默认情况下,在域林中创建的第一棵域树被创建为根树(Root Tree)。

域树和域林的组合为用户提供了灵活的域命名选项,连续的和非连续的 DNS 名称空间都可以加入用户的目录中。

④ 组策略:组策略设置影响计算机或用户账户并且可应用于域和组织单位等。它可用于配置安全选项、管理应用程序、管理桌面外观、指派脚本并将文件夹从本地计算机重新定向到网络位置。

⑤ 用户账户和计算机:在活动目录中,每个用户账户都有一个用户登录名和一个用户名称后缀。在创建用户账户时,管理员输入其登录名并选择用户主要名称(由用户账户名称和表示用户账户所在的域的域名组成)。默认的用户名称后缀是域树中根域的 DNS 名。

计算机账户是每个加入域中的 Windows Server 2022 计算机所具有的账户。与用户账户的功能类似,能够在计算机账户计算机登录网络并访问域资源时提供验证和审核的方法。

⑥ 组和组织单位:组是活动目录对象,它可以包含计算机账户、用户账户及组对象。在网络上经常需要对大量用户账户和计算机账户进行管理和维护,这时完全可以通过组来完成各种网络权限的分配任务。先在域中创建不同访问权限的组,然后根据用户的要求,将用户账户和计算机账户添加到具有相应访问权限的组中。

组织单位可用于组织、管理一个域内的对象,它能包含用户账号、用户组、计算机、打印机和其他的组织单位,但与组不同,它不能包括来自其他域的对象。组织单位是可以指派组策略设置或委派管理权限的最小作用域。组织单位的这种逻辑层次结构使用户可以在域中创建组织单位,根据自己的组织模型管理账户和资源的配置使用。

（4）域控制器。

Active Directory域服务（AD DS）使用域控制器。域控制器为网络用户和计算机提供活动目录服务、存储目录数据,并管理用户和域之间的交互,包括用户登录过程、验证和目录搜索。

一个域可以有一个或多个域控制器。通常单个域网络的用户只需要一个域就能满足要求,所以整个域也只需要一个域控制器。而在具有多个网络位置的大型网络或组织中,为了获得高可用性和较强的容错能力,可能在每部分都需要增加一个或多个域控制器。

系统管理员可以更新域中任何域控制器上的活动目录数据,若在一个域控制器上对域中的信息进行修改,这些数据都会自动传递到网络中其他的域控制器中。

（5）成员服务器。

一个成员服务器就是一台安装了Windows Server系统,在域环境中实现一定功能或提供某项服务的计算机,如通常使用的文件服务器、FTP应用服务器、数据库服务器及Web服务器等。由于这些不是域控制器,成员服务器可以不执行用户身份验证并且不存储安全策略信息,以便让成员服务器拥有更高的处理网络中其他服务的能力。将身份认证和服务分开可以获得较高的处理效率。

（6）站点。

活动目录中的站点就是一个或多个IP子网地址的计算机集合,通常用来描述域环境中网络的物理结构或拓扑。为了确保域中目录信息的有效交换,域中的计算机需要很好地连接,尤其是不同子网中的计算机。站点不同于域,站点代表物理的物理结构,而域代表组织逻辑结构。一个站点可以跨越多个域,一个域也可以跨越多个站点。站点不属于域名称空间的一部分。站点的最大特点是在控制域信息的复制方面,它可以帮助确定资源位置,选定有利于网络流量的最佳方式来进行活动目录数据库的复制。

2. 域的信任关系

域与域之间的通信是通过信任关系进行的。信任可以使一个域中的用户由另一个域中的域控制器来进行验证。在一个用户可以访问另一个域资源之前,Windows Server安全机制必须确定信任域（用户准备访问的目的域）和受信任域（用户登录所在的域）之间是否有信任关系,并指定信任域中的域控制器和受信任域的域控制器之间的信任路径。域的信任关系有单向、双向、可传递和不可传递。

（1）单向信任。是指两个域之间创建的单向身份验证路径。假设域A到域B是单向信任关系,即域A中用户可以访问域B中的资源,但域B中的用户不能访问域A中的资源。

（2）双向信任。是指两个域之间相互信任,即两个域中的用户可以互相访问对方域中的资源。

（3）可传递信任。多指3个以上的一组域之间产生的信任关系。如域A和域B之间是可传递信任关系,域B和域C是可传递信任关系,那么域A和域C之间具有可传递信任关系,域C中的用户就可以访问域A中的资源。

Windows Server 2022 域林中的所有信任都是可传递的、双向的信任,信任关系中的两个域都是相互信任的。

(4) 不可传递信任。不可传递信任关系默认为单向信任关系。单用户可以通过建立两个单向信任来构建一个双向信任关系。在不同域中的域之间手动创建的信任都是不可传递的。

7.2.4　配置与管理 Windows Server 2022 服务器

Windows Server 2022 可以配置为不同的服务器角色,如 DNS 服务器、DHCP 服务器、Web 服务器、FTP 服务器等。系统管理员通过配置服务器角色以实现相应的功能,并且每日对服务器进行管理。

要使 Windows Server 2022 计算机具有各种服务器功能,首先必须安装各种服务器。想在 Windows Server 2022 中安装网络服务器,要使用 Windows Server 2022 的服务器管理器添加。

7.2.5　配置 DNS 服务器

1. DNS(域名系统)背景知识

DNS 是域名系统(Domain Name System)的缩写,是构成 TCP/IP 的行业标准协议套件之一,DNS 客户端和 DNS 服务器共同为计算机和用户提供"计算机名到 IP 地址"映射的名称解析服务。当用户在应用程序中输入 DNS 名称时,DNS 服务可以将此名称解析为与此名称相关的其他信息,如 IP 地址。DNS 的名字由主机名(Host Name,计算机本身的名字)和域名(Domain Name)两部分组成。将两部分合并在一起后,便形成了完全合格的域名(FQDN)。

一台 DNS 服务器可以管理一个或多个区域,而一个区域也可以由多台 DNS 服务器来管理。在 DNS 服务器中必须先建立区域,然后再根据需要在区域中建立子域以及资源记录,才能完成其解析工作。

将 DNS 名称解析成 IP 地址的过程称为正向解析。将 IP 地址解析成 DNS 名称的过程称为反向解析,它依据 DNS 客户端提供的 IP 地址来查询它的主机名。DNS 服务器分别通过正向查找区域和反向查找区域来管理正向解析和反向解析。

Windows Server 2022 的 DNS 服务支持 3 种区域类型,分别是主要区域、辅助区域、存根区域。

(1) 主要区域:保存的是该区域所有主机数据记录的正本。当在 DNS 服务器内建立主要区域后,可直接在此区域内新建、修改、删除记录,区域内的记录可以存储在文件或 Active Directory 数据库中。

(2) 辅助区域:保存的是该区域内所有主机数据的复制文件(副本),该副本是从主要区域复制过来的。当在一个区域内创建一个辅助区域后,这个 DNS 服务器就是这个区域的辅助服务器。

(3) 存根区域:类似于辅助区域,也是主要区域的只读副本,但存根区域只从主要区域复制名称服务器(NS)、授权启动(SOA)及主机记录的区域副本,含有存根区域的服务器无权管理该区域。

2. 配置 DNS 服务器的角色和功能

在 Windows Server 2022 上安装 DNS 服务器非常简单,但应注意该服务器本身的 IP 地址应是固定的,不能是动态分配的。可通过"添加角色和功能向导"进行安装。由于在安装 Active Directory 时已经安装 DNS 了,下面以服务器 IP 地址为 192.168.1.1 配置 DNS 服务器,具体步骤如下。

第1步:打开"服务器管理器"界面,选择"添加角色和功能"选项。

第2步:在打开的"添加角色和功能向导"窗口中,选用默认选项,单击"下一步"按钮,直到进入"选择服务器角色"界面,如图 7-6 所示。选中"DNS 服务器"复选框,并在弹出的"添加角色和功能向导"对话框中单击"添加功能"按钮返回"选择服务器角色"界面,然后单击"下一步"按钮。

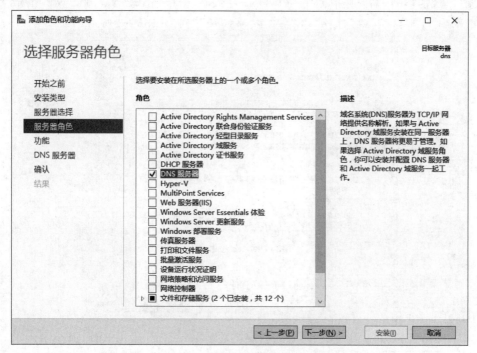

图 7-6 "选择服务器角色"界面

第3步:在后续的操作中选用默认选项,完成 DNS 角色和服务的安装。

3. 创建域名为 Netabdc.com 的主要区域

DNS 区域分为两类:一类是正向查找区域,即名称到 IP 地址的数据库,用于提供将名称转换为 IP 地址服务;另一类是反向查找区域,即 IP 地址到名称的数据库,用于提供将 IP 地址转换为名称的服务。这里介绍正向查找区域,新建 DNS 区域的步骤如下。

第1步:打开"服务器管理器"界面,在"工具"下拉式菜单中单击"DNS"选项,打开"DNS 管理器"窗口。

第2步:在"DNS 管理器"窗口左侧的控制台树中选择"正向查找区域"选项,在如图 7-7 所示的右键快捷菜单中选择"新建区域(Z)"选项,进入"新建区域向导"对话框,然后单击"下一步"按钮。

第3步:在"新建区域向导"对话框的"区域类型"界面中,管理员可根据需要选择创建

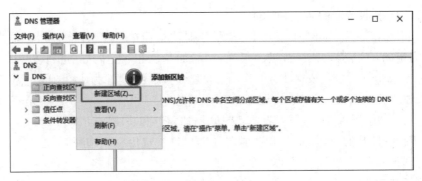

图 7-7　新建正向查找区域

的 DNS 区域的类型,本任务拟创建一个 DNS 主要区域用于管理 Netabdc.com 的域名,因此这里选中"主要区域"单选按钮,然后单击"下一步"按钮,如图 7-8 所示。

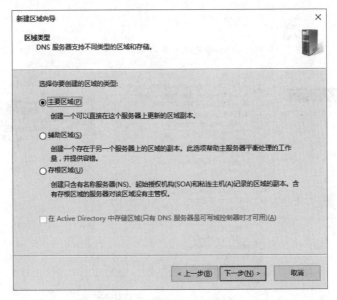

图 7-8　选择区域类型

第 4 步:在"新建区域向导"页面的"区域名称"对话框中,管理员可以输入要创建的 DNS 区域名称,该区域名称通常为申请单位的根域,即单位向 ISP 申请到的域名名称。在本任务中,公司根域为 Netabdc.com,因此,在"区域名称:"输入框中输入"Netabdc.com",结果如图 7-9 所示。

第 5 步:单击"下一步"按钮,进入"新建区域向导"页面的"区域文件"对话框,在 DNS 服务器中,每个区域都会对应有一个文件,区域文件名我们使用默认的文件名,即默认配置的 Netabdc.com.dns。

第 6 步:单击"下一步"按钮,进入"新建区域向导"页面的"动态更新"对话框,选择默认的"不允许动态更新"选项,然后单击"下一步"按钮,显示新建区域的基本信息,单击"完成"按钮,如图 7-10 所示。

建立区域后,还有一个管理和配置的问题。区域在 DNS 服务的管理具有重要地位,它是 DNS 服务主要的管理单位。

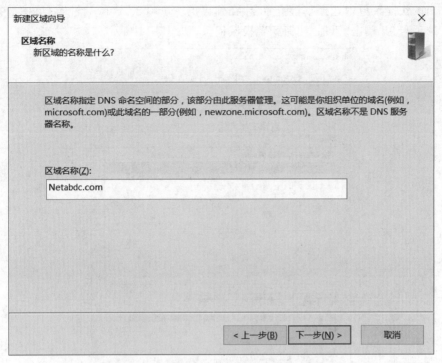

图 7-9　创建区域名称

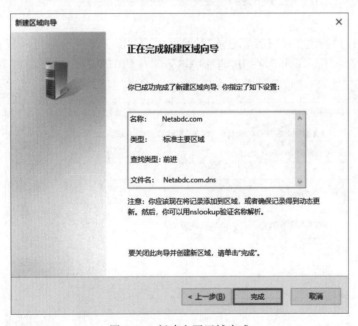

图 7-10　新建主要区域完成

4. 为服务器注册域名

第 1 步：配置根域信息。

创建完"Netabdc.com"主要区域后，首先需要对该区域进行配置，添加根域记录。

(1) 在"DNS 管理器"页面目录树"正向查找区域"选中新建的域名 Netabdc.com，右击,在弹出的快捷菜单中选择"属性"命令,在弹出的"Netabdc.com 属性"窗口中选择"名称服务器"选项卡,并单击"添加"按钮配置根域记录,如图 7-11 所示。

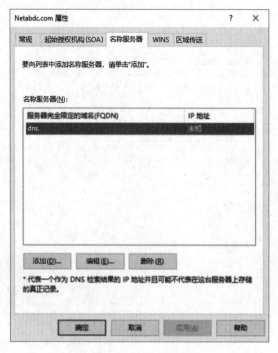

图 7-11　配置根域

(2) 在弹出的"新建名称服务器记录"对话框中,在"服务器完全限定的域名(FQDN)(S)"栏中输入根域"Netabdc.com",在 IP 地址中输入对应的 IP:192.168.1.1,系统自动验证成功后,单击"确定"按钮,完成根域信息配置,如图 7-12 所示。

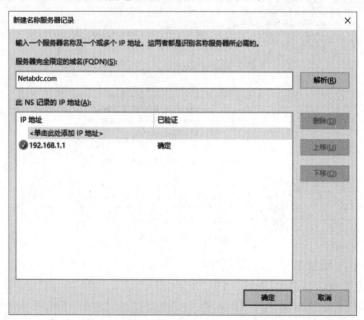

图 7-12　编辑名称服务器记录(根域注册)

第 2 步：建立和管理 DNS 资源记录。

DNS 主要区域允许管理员建立多种类型的资源记录，这些资源记录由区域数据库中的大部分资源记录构成。常见资源记录有建立主机（A）资源记录、建立别名（CNAME）资源记录和建立邮件交换器（MX）资源记录等。

- 建立主机（A）资源记录：新建一个域名到 IP 地址的映射。
- 建立别名（CNAME）资源记录：新建一个域名映射到另外一个域名。
- 建立邮件交换器（MX）资源记录：和邮件服务器配套使用，用于电子邮件应用程序发送邮件时根据收信人的地址后缀来定位邮件服务器的地址。

下面为两台服务器注册域名。服务器的域名、IP 地址和计算机名称的映射关系如表 7-1 所示。

表 7-1　服务器的域名、IP 地址和计算机名称的映射关系

服务器角色	计算机名称	IP 地址	域　　名	位　　置
主 DNS 服务器	DNS	192.168.1.1/24	DNS.Jan16.cn	北京总公司
Web 服务器	WEB	192.168.1.10/24	WWW.Jan16.cn	北京总公司

（1）注册 DNS 服务器的域名。单击"Netabdc.com"链接，在弹出的右键快捷菜单中选择"新建主机（A 或 AAAA）"选项，如图 7-13 所示。

在弹出的"新建主机"对话框中，输入 DNS 服务器的名称：DNS，输入对应的 IP 地址：192.168.1.1，最后单击"添加主机"按钮，完成 DNS 服务器域名的注册，如图 7-14 所示。

图 7-13　新建主机记录

图 7-14　注册 DNS 服务器域名

（2）注册 Web 服务器的域名。类似上一步操作，在"新建主机"对话框中，输入 Web 服务器的名称："WWW"（完全限定的域名是 WWW.Netabdc.com.），输入对应的 IP 地址：192.168.1.10，然后单击"添加主机"按钮，完成 Web 服务器域名的注册，如图 7-15 所示。

5. 为客户机配置 DNS 地址

计算机要实现域名解析，需要在 TCP/IP 配置中指定 DNS 服务器的地址，任意选择一台客户机，打开客户机以太网适配器"属性"选项，然后双击"Internet 协议版本 4（TCP/

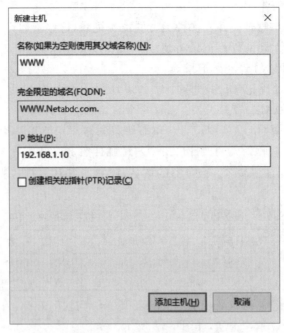

图 7-15　注册 Web 服务器域名

IPv4)"选项,在弹出的对话框中,在"首选 DNS 服务器"位置指向总部的 DNS 服务器地址:192.168.1.1,如图 7-16 所示。

图 7-16　客户机 DNS 的配置

6. DNS 服务器的验证

DNS 服务器配置好后,可通过 nslookup、ping 等命令进行测试。

第 1 步:选择"开始"→"运行"选项,输入 cmd 打开命令行窗口,在 nslookup 提示符 ">"下输入"dns. Netabdc. com"完成域名到 IP 地址的转换,应可看到对应的 IP 为 192.168.1.1,如图 7-17 所示。

图 7-17　nslookup 命令测试

第 2 步:在客户机上打开 cmd 命令行工具,执行 ping WWW. Netabdc. com 命令,返回 结果如图 7-18 所示,域名 WWW. Netabdc. com 已经正确解析为 IP:192.168.1.10,说明对 本地服务器反向解析成功。

图 7-18　ping 命令测试

7. DNS 服务器的管理

DNS 服务器运行一段时间后,将 DNS 服务作为基础服务纳入日程管理。定期对 DNS 服务器进行有效的管理与维护,以保障 DNS 服务器的稳定运行。

第 7 章

网络操作系统

通过对 DNS 服务器实施递归管理、地址清理、备份等操作,可以实现 DNS 服务器的高效运行。常见的工作任务如下。

第1步:启动或停止 DNS 服务器。

打开"DNS 管理器"页面,在左侧控制台树中,右击"DNS"链接,在弹出的快捷菜单中,选择"所有任务"子菜单,如图 7-19 所示。在打开的命令中,管理员可根据业务需要选择以下服务选项。

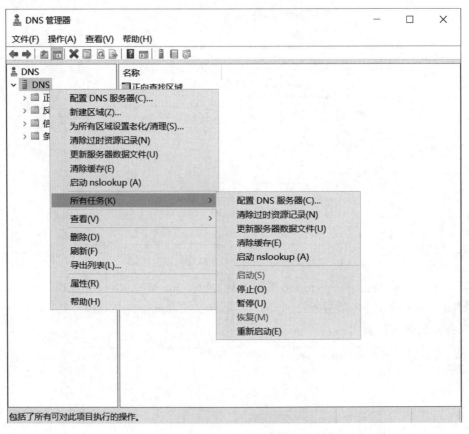

图 7-19 DNS 服务的所有任务服务选项

(1) 启动(S):启动服务。

(2) 停止(O):停止服务。

(3) 暂停(U):暂停服务。

(4) 重新启动(E):重新启动服务。

第2步:设置 DNS 的工作 IP 地址。

通常 DNS 服务器都会指定其工作 IP,一是为方便客户机配置 TCP/IP 的 DNS 地址,仅提供一个固定的 DNS 工作 IP 作为客户机的 DNS 地址;其次是考虑到安全问题,DNS 服务器通常仅开放其中一个 IP 对外提供服务。

设置 DNS 的工作 IP 可通过在 DNS 服务器中的限制 DNS 服务器只侦听选定的 IP 地址来实现,具体操作过程如下。

(1) 打开 "DNS 管理"控制台,在控制台树中,单击域名系统 "DNS"服务器,在右键快捷菜单中单击"属性"命令,打开服务器"DNS 属性"对话框。

（2）在"接口"选项卡上,选择"只在下列 IP 地址(O)"选项。

（3）在"IP 地址(P)"选项卡中,选择 DNS 服务器要侦听的地址,如图 7-20 所示。

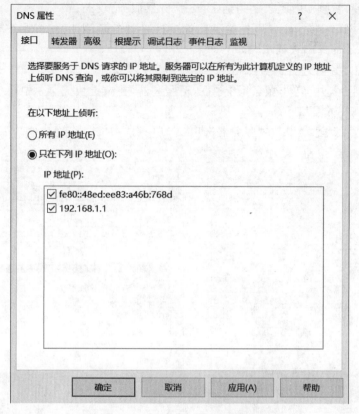

图 7-20　限制 DNS 服务侦听 IP

提示：如果 DNS 服务器有多个 IP 地址,那么在"IP 地址(P)"中就会存在多个 IP 地址的复选框选项,在本例中,该 DNS 有 192.168.1.1(IPv4)和 fe80::48ed:ee83:a46b:768d(IPv6)地址。

第 3 步：配置 DNS 的老化时间。

DNS 服务器支持老化和清理功能。这些功能作为一种机制,用于清理和删除区域数据中的过时资源记录,可以使用此过程设置特定区域的老化和清理属性,操作步骤如下。

（1）打开"DNS 管理器"控制台,在控制台树的 DNS 服务器名称的右键菜单中选择"为所有区域设置老化/清理"选项。

（2）在弹出的"服务器老化/清理属性"对话框中选中"清理过时资源记录"复选框。

（3）根据业务实际需要设定无刷新间隔时间和刷新间隔时间,并单击"确定"按钮完成配置,结果如图 7-21 所示。

第 4 步：配置 DNS 的递归查询。

递归查询是指 DNS 服务器在收到一个本地数据库不存在的域名解析请求时,该 DNS 服务器会根据转发器指向的 DNS 服务器代为查询该域名,待获得域名解析结果后再将该解析结果转发给请求客户端。在此操作过程中,DNS 客户端并不知道 DNS 服务器执行了递归查询。

默认情况下,DNS 服务器都启用了递归查询功能。如果 DNS 收到大量本地不能解析的域名请求,就会相应产生大量的递归查询,这会占用服务器大量的资源。基于此原理,网络攻击者可以使用递归功能实现"拒绝 DNS 服务器服务"攻击。

因此,如果网络中的 DNS 服务器不准备接收递归查询,则应在该服务器上禁用递归。关闭 DNS 服务器的递归查询步骤如下。

(1) 打开"DNS 管理"控制台。

(2) 在控制台树中,单击域名系统"DNS"服务器,在右键快捷菜单中单击"属性"命令,打开服务器"DNS 属性"对话框。

(3) 打开"高级"选项卡,在"服务器选项(V)"中,选中"禁用递归(也禁用转发器)"复选框,然后单击"确定"按钮,如图 7-22 所示。

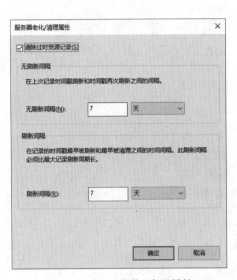

图 7-21 DNS 老化/清理属性

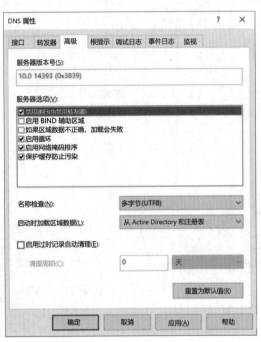

图 7-22 DNS 服务器禁用递归

第 5 步:DNS 服务的备份和还原。

(1) DNS 的备份。DNS 数据库文件存放在注册表和本地的文件型数据库中,系统管理员要备份 DNS 服务,需要将这些文件导出并备份到指定位置,步骤如下。

① 停止 DNS 服务。右击打开"开始"菜单,选择"运行"选项,在对话框中执行 regedit 命令,打开注册表编辑器,按以下路径找到 DNS 目录: HKEY_LOCAL_MACHINE\SYSTEM\CurrentControlSet\Services\DNS。

② 在 DNS 目录的右键快捷菜单中选择"导出"选项,将"DNS"目录的注册表信息导出,命名为"dns-1. reg"。

③ 在运行命令对话框中执行 regedit 命令打开注册表编辑器,按以下路径找到 DNS 服务目录:"HKEY_LOCAL_MACHINE\SOFTWARE\Microsoft\Windows NT\Current Version\DNS Server"。

④ 在"DNS server"目录的右键快捷菜单中选择"导出"选项,将"DNS server"目录的注册表信息导出,命名为"dns-2.reg"。

⑤ 打开"％systemroot％\System32\dns"文件夹,把其中的所有 *.dns 文件复制出来,并和 dns-1.reg 及 dns-2.reg 保存在一起,结果如图 7-23 所示。

图 7-23　DNS 备份文件

⑥ 重新启动 DNS 服务,并将 DNS 的备份目录复制到指定备份位置,完成 DNS 的备份。

(2) DNS 的还原。当 DNS 服务器发生故障时,可以通过 DNS 备份文件重建 DNS 记录。DNS 备份文件可以用在原 DNS 服务器或者是一台重新安装的 DNS 服务器上。重新安装的 DNS 服务器的 IP 地址要沿用原 DNS 服务器的 IP 地址。

DNS 数据的还原步骤如下。

① 停用 DNS 服务。

② 将备份文件中的 *.dns 文件替换系统"％systemroot％\System32\dns"目录中的文件。

③ 双击运行 dns-1.reg 和 dns-2.reg,将 DNS 注册表数据导入到注册表中。

④ 重新启动 DNS 服务,完成 DNS 数据的还原,结果如图 7-24 所示。

图 7-24　DNS 还原成功后的页面

7.2.6 配置管理 DHCP 服务器

动态主机分配协议(DHCP)是一个简化主机 IP 地址分配管理的 TCP/IP 标准协议。DHCP 协议专门用于为 TCP/IP 网络中的主机自动分配 TCP/IP 参数。DHCP 客户端在初始化网络配置信息时,会主动向 DHCP 服务器请求 TCP/IP 参数,DHCP 服务器在收到 DHCP 客户端的请求信息后,会将管理员预设的 TCP/IP 参数发送给 DHCP 客户端,从而使 DHCP 客服端动态、自动地获得相关网络配置信息(IP 地址、子网掩码、默认网关等)。

在使用 TCP/IP 的网络上,每台计算机都拥有唯一的计算机名和 IP 地址。IP 地址(及其子网掩码)用于鉴别它所连接的主机和子网。当用户将计算机从一个子网移动到另一个子网时,一定要改变该计算机的 IP 地址。如果采用静态 IP 地址的分配方法将增加网络管理员的负担,而 DHCP 可以将 DHCP 服务器中 IP 地址数据库中的 IP 地址动态地分配给局域网中的客户端,从而减轻网络管理员的负担。用户可以利用服务器提供的 DHCP 服务在网络上自动分配 IP 地址及进行相关环境的配置工作。

当网络规模较大,网络中需要分配 IP 地址的主机较多时,特别是要在网络中增加和删除网络主机或要重新配置网络时,手工配置工作量会很大,而且有可能导致 IP 地址冲突等,这时可以采用 DHCP 服务。另外,当网络中的主机多而 IP 地址不够用时,也可以使用 DHCP 服务来解决这一问题。

要使用 DHCP 方式动态分配 IP 地址时,整个网络必须至少有一台安装了 DHCP 服务的服务器,其他要使用 DHCP 功能的客户端也必须要有支持自动向 DHCP 服务器索取 IP 地址的功能。当 DHCP 客户端第一次启动时,它会自动执行初始化过程与 DHCP 服务器通信,并由 DHCP 服务器分配给 DHCP 客户端一个 IP 地址,直到租约到期(并非每次关机释放),这个地址就会由 DHCP 服务器收回,并将其提供给其他的 DHCP 客户端使用。

DHCP 租用过程的步骤随客户机是初始化还是已经拥有 IP 租用后要更新而有所不同。

1. DHCP 客户端第一次登录网络

DHCP 客户端首次接入网络时,需要通过和 DHCP 服务器交互才能获取 IP 地址租约,主要分为 4 个阶段。

第 1 阶段: DHCP 客户端发送 IP 租约请求。DHCP 客户端发送一个 DHCP Discover 请求租约广播报文,此时由于客户端没有 IP 地址,也不知道服务器的地址,所以客户端以 0.0.0.0 作为源地址,255.255.255.255 作为目标地址向 DHCP 服务器发送广播报文申请 IP 地址。DHCP Discover 报文中还包括客户端的 MAC 地址和主机名。

第 2 阶段: DHCP 服务器提供 IP 地址。DHCP 服务器收到 DHCP Discover 报文后,将从地址池中选取一个未出租的 IP 地址并利用广播将 DHCP Offer 报文送回给客户端。DHCP Offer 报文中包含了客户端的硬件地址、提供的 IP 地址、子网掩码和租用期限,所提供的 IP 地址在正式租用给客户端之前会暂时被标为不可用,以免分配给其他客户端。如果网络中有多台 DHCP 服务器,则客户端可能收到好几个 DHCP Offer 报文,客户端通常只认第一个 DHCP offer。

第 3 阶段: DHCP 客户端进行 IP 租用选择。一旦收到第一个 DHCP Offer 报文后,客户端将以广播方式发送 DHCP Request 报文给网络中的所有 DHCP 服务器。这样既通知了所选择的服务器,又通知了其他没有被选中的服务器,以便这些 DHCP 服务器释放其原来标为不可用的 IP 地址供其他客户端使用。此时 DHCP Request,广播报文源地址仍为 0.0.0.0,目标地址为 255.255.255.255,报文中包含所选择的 DHCP 服务器的地址。

第 4 阶段:DHCP 服务器 IP 租用认可。一旦被选择的 DHCP 服务器收到 DHCP Request 报文后,就将已标为不可用的 IP 地址标识为已租用,并以广播方式发送一个 DHCP ACK 确认信息给客户端。客户端收到 DHCPACK 信息后,就使用此信息中提供的相关参数来配置自己的 IP 地址及 TCP/IP 属性并加入网络。

2. DHCP 租约的更新

DHCP 服务器将 IP 地址租给客户端是有租用时间限制的,客户端必须在此次租用过期前进行更新。客户端在 50% 租期时间过后,每隔一段时间就发送 DHCP Request 报文,开始请求 DHCP 服务器更新当前租期。如果 DHCP 服务器应答则租用延期;如果 DHCP 服务器始终没有应答,则在有效期的 87.5% 时,客户端应该与任何一个其他的 DHCP 服务器通信,并请求更新它的配置信息。如果客户端不能和所有的 DHCP 服务器取得联系,租借时间到期后,它必须放弃当前的 IP 地址,并重新发送一个 DHCP Discover 报文开始上述的 IP 地址获取过程。

3. DHCP 服务的配置

安装 DHCP 服务器并不复杂,只是要注意 DHCP 服务器本身的 IP 地址应是固定的,不能是动态分配的。可通过服务管理器的"添加角色和功能向导"工具进行安装,安装完毕后,不必重启系统,管理员可通过下列步骤进行配置。

第 1 步:为服务器配置静态 IP 地址。

(1) DHCP 服务作为网络基础服务之一,它要求使用固定的 IP 地址,因此,需要按网络拓扑规划图为 DHCP 服务器配置静态 IP 地址。

(2) 打开 DHCP 服务器的"本地连接"对话框,在"本地连接"的"Ethernet0 属性"对话框中选中"Internet 协议版本 4(TCP/IPv4)"复选框,并单击"属性"按钮,在弹出的配置页面中输入 IP 地址信息,如图 7-25 所示。

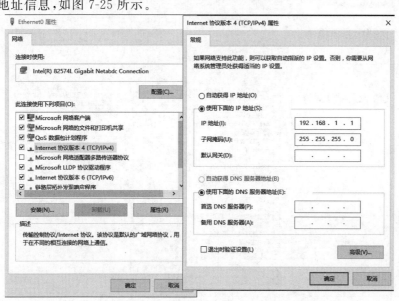

图 7-25　DHCP 服务器 TCP/IP 的配置

网络操作系统

第2步：在服务器上安装DHCP服务角色和功能。

(1) 在"服务器管理器"窗口的下拉式菜单中,选择"添加角色和功能"选项,进入"添加角色和功能向导"页面,单击"下一步"按钮,进入"安装类型"页面。

230

(2) 保持默认选项,并单击"下一步"按钮,进入图7-26所示的"服务器选择"页面,选择"192.168.1.1"服务器,继续单击"下一步"按钮。

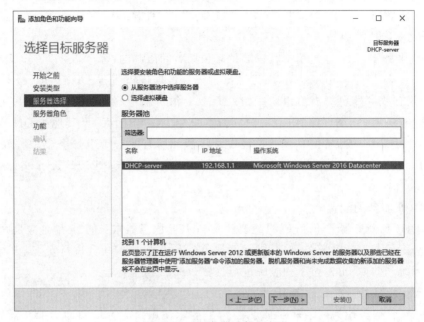

图7-26 "服务器选择"页面

(3) 在图7-27所示的"服务器角色"页面中,选中"DHCP服务器"复选框,在弹出的"添加DHCP服务器所需的功能"对话框中单击"添加功能"按钮,如图7-28所示。

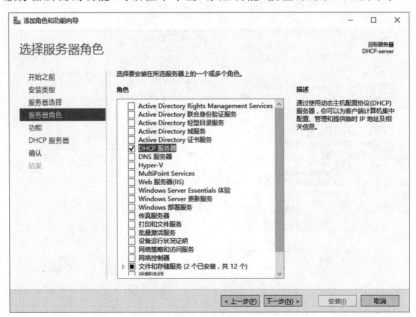

图7-27 "服务器角色"页面

（4）单击"下一步"按钮，进入"功能"页面，由于在刚刚弹出的对话框中已经自动添加了功能，这里保持默认选项即可，单击"下一步"按钮，进入"确认"页面，确认无误后单击"安装"按钮，等待一段时间后即可完成DHCP服务器角色和功能的添加。

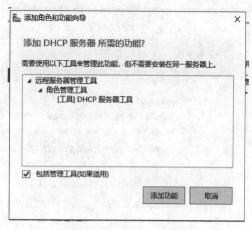

图 7-28　选择"添加功能"

第 3 步：创建并启用 DHCP 作用域。

DHCP 作用域是本地逻辑子网中可使用的 IP 地址集合。DHCP 服务器只能使用作用域中定义的 IP 地址来分配给 DHCP 客户端，必须创建并启用 DHCP 作用域，DHCP 服务才开始工作。

DHCP 作用域的相关属性如下。

- 作用域名称：在创建作用域时指定的作用域标识，在本项目中，可以使用"部门＋网络地址"作为作用域名名称。
- IP 地址的范围：作用域中，可用于给客户端分配的 IP 地址范围。
- 子网掩码：指定 IP 的网络地址。
- 租用期：客户端租用 IP 地址的时长。
- 作用域选项：是指除了 IP 地址、子网掩码及租用期以外的网络配置参数，如默认网关、DNS 服务器 IP 地址等。
- 保留：是指为一些主机分配固定的 IP 地址，这些 IP 将固定分配给这些主机，使得这些主机租用的 IP 地址始终不变。

一个合法的 IP 地址范围用于向特定子网上的客户端出租 IP 地址。假定取 IP 地址范围为"192.168.1.10～192.168.1.200"，配置 DHCP 作用域的步骤如下。

（1）在"任务管理器"页面的"工具"菜单上单击"DHCP"命令，打开"DHCP 服务管理器"页面。选择 DHCP→IPv4 选项→"新建作用域"选项，如图 7-29 所示。

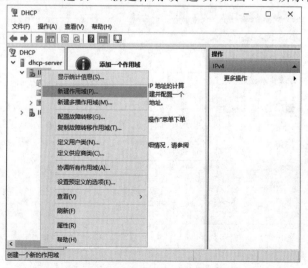

图 7-29　选择"新建作用域"命令

第7章

网络操作系统

（2）在打开的"新建作用域向导"对话框中单击"下一步"按钮,进入"作用域名称"对话框时,在"名称"中输入"192.168.1.0/24","描述"中输入"研发中心",然后单击"下一步"按钮,如图7-30所示。

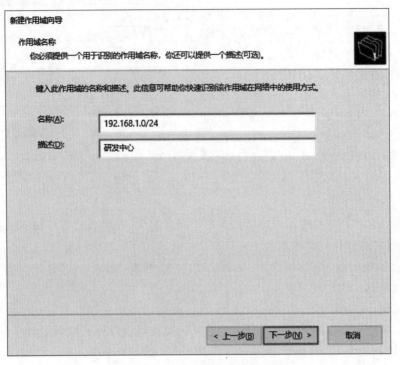

图7-30 "作用域名称"对话框

（3）在"IP地址范围"对话框中设置可以用于分配的IP地址,输入"起始IP地址""结束IP地址""子网掩码""长度",单击"下一步"按钮,如图7-31所示。

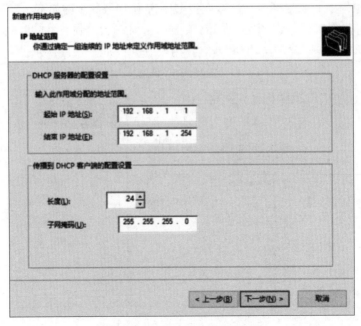

图7-31 "IP地址范围"对话框

（4）在"添加排除和延迟"对话框中，可根据需要从 IP 地址范围选择一段或多段要排除的 IP 地址，排除的地址不能对外出租。如果要排除单个 IP 地址，则只需在"起始 IP 地址"中输入地址，如图 7-32 所示。

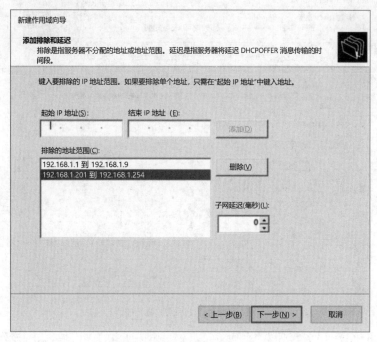

图 7-32 "添加排除和延迟"对话框

子网延迟是指服务器发送 DHCP Offer 消息传输的时间值，单位为毫秒，默认为 0。

（5）单击"下一步"按钮，打开"租用期限"对话框，如图 7-33 所示，定义客户端从作用域租用 IP 地址的时间长短。对于经常变动的网络，租期应短一些。

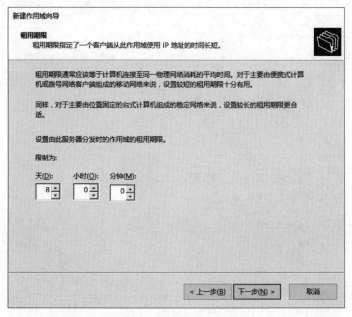

图 7-33 "租用期限"对话框

（6）单击"下一步"按钮，在"配置 DHCP 选项"对话框中，选择"否，我想稍后配置这些选项"单选按钮，如图 7-34 所示，然后单击"下一步"按钮，完成作用域的配置。

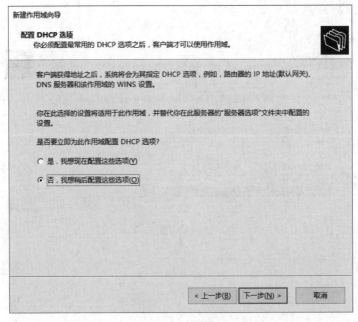

图 7-34 "配置 DHCP 选项"对话框

（7）回到"DHCP 服务管理器"页面，可以看到刚刚创建的作用域，此时该作用域并未开始工作，它的图标中有一个向下的红色箭头，它标志着该作用域处于未激活状态。

（8）右击"192.168.1.0"作用域，弹出的菜单中，选择"激活"选项，完成 DHCP 作用域的激活，此时该作用域的红色箭头消失了，标志着该作用域的 DHCP 服务开始工作，客户端可以开始向服务器租用该作用域下的 IP 了，如图 7-35 所示。

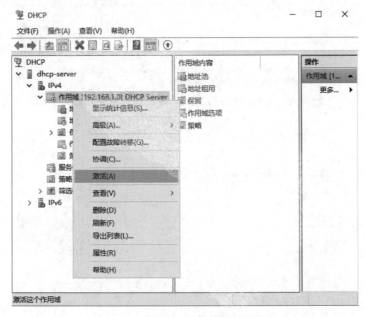

图 7-35 "DHCP 服务管理器"页面

4. DHCP 服务器的日常运维与管理

DHCP 服务器日常维护和管理的常见任务如下。

第 1 步：DHCP 服务器的备份。

在网络运行过程中，由于各种原因往往会导致系统瘫痪和服务失败。借助备份 DHCP 数据库技术，在系统恢复后可以通过还原数据库的方法迅速恢复，重新提供网络服务，并减少重新配置 DHCP 服务的难度。

进入"DHCP 服务管理器"页面，右击"DHCP 服务器"选项，在弹出的菜单中，选择"备份"选项，将弹出"浏览文件夹"对话框，在该对话框中选择 DHCP 服务器数据的备份文件的存放目录，如图 7-36 所示。

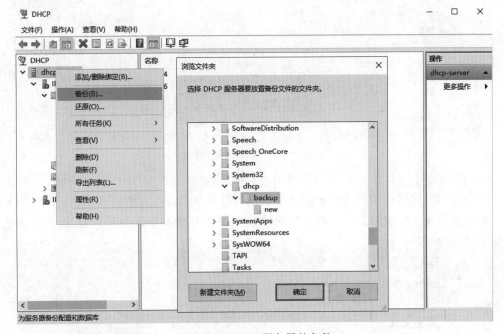

图 7-36　DHCP 服务器的备份

在设置 DHCP 服务器的备份文件的存放位置时，系统默认选择"％systemroot％/system32/dhcp/backup"目录，但是如果服务器崩溃并且数据短时间内无法还原时，DHCP 服务器也就无法短时间内通过备份数据进行还原，因此建议更改备份位置为文件服务器的共享存储上或在多台计算机上进行备份。

第 2 步：DHCP 服务器的还原。

DHCP 服务器的还原通过备份数据进行。

设置 DHCP 服务器出现故障情景，先将先前所做的所有配置都删除。

（1）打开"DHCP 服务管理器"页面，右击"DHCP 服务器"选项，在弹出的菜单中选择"还原"选项，将弹出"浏览文件夹"对话框，在该对话框中选择 DHCP 服务器数据的备份文件的存放位置，如图 7-37 所示。

（2）选择好数据库的备份位置后，单击"确定"按钮。这时将出现"为了使改动生效，必须停止和重新启动服务器。要这样做吗？"的提示，单击"是"按钮，将开始数据库还原，并完成 DHCP 服务器的还原。

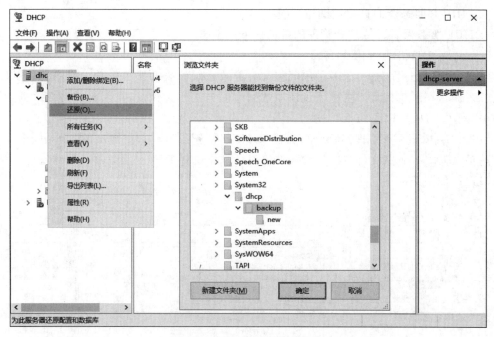

图 7-37　DHCP 服务器的备份

（3）还原后可以查看 DHCP 服务器的所有配置，可以发现 DHCP 服务器的配置都成功还原，但在查看"作用域"的"地址租用"时，原先所有客户端租用的租约都没了，如图 7-38 所示。此时客户端再次获取 IP 时，它所获取的 IP 将很有可能和原来的不一致，服务器将重新分配 IP 地址给客户端。

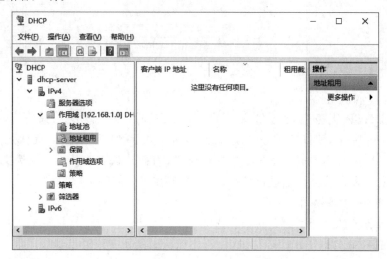

图 7-38　查看 DHCP 作用域的"地址租用"结果

第 3 步：查看 DHCP 服务器的日志。

网络管理人员可以通过查看系统日志了解 DHCP 服务器的工作状态，配置 DHCP 服务器可以将 DHCP 服务器的服务活动写入日志中，如果出现问题也能通过日志查找故障原因，并通过对应办法快速解决。

通常日志文件默认存放在如"%systemroot%\system32\dhcp\DhcpSrvLog-*.log"所示的路径中。如果要更改日志文件的路径,在 DHCP 服务管理器控制台树中展开服务器节点,右击"IPv4"选项,如图 7-39 所示。在弹出右键快捷菜单中选择"属性"选项,打开"IPv4属性"对话框。然后选择"高级"选项卡,在"审核日志文件路径"文本框中单击"浏览"按钮可修改日志文件存放位置。

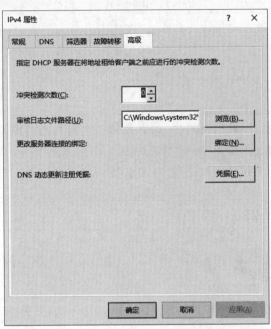

图 7-39　DHCP 日志文件设置页面

服务器命名日志文件的方式是通过检查服务器上的当前日期和时间确定的。例如,如果 DHCP 服务器启动时的当前日期和时间为星期二,2024 年 4 月 2 日,15:07:00PM,则服务器日志文件命名为 DhcpSrvLog-Tue。要查看日志内容,请打开相应的日志文本文件。

服务器日志是用英文逗号分隔的文本文件,每个日志项单独出现在一行文本中。日志文件项中的字段包括(以及它们出现的顺序)ID、日期、时间、描述、IP 地址、主机名和 MAC 地址。表 7-2 详细说明了每个字段的作用。

表 7-2　DHCP 服务器日志项中的字段及其作用

字　　段	作　　用
ID	DHCP 服务器事件 ID 代码
日期	DHCP 服务器上记录此项的日期
时间	DHCP 服务器上记录此项的时间
描述	关于这个 DHCP 服务器事件的说明
IP 地址	DHCP 客户端的 IP 地址
主机名	DHCP 客户端的主机名
MAC 地址	客户端的网络适配器使用的 MAC 地址

服务器日志文件使用保留的事件 ID 代码来提供有关服务器事件类型或所记录活动的信息。表 7-3 详细地描述了这些事件 ID 代码的含义。

表 7-3　DHCP 服务器日志文件中常见事件 ID 代码及其含义

事件 ID	含　义
00	已启动日志
01	已停止日志
02	由于磁盘空间不足,日志被暂停
10	已将一个新的 IP 地址租给一个客户端
11	一个客户端已续订了一个租约
12	一个客户端已释放了一个租约
13	一个 IP 地址已在网络上被占用
14	不能满足一个租用请求,因为作用域的地址池已用尽
15	一个租约已被拒绝
16	一个租约已被删除

可以在 DHCP 服务控制台树中展开服务器节点启用日志功能,右击"IPv4"节点,在弹出的右键快捷菜单中单击"属性"命令,打开如图 7-40 所示的"IPv4 属性"对话框。选择"常规"选项卡,选中"启用 DHCP 审核记录"复选框(默认为选中状态),DHCP 服务器开始将工作记录写入文件中。

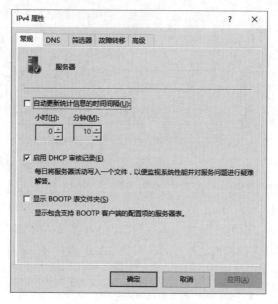

图 7-40　启用 DHCP 审核记录

 实施过程

任务 1　安装配置虚拟机(VM)

使用虚拟机,可以在应用程序窗口中运行多个不同的操作系统。这里介绍虚拟机安装 Windows Server 2022 的方法,其操作步骤也适用于其他版本。例如,Windows Server 2019 安装或 Windows Server 2016 安装。

(1) VMware Workstation 中文版是一个"虚拟 PC"软件,安装完成后,双击桌面图标启动,启动 VMware Workstation 17。创建虚拟机有两种方法,既可以通过主页中单击"创建新的虚拟机"按钮创建，也可以在"文件"下拉菜单中找到"创建新的虚拟机"选项创建，如图 7-41 所示。

图 7-41　创建虚拟机下拉菜单

（2）在文件菜单中选择在文件中创建虚拟机，并在弹出的"新建虚拟机向导"对话框中选中"自定义"单选按钮，如图 7-42 所示，然后单击"下一步"按钮。

（3）选择虚拟机的硬件兼容性，如图 7-43 所示。直接默认单击"下一步"按钮。

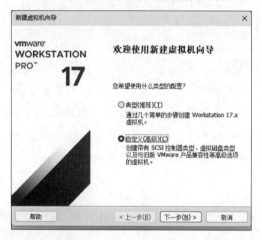

图 7-42　新建虚拟机向导

图 7-43　选择虚拟机的硬件兼容性

（4）在弹出的"安装客户机操作系统"页面选中"稍后安装操作系统"单选按钮，否则配置完成后系统会自动安装系统，并把空间全部分配给 C 盘，如图 7-44 所示。

（5）单击"下一步"按钮，操作系统选择"Microsoft Windows"，版本选择"Windows Server 2022"，如图 7-45 所示。继续单击"下一步"按钮。

图 7-44　"安装客户机操作系统"页面

图 7-45　选择操作系统

(6) 设置虚拟机的名称和安装位置,完成后单击"下一步"按钮,在"固件类型"中选中"BIOS"单选按钮,如图 7-46 所示。

(7) 单击"下一步"按钮,设置处理器和内存,可根据计算机实际情况进行配置,不超过主机就行。这里设置处理器为 4 核,内存为 64GB,给虚拟机分配 8GB 内存,如图 7-47 所示。

图 7-46 选择"固件类型"

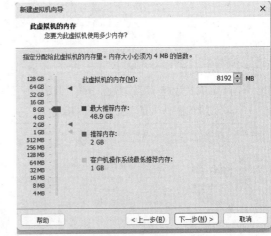

图 7-47 分配内存

(8) 单击"下一步"按钮,网络连接选择"使用网络地址转换(NAT)(E)"模式,如图 7-48 所示。

(9) 单击"下一步"按钮,选择 I/O 控制类型,默认推荐即可。再选择磁盘类型,保持默认。接着选择磁盘,选择"创建新虚拟磁盘"。然后指定磁盘容量,如果物理磁盘足够大,可设为 200GB,如果物理磁盘不是很大,可以保持默认的 60GB,如图 7-49 所示。

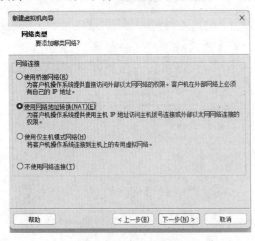

图 7-48 网络连接选择

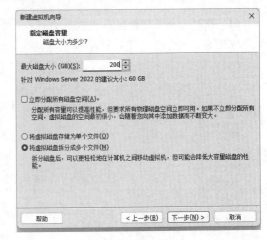

图 7-49 指定磁盘容量

(10) 接下来,选择磁盘文件的存放位置,单击"下一步"按钮,确认配置,单击"完成"按钮,如图 7-50 所示。

(11) 至此,Windows Server 2022 的虚拟机就创建完成。接下来进行配置。在虚拟机页面单击 CD/DVD 设置,如图 7-51 所示。

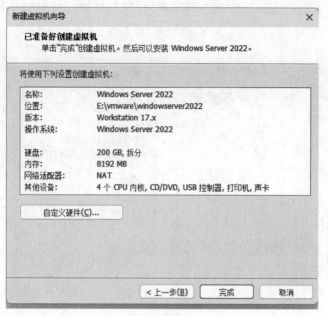

图 7-50　配置完成

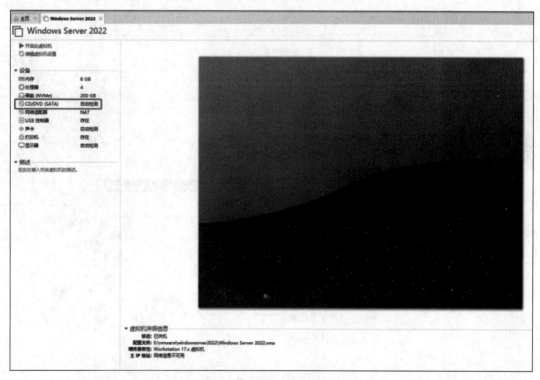

图 7-51　虚拟机页面

（12）选中"使用 ISO 镜像文件"单选按钮，单击"浏览"按钮，然后从文件夹中选择
Windows Server 2022 的 ISO 文件，单击"确定"按钮，如图 7-52 所示。至此虚拟机配置
完成。

242

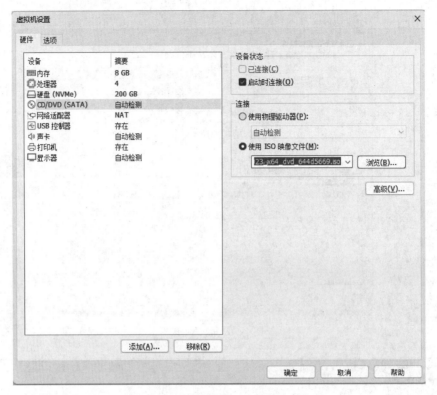

图 7-52　选择"使用 ISO 镜像文件"

任务 2　安装配置 Windows Server 2022

子任务 1　安装 Windows Server 2022

(1) 单击"虚拟机"图标,进入 Windows Server 2022 的安装页面,根据提示单击"下一页"按钮,如图 7-53 所示。进行光盘启动后,运行后显示安装页面,如图 7-54 所示。

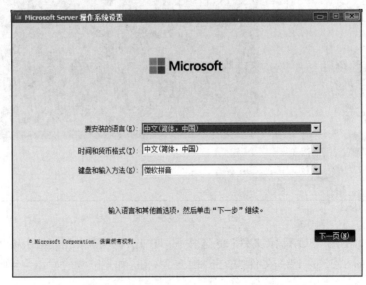

图 7-53　Windows Server 2022 的安装页面

图 7-54　现在安装页面

（2）单击"下一步"→"现在安装"按钮，激活安装系统，在输入密钥时，单击"我没有产品密钥"按钮，如图 7-55 所示。

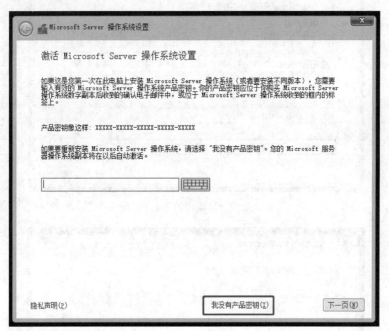

图 7-55　输入密钥

（3）Windows Server 2022 有 4 个版本，这里选择安装的操作系统是"数据中心桌面体验版"选项，单击"下一页"按钮，如图 7-56 所示。

（4）在"适用的声明和许可条款"中，选择接受许可条款，如图 7-57 所示。单击"下一页"按钮后再选择自定义安装，如图 7-58 所示。

（5）创建系统分区用来安装操作系统，单击"新建"按钮后设置分区大小，如图 7-59 所示。单击"应用"按钮后，弹出提示框，单击"确定"按钮即可，如图 7-60 所示。

图 7-56　选择版本

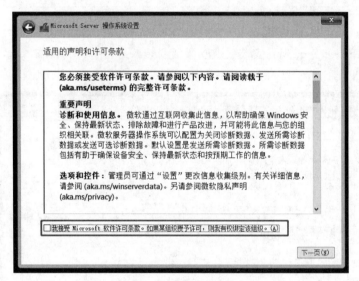

图 7-57　"接受许可条款"页面

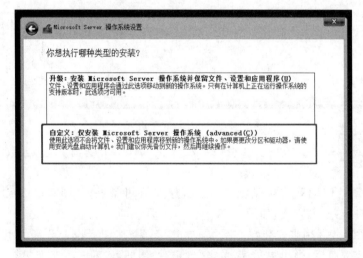

图 7-58　"自定义"安装页面

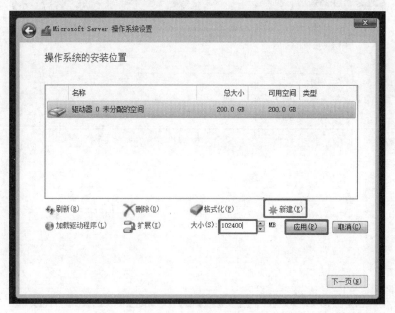

图 7-59　创建系统分区

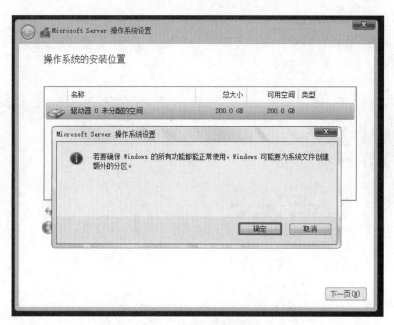

图 7-60　"应用"提示

（6）创建数据分区，用来存放其他数据，如图 7-61 所示。单击"下一步"按钮，选择安装操作系统的分区，如图 7-62 所示。

（7）等待操作系统安装完毕，如图 7-63 所示。这样 Windows Server 2022 就安装完毕了。

（8）等待，Windows Server 初始化安装完毕，会弹出一个设置管理员密码，在这一步设置密码。注意，Windows Server 对管理员密码有复杂度的要求，如图 7-64 所示。

图 7-61　创建数据分区

图 7-62　安装操作系统的分区

（9）设置完毕之后，就可以看到 Windows Server 2022 的锁屏页面了。如果要解锁，则需要按 Ctrl＋Alt＋Delete 快捷键解锁，但这里是 VMware 虚拟机，直接按快捷键是我们宿主机的电脑。所以这里需要在 VMware 的虚拟机选项里面单击发送 Ctrl＋Alt＋Del 快捷键，在对话框中输入管理员密码，进入操作系统，如图 7-65 所示。

（10）输入密码后，就进入 Windows Server 2022 的桌面。至此，虚拟机上的操作系统安装完成，显示图 7-66 所示页面。

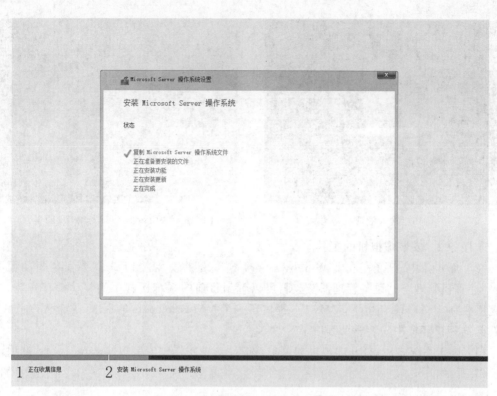

图 7-63　操作系统安装完成页面

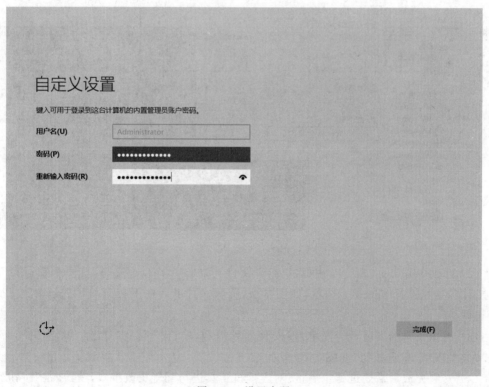

图 7-64　设置密码

网络操作系统

图 7-65　输入管理员密码

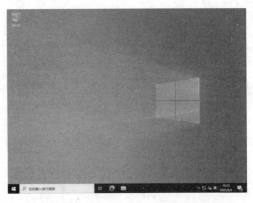

图 7-66　Windows Server 2022 的桌面

子任务 2　安装虚拟机的工具

在上面步骤中,已经完成了 Windows Server 2022 的安装,接下来需要安装驱动程序。选择"计算机管理"→"设备管理器"选项,可以看到目前的系统还有一些驱动没有安装。由于这里是在 VMware 环境下,VMware 提供了一个 VMwareTools 的程序,这个程序就相当于在此物理机环境中安装驱动程序了。

(1)进入系统之后,打开虚拟机的菜单,选择"虚拟机"→"安装 VMware Tools"选项,如图 7-67 所示。

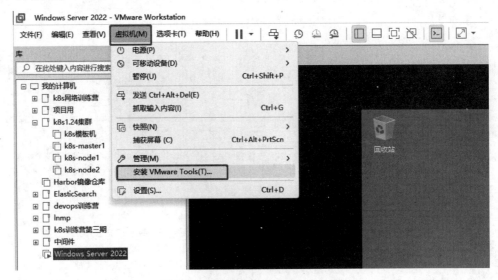

图 7-67　选择"安装 VMware Tools"

(2)回到 Windows Server 虚拟机,打开文件夹,找到 DVD 驱动器,在里面就可以看到安装程序,这里选择 Setup64 选项,如图 7-68 所示。右击后在下拉菜单中选择"管理员运行"选项。

(3)虚拟工具的安装较为简单,按安装向导提示,单击"下一步"按钮,如图 7-69 所示。选中"典型安装"单选按钮,如图 7-70 所示。

(4)安装完成后需要进行重启,使对虚拟机工具进行配置更改生效,单击"是"按钮。再次打开设备管理器,显示驱动程序已经安装了,如图 7-71 所示。至此整个安装过程结束。

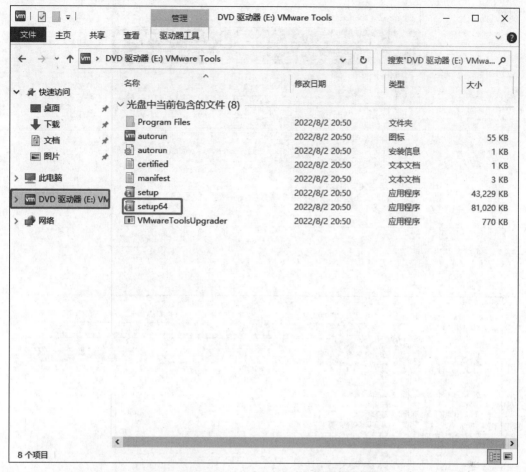

图 7-68　选择"DVD 驱动器"进行虚拟工具的安装

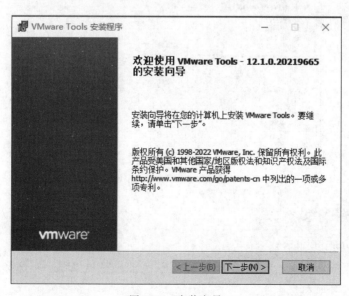

图 7-69　安装向导

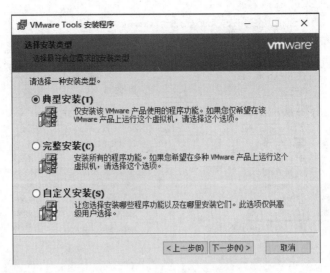

图 7-70　选中"典型安装"单选按钮

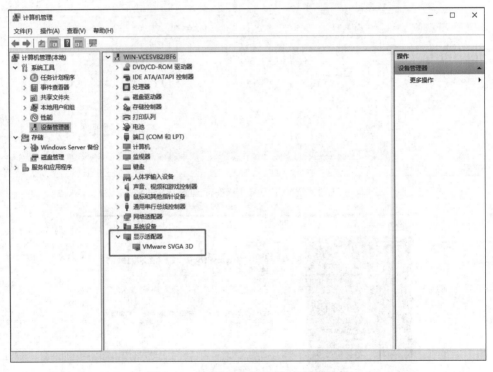

图 7-71　显示"设备管理器"中驱动程序

任务 3　安装域服务器

子任务 1　安装域服务器

（1）打开"服务器管理器"页面，在"配置此本地服务器"对话框中，选择"添加角色和功能"选项，如图 7-72 所示。

（2）在"添加角色和功能向导"窗口，单击"下一步"按钮，如图 7-73 所示。

图 7-72 "服务器管理器"页面

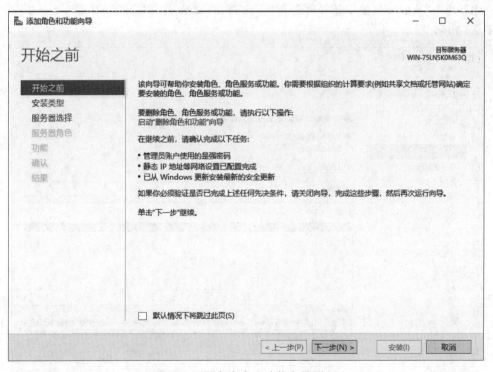

图 7-73 "添加角色和功能向导"窗口

（3）选中"基于角色或基于功能的安装"单选按钮，单击"下一步"按钮，如图 7-74 所示。

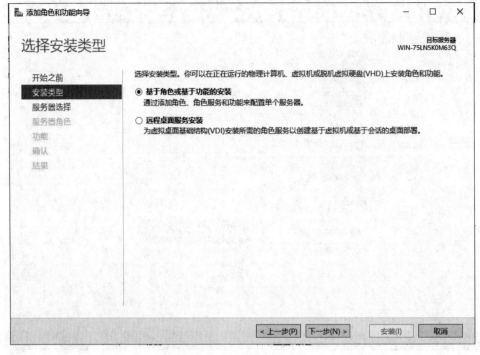

图 7-74　选择安装类型

（4）选中"从服务器池中选择服务器"单选按钮，选择当前服务器，单击"下一步"按钮，如图 7-75 所示。

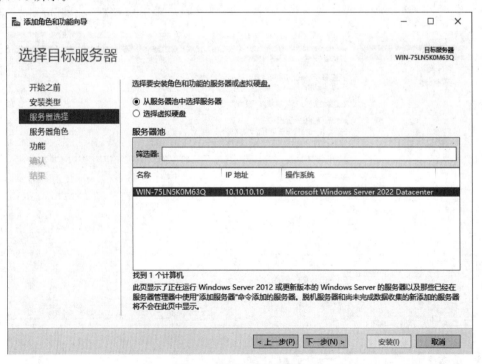

图 7-75　选择目标服务器

（5）在"选择服务器角色"对话框中，选中"Active Directory 域服务"复选框，添加所需要的功能，单击"下一步"按钮，如图 7-76 所示。

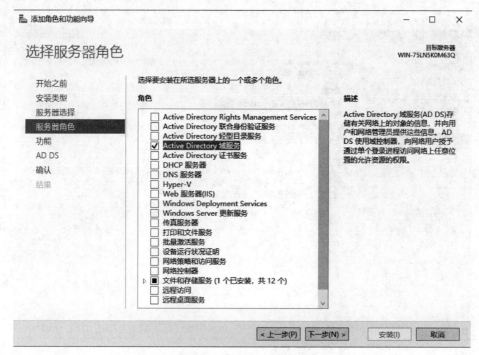

图 7-76 "选择服务器角色"对话框

（6）默认选中"选择功能"选项，单击"下一步"按钮，如图 7-77 所示。

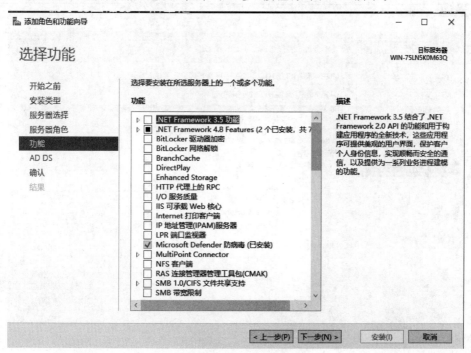

图 7-77 选择功能

（7）从图 7-78 所示的"Active Directory 域服务"对话框中单击"下一步"按钮。

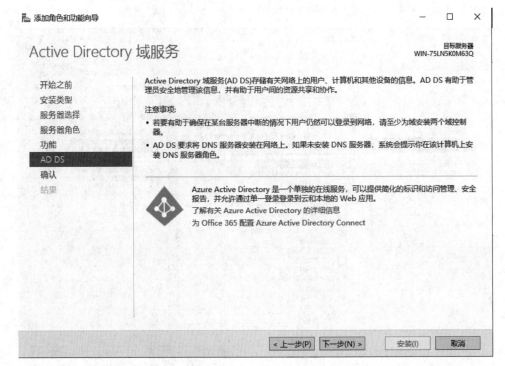

图 7-78 "Active Directory 域服务"对话框

（8）确认安装内容，单击"安装"按钮，如图 7-79 所示。

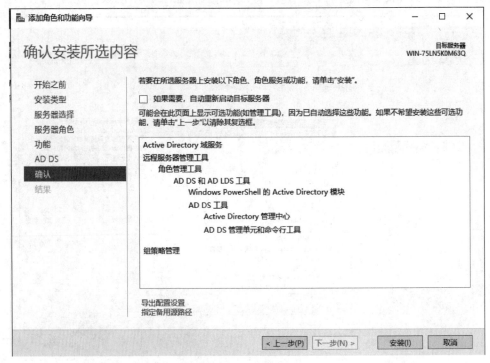

图 7-79 确认安装内容

（9）安装完成后，单击"关闭"按钮，然后重启服务器，如图 7-80 所示。

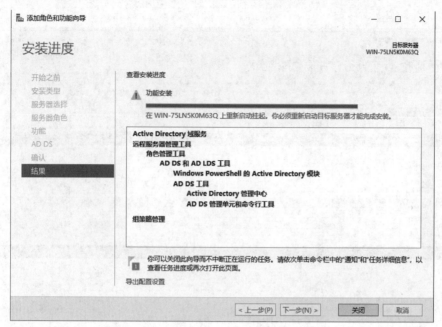

图 7-80　安装完成

子任务 2　创建主域控

在创建第一台域控制器时，首先需要确定域控制器使用的根域名称，如果已向互联网申请了域名，为保证内外网域名的一致性，则通常也会在 AD 中使用该域名，因此在本任务中，根域是 EDU.CN。

（1）打开"服务器管理器"窗口，从 AD DS 面板右侧找到"更多…"并点开，如图 7-81 所示。

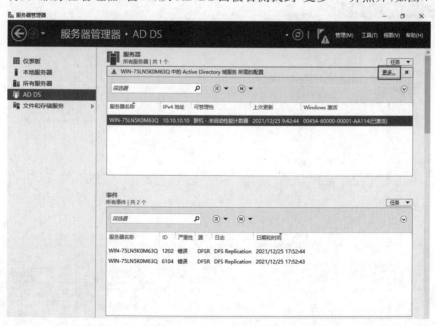

图 7-81　"服务器管理器"窗口

网络操作系统

（2）从弹出的"所有服务器 任务详细信息"窗口中单击"将此服务器提升为域控制器"超链接，如图 7-82 所示。

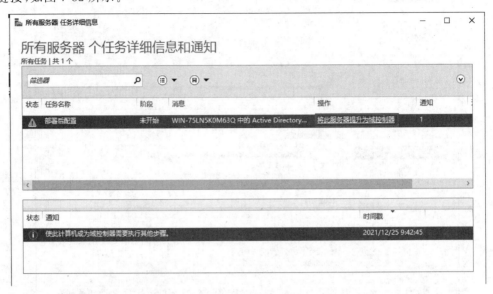

图 7-82 "所有服务器任务详细信息"窗口

（3）在弹出的"Active Directory 域服务配置向导"窗口中，选中"添加新林"单选按钮，在"根域名"输入框中输入企业的根域 EDU.CN，如图 7-83 所示。

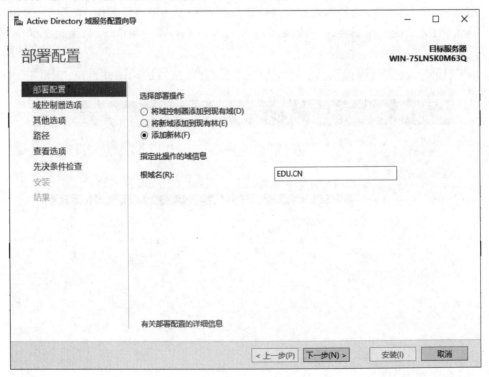

图 7-83 部署配置

（4）在"域控制器选项"页面中的"林功能级别"和"域功能级别"均选择为"Windows Server

2022",设置"键入目录服务还原模式（DSRM）密码"的密码，单击"下一步"按钮，如图 7-84 所示。

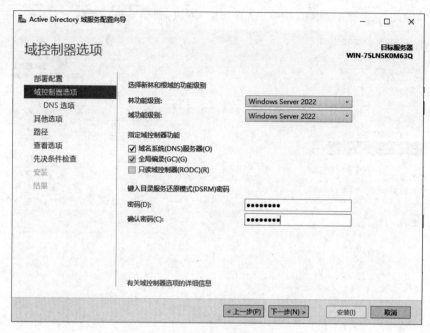

图 7-84 "域控制器选项"页面

（5）在"DNS 选项"页面中，默认配置，单击"下一步"按钮，如图 7-85 所示。

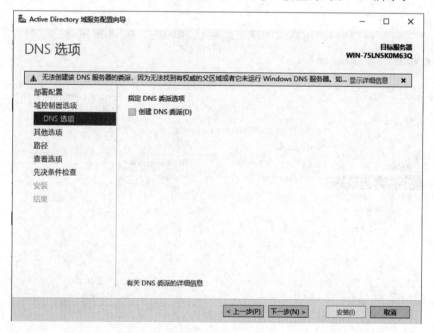

图 7-85 DNS 选项

说明：DNS 会在域控配置完成自动完成 DNS 的安装，所以前面不需要安装 DNS 角色和功能。

（6）在其他选项中，系统会自动推荐 NetBIOS 域名，通常这个推荐域名为末级域名。在本任务中，"EDU.CN"的末级域名为 EDU，它表示新建域的简称。在本任务中，域的简称就是 EDU，因此，保持默认配置，并单击"下一步"按钮，如图 7-86 所示。

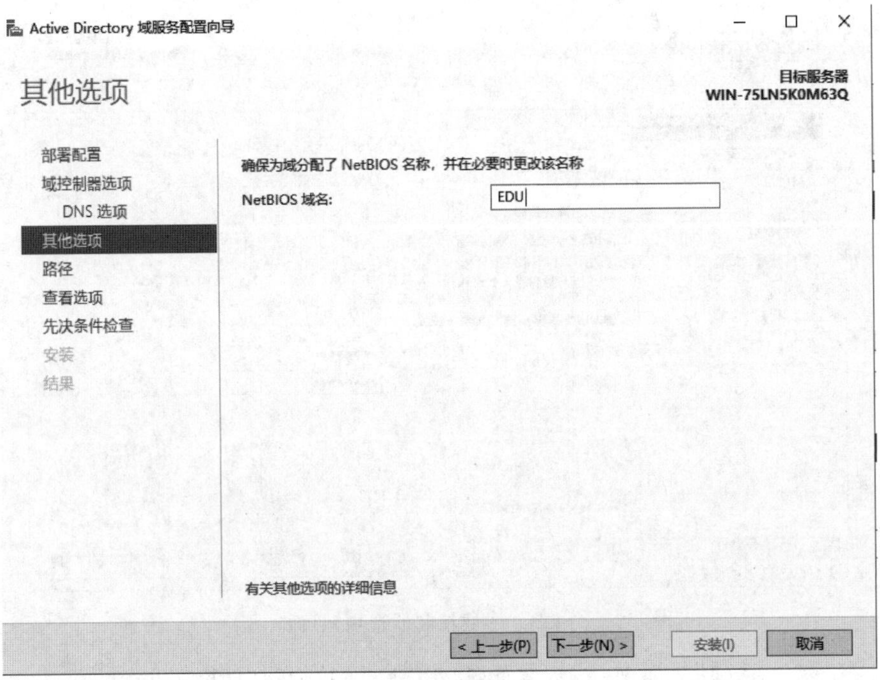

图 7-86　其他选项

（7）在"路径"页面中，使用默认的域安装路径，单击"下一步"按钮，如图 7-87 所示。

图 7-87　安装路径

（8）在"查看选项"页面中，管理员可以查看即将生效的域配置是否正确，确认无误后，单击"下一步"按钮，如图 7-88 所示。

图 7-88　查看选项

（9）在"先决条件检查"页面中，系统会检查 AD 域升级的所有配置是否满足要求。如果检查通过，则"安装"按钮为可单击状态，如图 7-89 所示。如果检查不通过，则需要根据检查提示完成相关配置。通过后，单击"安装"按钮，等待安装完成，如图 7-90 所示。

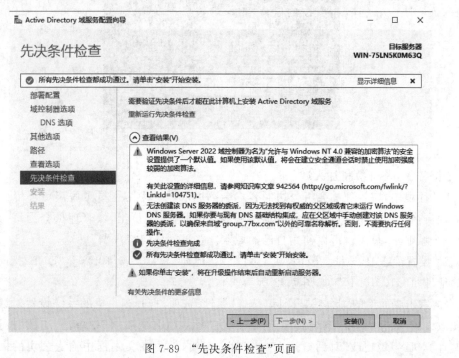

图 7-89　"先决条件检查"页面

网络操作系统

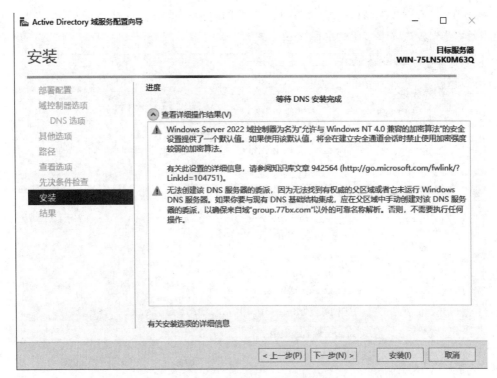

图 7-90　等待 DNS 安装完成

（10）安装完成之后，系统会自动重启计算机。计算机重启后就可以进入"登录到 EDU 域"的页面，如图 7-91 所示。

图 7-91　登录到 EDU 域

子任务 3　将计算机加入域

在域环境中，域管理员会将公司的客户端都加入域。为防止员工脱离域环境使用客户端，管理员往往会禁用客户端的所有本地账户。因此，对于员工，域管理员会为每一位员工创建一个域账户，员工就可以使用自己的域账户登录到任何客户端。

（1）设置静态 IP 地址，在计算机上配置"IP 地址"为"10.10.10.20"，"DNS"指向域控制的 IP 地址"10.10.10.10"，如图 7-92 所示。

（2）右击桌面上的"此电脑"图标，选择"属性"选项，打开客户机的系统设置对话框。单击"更改设置"按钮，弹出"系统属性"对话框，在"计算机名选项卡"中单击"更改"按钮，在弹出的"计算机名/域更改"对话框选中"域"单选按钮，然后在文本框中输入公司的根域名称

"edu. cn",并单击"确定"按钮,如图 7-93 所示。

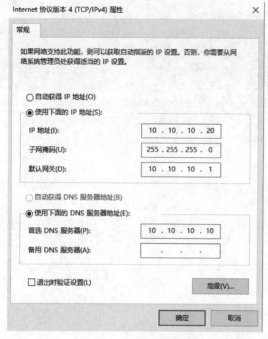

图 7-92 设置静态 IP 地址

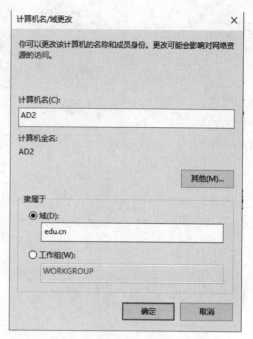

图 7-93 "计算机名/域更改"对话框

(3) 在弹出的"Windows 安全中心"对话框中,输入域管理员 administrator 的账户和密码,然后单击"确定"按钮,如图 7-94 所示。

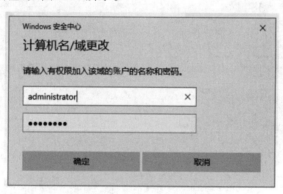

图 7-94 "Windows 安全中心"对话框

(4) 加入域控验证,输入域控账号和密码,显示加入域控成功,单击"确定"按钮,如图 7-95 所示。

(5) 系统将提示重启计算机,重启后即完成客户机加入域的任务。

子任务 4 创建新用户

(1) 进入"服务器管理器"页面,从"工具"下拉菜单中选择"Active Directory 用户和计算机"选项。

(2) 在"Active Directory 用户和计算机"页面下 Users 组织架构,在快捷菜单中选择"新建"→"用户"选项,如图 7-96 所示。打开"新建对象-用户"对话框。

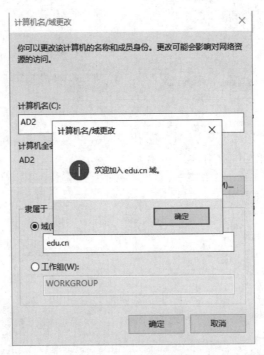

图 7-95   加入域控成功

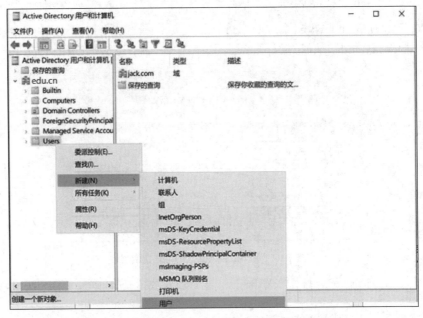

图 7-96   "Active Directory 用户和计算机"管理页面

(3) 在"新建对象-用户"对话框中输入用户 Xiangwu 的账户信息,然后单击"下一步"按钮,如图 7-97 所示。

(4) 输入账户密码,其他使用默认配置,然后单击"下一步"按钮,如图 7-98 所示。

(5) 确认用户 Xiangwu 的注册信息无误后,单击"完成"按钮,用户创建成功,如图 7-99所示。

图 7-97 "新建对象-用户"对话框

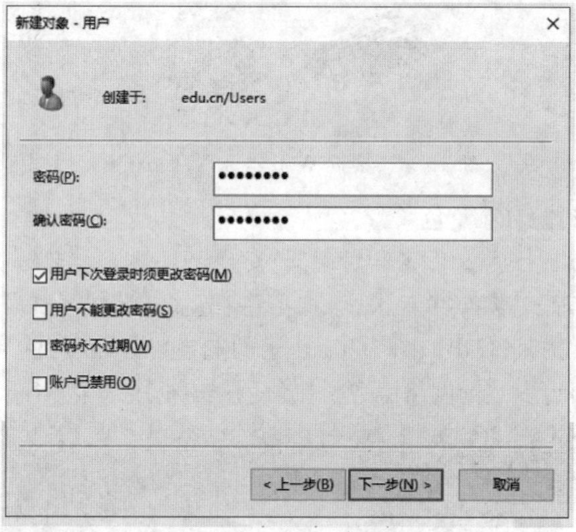

图 7-98 输入账户密码

图 7-99 用户创建成功

任务4　Web 和 FTP 服务器的配置

在部署 Web 服务器前需满足以下要求。

(1) 设置 Web 服务器的 TCP/IP 属性,手工指定 IP 地址、子网掩码、默认网关和 DNS 服务器 IP 地址等。

(2) 部署域环境,域名为 long.com。

在域环境下,域名为 long.com。其中 Web 服务器主机名为 win2022-1,其本身也是域控制器和 DNS 服务器,IP 地址为 10.10.10.1。Web 客户机主机名为 win2022-2,其本身是域成员服务器,IP 地址为 10.10.10.2。网络拓扑如图 7-100 所示。

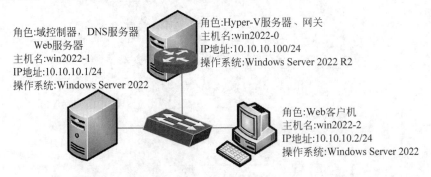

角色:域控制器,DNS服务器
　　　　Web服务器
主机名:win2022-1
IP地址:10.10.10.1/24
操作系统:Windows Server 2022

角色:Hyper-V服务器、网关
主机名:win2022-0
IP地址:10.10.10.100/24
操作系统:Windows Server 2022 R2

角色:Web客户机
主机名:win2022-2
IP地址:10.10.10.2/24
操作系统:Windows Server 2022

图 7-100　架设 Web 服务器网络拓扑

1. 安装 Web 服务器(IIS)角色

在计算机 win2022-1 上通过"服务器管理器"安装 Web 服务器(IIS)角色,具体步骤如下。

(1) 在"服务器管理器"窗口中单击"添加角色"链接,启动"添加角色向导"。

(2) 单击"下一步"按钮,弹出如图 7-101 所示的选择服务器"角色"对话框,在该对话框中显示了当前系统所有可以安装的网络服务。在角色列表框中选中"Web 服务器(IIS)"复选框。

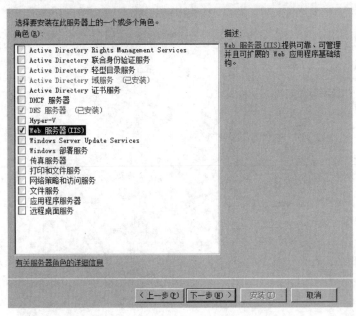

图 7-101　选择服务器"角色"对话框

（3）单击"下一步"按钮，弹出"Web 服务器(IIS)"对话框，显示了 Web 服务器的简介、注意事项和其他信息。

（4）单击"下一步"按钮，弹出如图 7-102 所示的选择"角色服务"对话框，默认只选择安装 Web 服务所必需的组件，用户可以根据实际需要选择要安装的组件(如应用程序开发、运行状况和诊断等)。

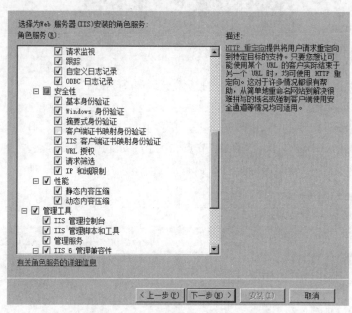

图 7-102　选择"角色服务"对话框

提示：在此将"FTP 服务器"复选框选中，在安装 Web 服务器的同时，也安装了 FTP 服务器。建议将"角色服务"中的各选项全部进行安装，特别是身份验证方式，如果安装不全，后面进行网站安全设置时，会有部分功能不能使用。

（5）选择好要安装的组件后，单击"下一步"按钮，弹出"确认安装选择"对话框，显示了前面所进行的设置，检查设置是否正确。

（6）单击"安装"按钮开始安装 Web 服务器。安装完成后，弹出"安装结果"对话框，单击"关闭"按钮完成安装。

安装完 IIS 以后还应对该 Web 服务器进行测试，以检测网站是否正确安装并运行。在局域网中的一台计算机上(本例为 win2022-2)，通过浏览器输入以下 3 种地址格式进行测试。

- DNS 域名地址：http://win2022-1.long.com/。
- IP 地址：http://10.10.10.1/。
- 计算机名：http://win2022-1/。

如果 IIS 安装成功，则会在 IE 浏览器中显示如图 7-103 所示的网页。如果没有显示出该网页，请检查 IIS 是否出现了问题或重新启动 IIS 服务，也可以删除 IIS 重新安装。

2. 创建 Web 网站

在 Web 服务器上创建一个新网站"Web"，使用户在客户端计算机上能通过 IP 地址和域名进行访问。

图 7-103 IIS 安装成功

创建使用 IP 地址访问的 Web 网站的具体步骤如下。

(1) 停止默认网站(Default Web Site)。

以域管理员账户登录到 Web 服务器上,打开"Internet 信息服务(IIS)管理器"控制台。在控制台树中依次展开服务器和"网站"节点。右击 Default Web Site,在弹出菜单中选择"管理网站"→"停止"命令,即可停止正在运行的默认网站,如图 7-104 所示。停止后默认网站的状态显示为"已停止"。

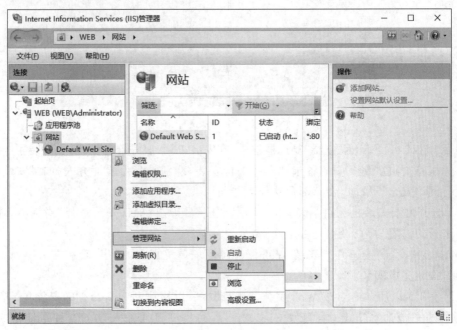

图 7-104 停止默认网站

(2) 准备 Web 网站内容。

在 C 盘上创建文件夹"C:\web"作为网站的主目录,并在其文件夹中同时存放网页"index.htm"作为网站的首页,网站首页可以用记事本或 Dreamweaver 软件编写。

(3) 创建 Web 网站。

① 在"Internet 信息服务(IIS)管理器"控制台树中,展开服务器节点,右击"网站",在弹出菜单中选择"添加网站"命令,打开"添加网站"对话框。在该对话框中可以指定网站名称、应用程序池、内容目录、传递身份验证、类型、IP 地址、端口、主机名及是否立即启动网站。在此设置网站名称为 web,物理路径为"C:\web",类型为 http,IP 地址为 10.10.10.1,默认

端口号为 80，如图 7-105 所示。单击"确定"按钮完成 Web 网站的创建。

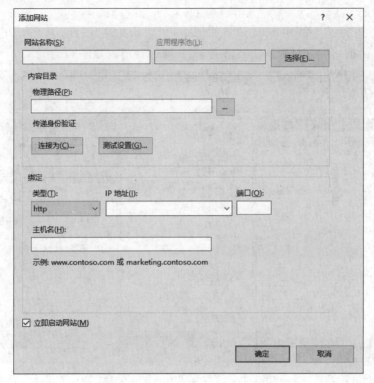

图 7-105　"添加网站"对话框

② 返回"Internet 信息服务(IIS)管理器"控制台，可以看到刚才所创建的网站已经启动，如图 7-106 所示。

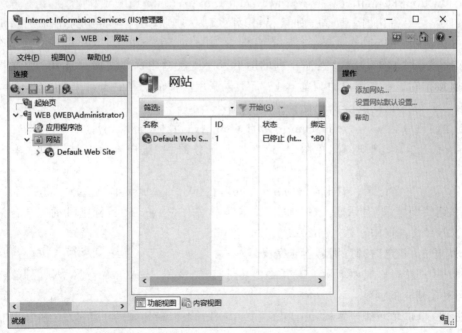

图 7-106　"Internet 信息服务(IIS)管理器"控制台

③ 用户在客户端计算机 win2022-2 上,打开浏览器,输入 http://10.10.10.1 就可以访问刚才建立的网站了。

特别注意:在图 7-106 中,双击右侧视图中的"默认文档"图标,弹出如图 7-107 所示的"默认文档"对话框。可以对默认文档进行添加、删除及更改顺序的操作。

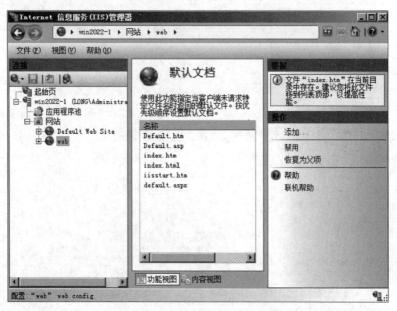

图 7-107　"设置默认文档"对话框

所谓默认文档,是指在 Web 浏览器中输入 Web 网站的 IP 地址或域名即显示出来的 Web 页面,也就是通常所说的主页(HomePage)。IIS 7.0 默认文档的文件名有 6 种,分别为 Default.htm、Default.asp、index.htm、index.html、iisstart.htm 和 default.aspx。这也是一般网站中最常用的主页名。如果 Web 网站无法找到这 6 个文件中的任何一个,那么将在 Web 浏览器上显示"该页无法显示"的提示。默认文档既可以是一个,也可以是多个。当设置多个默认文档时,IIS 将按照排列的前后顺序依次调用这些文档。当第一个文档存在时,将直接把它显示在用户的浏览器上,而不再调用后面的文档;当第一个文档不存在时,则将第二个文档显示给用户,以此类推。

创建使用域名 www.long.com 访问的 Web 网站,具体步骤如下。

(1) 打开"DNS 管理器"控制台,依次展开服务器和"正向查找区域"节点,单击区域"long.com"。

(2) 创建别名记录。右击区域"long.com",在弹出的快捷菜单中选择"新建别名"命令,弹出"新建资源记录"对话框。在"别名"文本框中输入 www,在"目标主机的完全合格的域名(FQDN)"文本框中输入"win2022-1.long.com"。

(3) 单击"确定"按钮,别名创建完成。

(4) 用户在客户端计算机 win2022-2 上,打开浏览器,输入 http://www.long.com 即可访问刚才建立的网站。

注意:保证客户端计算机 win2022-2 的 DNS 服务器的地址是 10.10.10.1。

小　　结

网络操作系统,它是网络的灵魂,负责管理整个网络结构。网络操作系统除了具有常规操作系统所具有的功能之外,还应具有网络管理功能,即网络通信功能、网络内的资源管理功能和网络服务功能。流行的网络操作系统有 Windows Server 系列、Linux、UNIX 等。

Windows Server 2022 是微软公司新一代的服务器操作系统,在安全性、Azure 混合集成和管理以及应用程序平台这 3 个关键主题上引入了许多创新。

Active Directory 又称为活动目录,是用于 Windows 网络中的目录服务,它包括两方面内容:目录和目录相关的服务。借助于活动目录,管理员可以实现服务器的日常事务处理并向用户提供网络管理和维护服务。

活动目录采用域、域树、域林的多重层次结构。

域用户账户和计算机账户代表物理实体。用户账户和计算机账户(以及组)称为安全主体。安全主体是自动分配安全标识符的目录对象。带安全标识符的对象可登录到网络并访问域资源。

Windows Server 2022 可以配置为不同的服务器角色,如 DNS 服务器、DHCP 服务器、Web 服务器、FTP 服务器等。系统管理员通过配置服务器角色以实现相应的功能,并且每日对服务器进行管理。

计算机网络的安全技术有主机安全技术、身份认证安全技术、访问控制技术、密码技术、防火墙技术、安全审计技术和安全管理技术。

思考与练习

1. 网络操作系统的主要功能包括哪几方面?
2. Windows Server 2022 操作系统有哪些新特性?
3. 解释用户账户、计算机账户、组、域控制器等名词。
4. 用户账户常用于哪些方面?
5. Windows Server 2022 操作系统具有哪些安全机制?

网络操作系统

第8章 网络安全技术

视频讲解

本章学习目标
- 了解网络安全的基本概念。
- 熟悉网络安全的内容,掌握数据加密技术。
- 掌握虚拟专用网 VPN 技术。
- 掌握防火墙技术。

计算机网络广泛应用于政治、经济、军事和科学技术各个领域,它不仅改变了人们的通信方式、工作方式,也改变着人们的生活方式。但同时也带来了一个日益突出的严峻问题——网络安全。

8.1 概　　述

计算机网络为人类提供了资源共享的载体,然而资源共享和信息安全又是一对矛盾。一方面,计算机网络分布范围广,普遍采用开放式体系结构,提供了资源的共享性,提高了系统的可靠性,有了网络,人们可以协同工作,大大地提高了工作效率;另一方面,也正是这些特点增加了网络安全的脆弱性和复杂性。

1. 网络安全的概念

计算机网络的重要功能是资源共享和通信。由于用户共处在同一个大环境中,因此信息的安全和保密问题非常重要,计算机网络上的用户对此也特别关注。

安全,通常是指一种机制,在这种机制的制约下,只有被授权的人或组织才能使用其相应的资源。目前,国际上对计算机网络安全还没有统一的定义,我国对其提出的定义是:计算机系统的硬件、软件、数据受到保护,使之不因偶然的或恶意的原因而遭到破坏、更改、泄露,系统能连续正常工作。

这个定义说明了计算机安全的本质和核心。从技术上讲,计算机网络安全分为以下3 个层次。

（1）实体的安全性:保证系统硬件和软件本身的安全。

（2）运行环境的安全性:保证计算机能在良好的环境下连续正常工作。

（3）信息的安全性:保障信息不会被非法窃取、泄露、删改和破坏。防止计算机和资源被未授权者使用。

2. 计算机网络的安全威胁

计算机网络系统的安全威胁主要来自病毒和黑客攻击。计算机网络的开放性以及黑客的攻击是造成网络不安全的主要原因,而黑客往往利用网络设计的缺陷以突破网络防护进入网络。由于计算机网络的安全直接影响到政治、经济、军事、科学以及日常生活等各个领域，要想有效维护好网络系统的安全，就必须系统、翔实地分析和认识网络安全的威胁，做到有的放矢。

网络上的安全威胁主要有两类。

（1）偶然发生的威胁，如天灾、故障、误操作等。

（2）故意的威胁，是第三者恶意的行为和电子商务对方的恶意行为。来自恶意的第三者，如外国间谍、犯罪者、产业间谍和不良职员等。

在这两类威胁中，故意（人为）的破坏是更重要的。偶然（自然）的破坏可以通过数据备份和冗余设置等来防备，但人为的破坏却防不胜防。

自然灾害和事故包括硬件故障、电源故障、软件错误、火灾、水灾、风暴、地震和工业事故等。它们的共同特点是具有突发性，人们很难防止它们的发生，减小损失的最好办法就是备份和冗余设置。备份并不像看起来那样简单，对一些金融机构或者大公司，数据备份量极大，并不单是用软盘多复制几份的问题。冗余设置的应用很多，简单的可以在 Windows NT 局域网上建两个域服务器；复杂的，例如 FDDI 网络具有双环结构，当任何一个单环发生故障时，它会自动形成一个单环继续工作。一些主干网的路由器也需要冗余备份，防止路由器发生事故。

人为的破坏主要来自黑客，他们知识水平高，危险性大，而且隐蔽性很强。一般常见的入侵如"电子邮件炸弹"，可能形成"拒绝服务"攻击，"拒绝服务"攻击是一种破坏性攻击。它的表现形式是用户在很短的时间内收到大量无用的电子邮件，从而影响网络系统的正常运行，严重时会使系统关机，网络瘫痪。更进一步的入侵就是得到了一些不该有的权限，如偷看别人的邮件或获得了有限的非法的写权利，最具威胁的入侵是得到系统的超级用户权限，这时可对网络进行任意的破坏，而有些高级的入侵者本身就是一些大机构的系统管理员或安全顾问。

除了直接入侵外，各种病毒程序也是 Internet 上的巨大危险。这些病毒可随下载的软件，如 Java 程序、ActiveX 控件进入公司的内部网络，且极易传播，影响范围广。它动辄删除、修改文件或数据，导致程序运行错误，甚至使系统死机。病毒程序中有一种被称为特洛伊木马的程序，这种程序表面上看是无害的，有很强的隐蔽性，但实际上在背后破坏用户的网络。

为了对付计算机病毒和网络黑客等计算机犯罪，国际社会和各国都相继成立了一些学术团体、行政和研究机构以及事故响应标准化组织，广泛开展各种关于网络安全的研究，包括网络安全技术、安全标准、威胁机理、风险与评测理论、数据安全管理与控制及与之相关的法律法规等。

8.2　网络安全的内容及对象

计算机网络是计算机技术与通信技术结合的产物，我们通常把整个网络分为通信子网和资源子网两部分。因其工作任务不同，对信息的处理方式不同。在网络安全方面，我们必须分别研究和采取有效的措施来保证网络和通信的安全。

8.2.1 计算机网络安全的内容

生活中常听说,黑客又入侵了某个网络,使该网络服务全部瘫痪;因网络问题使电子商务数据发生错误等。目前,人们一致认为,Internet 需要更多更好的安全机制。

1. 计算机网络安全的内容

一般来说,计算机网络安全主要包含如下内容。

(1) 秘密性:防止机密和敏感信息的泄露。

(2) 真实性:对方的身份是真实的、可以鉴别的。

(3) 不可否认性:信息的发出者不能否认这些信息源于自己。

(4) 完整性:信息在传输途中没有被篡改。

(5) 可用性:关键业务和服务在需要时是可用的。

2. 安全服务和安全机制的一般描述

国际标准化组织于 1989 年制定了 ISO 7499-2 国际标准,描述了基于开放系统互联参考模型的网络安全体系结构,并说明了安全服务及其相应机制与安全体系结构的关系,从而建立了开放系统的安全体系结构框架,为网络安全的研究奠定了基础。该体系结构主要包括对网络安全服务及其相关安全机制的描述,安全服务及其相关机制在 OSI 参考模型层次中位置的定义及安全管理功能的说明等内容。

安全服务是由网络安全系统提供的用于保护网络安全的服务。保护系统安全所采用的手段称为安全机制,安全机制用来实现安全服务。机制是从设计者的角度而言,服务是从提供者和使用者的角度而言。

ISO 7498-2 标准中主要包含以下 5 种安全服务。

(1) 访问控制服务。该服务提供一些防御措施,限制用户越权使用资源。

(2) 对象认证安全服务。该服务用于识别对象的身份或对身份的识别。

(3) 数据保密性安全服务。该服务利用数据加密机制防止数据泄露,信息加密可通过多种方法实现。

(4) 数据完整性服务。该服务防止用户采用修改、插入、删除等手段对信息进行非法操作,保证数据的完整性。

(5) 防抵赖性服务。该服务是用来防范通信双方的相互抵赖;用来证实发生不定期的操作以及发生争执时进行仲裁与公正。

为了有效地提供以上安全服务,ISO 7498-2 标准提供了以下 8 种安全机制。

(1) 密码机制:密码技术不仅提供了数据和业务流量的保密性,而且还能部分或全部地用于实现其他安全机制。

(2) 数据签名机制:主要包含符号数据单元处理和符号数据单元数据检验两个过程。前一个过程用来生成作者的签名,后一个过程完成签名的鉴别。

(3) 访问控制机制:主要是从计算机系统的访问处理方面对信息提供保护。一般先按照事先确定好的规则,通过系统的权限设置、加密技术、防病毒技术及防火墙技术等实现主体对客体的标识与识别,从而决定主体对客体访问的合法性。这里的标识主要包括用户的标识、软件的标识、硬件的标识等。

（4）数据完整性机制：发送实体在一个数据单元上加一个标记，接收实体在接收方也产生一个与之相对应的标记，并将其与接收到的标记进行比较，根据比较的结果来确定数据在传输过程中是否变化。

（5）业务流填充机制：用于屏蔽真实业务流量，防止非法用户通过对业务流量的分析窃取信息。

（6）验证交换机制：通过交换信息的方式来确认身份。可通过密码技术或利用实体的特征和所有权等实现。

（7）路由控制机制：信息的发送方可选择特殊的路由申请来实现路由控制。

（8）仲裁机制：通信过程中各方有可能引起的责任问题需通过可信的第三方（公证机构）来提供相应的服务与仲裁。在仲裁机制的约束下，通信双方在数据通信时都必须经由这个公证机构来交换，保证公证机构能得到所需的信息，供仲裁使用。

作为一个安全的网络，应满足以下5个安全要素。

（1）秘密性：对没有存取权限的人不泄露信息内容。在网络环境中所采取的方法是使用加密机制。

（2）完整性：从信息资源生成到利用期间保证内容不被篡改。

（3）可用性：对于信息资源有存取权限的人，什么时候都可以利用该信息资源。

（4）真实性：保证信息资源的真实性，具有认证功能。

（5）责任追究性：能够追踪资源什么时候被使用、谁在使用以及怎样使用。

8.2.2 计算机网络安全研究的对象

计算机网络安全研究的内容及目标是制定有效的措施，这些措施必须既能有效防止各类威胁，保证系统安全可靠，同时要有较低的成本消耗，较好的用户透明性、界面友好性和操作简易性。我们知道，计算机网络由通信子网和资源子网两部分组成。通信子网的作用是正确、快速地完成网上任意两点或多点之间的数据传输和交换；资源子网的作用是对信息进行处理。所以，网络安全措施可分别从两级子网入手。

在通信子网中通常可以采用以下3种安全措施。

（1）路由控制，从传输路径上加强数据的安全性。

（2）采用分组交换技术，通过调换分组及变更路由来防止整个数据被窃取。

（3）采取不易被截取的方法，如采用光纤通信等。

在资源子网中网络安全的主要技术手段是存取控制、用户的识别与确认、数据的变换（加密）以及安全审计等。通常是通过一些网络安全技术来实现。

网络安全技术可分为主动防范技术和被动防范技术。加密技术、验证技术、权限设置等属于主动防范技术；防火墙技术、防病毒技术等属于被动防范技术。

网络系统可通过硬件技术（如通信线路、路由器等）、软件技术（如加/解密软件、防火墙软件、防病毒软件）和安全管理来实现网络信息的安全性和网络路由的安全性。

从整体上看，网络安全问题可分为5个层次，即操作系统层、用户层、应用层、网络层（路由器）和数据链路层，如图8-1所示。

1. 操作系统层的安全

因为用户的应用系统全部在操作系统上运行，而且大部分安全工具或软件也都在操作

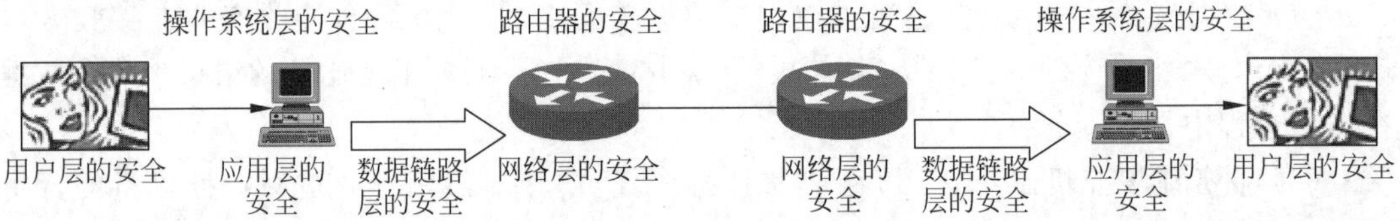

操作系统层的安全　　　　路由器的安全　　　　路由器的安全　　　　操作系统层的安全

用户层的安全　　应用层的　数据链路　网络层的安全　　网络层的　数据链路　应用层的　用户层的安全
　　　　　　　安全　　层的安全　　　　　　　　　　　安全　　层的安全　　安全

图 8-1　网络安全的 5 方面

系统上运行。因此,操作系统的安全与否直接影响网络的安全。操作系统的安全问题主要在于用户口令的设置与保护,同一局域网或虚拟网(VLAN)内的共享文件和数据库访问控制权限的设置等方面。

2. 用户层的安全

用户层的安全主要指他人冒名顶替或用户通过网络进行有关处理后不承认曾进行过有关活动的问题。例如,我国就曾发生过因冒名电子邮件而走上法庭的事件。用户层的安全主要涉及对用户的识别、认证以及数字签名问题。

3. 应用层的安全

应用层的安全与应用系统直接相关,它既包括不同用户的访问权限设置和用户认证、数据的加密与完整性确认,也包括对色情、暴力以及政治上的反动信息的过滤和防止代理服务器的信息转让等方面。

4. 网络层(路由器)的安全

网络层的安全是 Internet 网络安全中最重要的部分,它涉及 3 方面:第一是 IP 本身的安全性,IP 本身未加密使得人们非法盗窃信息和口令等成为可能。第二是网关协议的安全性,现在一般使用的网关协议是 SNMP,SNMP 的数据单元为报文分组,容易被截获,也容易被分析破解出网络管理的信息。第三是网络交换设备的安全性,交换设备包括路由器和 ATM。

5. 数据链路层的安全

数据链路层的安全主要涉及传输过程中的数据加密以及数据的修改,也就是机密性和完整性问题。数据链路层涉及的另一个问题是物理地址的盗用问题。由于局域网的物理地址是可以动态分布的,因此人们就可以盗用他人的物理地址发送或接收分组信息。这对网络计费以及用户确认等带来较多的问题。

对于上述网络问题,人们已经有了较多的解决方法。归纳起来,可以分为如下几种措施。

(1)强制管理和制定相应的法律法规,减少内部管理人员的犯罪或因内部管理疏忽而造成的犯罪。

(2)加强访问控制与口令管理。

(3)采用防火墙技术并对应用网关以及代理服务加强管理。

(4)对数据和 IP 地址进行加密后传输。

(5)采用签名论证和数字签名技术。

(6)在重要的全国性网络中使用经过严格测试的、具有源代码和硬件驱动程序的路由器和其他网络交换设备。

8.3　安全措施

为了使信息的接收方能准确及时地收到发送方的信息,网络必须是安全的。为保证网络的安全就必须采取安全防范措施。首先,通过数据加密技术对需要交换的数据加密;然后,根据网络和现状采用最佳的方式来保证网络的安全,如构建虚拟专用网 VPN 和安装网络防火墙等。

8.3.1　数据加密技术

1. 数据加密

一般的加密模型如图 8-2 所示。在发送端,明文 X 用加密算法 E 和加密密钥 K_c 加密,得到密文 $Y=E_{K_c}(X)$。在传送过程中可能出现密文截取者(又称攻击者或入侵者)盗用,但由于没有解密密钥而无法将其还原成明文,从而保证了数据的安全性。到了接收端,利用解密算法 D 和解密密钥 K_d,解出明文 $X=DK_d(Y)$。

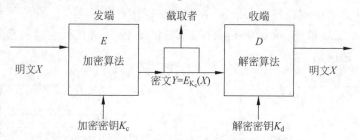

图 8-2　一般的数据加密模型

如果不论截取者获得了多少密文,在密文中没有足够的信息来唯一地确定出相应的明文,则称这一密码体制为无条件安全的(或理论上是不可破的)。但是,在无任何限制的条件下,目前几乎所有实用的密码体制都是可破的。因此,人们关心的是要研制出在计算上而不是在理论上是不可破的密码体制,美国的数据加密标准 DES(Data Encryption Standard)和公开密钥密码体制(Public Key Crypto-System,PKCS)的出现才基本解决了该问题。

常规密钥密码体制的加密密钥与解密密钥是相同的。常用的密码有两种,即代替密码和置换密码。

代替密码的原理可用一个例子来说明。例如,将字母 a,b,c,d,…,w,x,y,z 的自然顺序保持不变,但使之与 D,E,F,G,…,Z,A,B,C 分别对应(即相差 3 个字符)。若明文为 caesar cipher,则对应的密文为 FDHVDU FLSKHU(此时密钥为 3)。

其缺点是,由于英文字母中各字母出现的频度早已有人进行过统计,所以根据字母频度表可以很容易对这种代替密码进行破译。

对于置换密码,则是按某一规则重新排列数据中字符(或比特)的顺序。例如,在发送方以词 TABLE 中每个字母在字母表中的相对顺序作为密钥,将明文按 5 个字符为一组写在密钥下,例如:

```
密钥 T A B L E
顺序 5 1 2 4 3
```

明文	a	t	t	a	c
	k	b	e	g	i
	n	s	a	t	f
	o	u	r	p	m

然后按密钥中的字母在字母表中排列的先后顺序,按列抄出字母便得到密文,即 tbsutearcifmagtpakno。在接收方,以密钥中的字母顺序按列写下、按行读出,即得到明文,即 attackbeginsatfourpm。

2. 加密策略

实现通信安全的加密策略,一般有链路加密和端到端加密两种。

(1) 链路加密。链路加密是指对网络中每条通信链路进行独立的加密。为了避免一条链路受到破坏导致其他链路上传送的信息被破译,各条链路使用不同的加密密钥,如图 8-3 所示。链路加密将 PDU 的协议控制信息和数据都加密了,这就掩盖了源、目的地址,当节点保持连续的密文序列时,也掩盖了 PDU 的频度和长度,能防止各种形式的通信量分析。而且由于只要求相邻节点之间具有相同的密钥,因而容易实现密钥分配。链路加密的最大缺点是报文以明文的形式在各节点加密,在节点暴露了信息内容,而各节点不一定都安全。因此,如果不采取有效措施,特别是在网络互联的情况下,不能保证通信的安全。此外,链路加密不适用于广播网络。

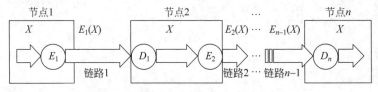

图 8-3 链路加密

(2) 端到端加密。端到端加密是在源、目的节点中对传送的 PDU 进行加密和解密,其过程如图 8-4 所示。中间节点的不可靠不会影响报文的安全性。不过,PDU 的控制信息(如源、目的节点地址、路由信息等)不能被加密,否则中间节点就不能正确选择路由。因此,这种方法容易受到通信量分析的攻击。

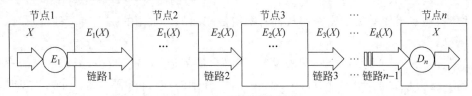

图 8-4 端到端加密

端到端加密已经超出了通信子网的范围,需要在运输层或其以上各层来实现。加密的层次选择有一定的灵活性,若选择在运输层进行加密,则可以不必为每个用户提供单独的安全保护,可以使安全措施对用户透明,但容易遭受运输层以上的攻击。当选择在应用层实现加密时,用户可以根据自己的要求选择不同的加密算法,而互不影响。所以,端到端加密更容易适应不同用户的要求。端到端加密既可以适用于互联网的环境,又可以适用于广播网。对于端到端加密,由于各节点必须持有与其他节点相同的密钥,因而需要在全网范围内进行密钥分配。

8.3.2 虚拟专用网技术

1. 虚拟专用网(VPN)的基本概念

虚拟专用网技术是指在公用网络上建立专用网络的技术。用该技术建立的虚拟网络在安全、管理及功能等方面拥有与专用网络相似的特点,是原有专线式企业专用广域网络的替代方案。虚拟专用网可以帮助远程用户、公司分支机构、商业伙伴及供应商同公司的内部网建立可信的安全连接,并能提供安全的端到端的数据通信。通过将数据流转移到低成本的网络上,一个企业的虚拟专用网解决方案将大幅减少用户花费在城域网和远程网连接上的费用。同时也将简化网络的设计和管理,加速连接新的用户和网站。另外,虚拟专用网还可以保护现有的网络投资。虚拟专用网至少能提供如下功能。

(1) 加密数据:保证通过公网传输的信息即使被他人截获也不会泄露。

(2) 信息认证和身份认证:保证信息的完整性、合法性,并能鉴别用户的身份。

(3) 提供访问控制:保证不同的用户有不同的访问权限。

2. VPN 的分类

根据 VPN 所起的作用,可以将 VPN 分为 3 类:内部网 VPN(Intranet VPN)、远程访问 VPN(Remote Access VPN)和外部网 VPN(Extranet VPN)。

(1) 内部网 VPN。在公司总部和它的分支机构之间建立的 VPN。这是通过公共网络将一个组织的各分支机构通过 VPN 连接而成的网络,它是公司网络的扩展。当一个数据传输通道的两个端点认为是可信的时候,公司可以选择"内部网 VPN"解决方案。安全性主要在于加强两个 VPN 服务器之间的加密和认证手段上,如图 8-5 所示。大量的数据经常需要通过 VPN 在局域网之间传递,可以把中心数据库或其他资源连接起来的各局域网看成内部网的一部分。

图 8-5 内部网 VPN

(2) 远程访问 VPN。在公司总部和远地雇员或旅行中雇员之间建立的 VPN。如果一个用户在家里或在旅途之中想同公司的内部网建立一个安全连接,可以用"远程访问 VPN"来实现,如图 8-6 所示。实现过程如下:用户拨号 ISP(Internet 服务提供商)的网络访问服务器(Network Access Server,NAS),发出 PPP(Point to Point Protocol,点对点协议)连接请求,NAS 收到呼叫后,在用户和 NAS 之间建立 PPP 链路,然后 NAS 对用户进行身份验证,确定是合法用户,就启动远程访问的功能,与公司总部内部连接,访问其内部资源。

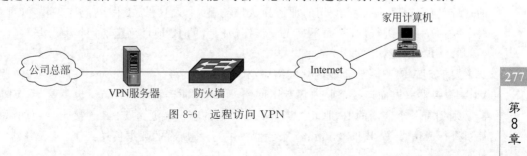

图 8-6 远程访问 VPN

278

公司往往制定一种"透明的访问策略",即使在远地的雇员也能像坐在公司总部的办公室里一样自由地访问公司的资源。因此首先要考虑的是所有端到端的数据都要加密,并且只有特定的接收者才能解密。这种 VPN 要对用户的身份进行认证,而不仅认证 IP 地址,这样公司就会知道哪个用户将访问公司的网络,认证后决定是否允许用户对网络资源的访问。认证技术可以包括用一次口令、Kerberos 认证方案、令牌卡、智能卡或者是指纹。一旦一个用户通过公司 VPN 服务器的认证,根据他的访问权限表,就有一定的访问权限。每个人的访问权限表由网络管理员制定,并且要符合公司的安全策略。有较高安全度的远程访问 VPN 应能截取到特定主机的信息流,有加密、身份验证、过滤等功能。

(3) 外部网 VPN。在公司和商业伙伴、顾客、供应商、投资者之间建立的 VPN,如图 8-7 所示。外部网 VPN 为公司合作伙伴、顾客、供应商提供安全性。它应能保证包括使用 TCP 和 UDP 的各种应用服务的安全,例如 E-mail、HTTP、FTP、数据库的安全以及一些应用程序的安全。因为不同公司的网络环境是不相同的,一个可行的外部网 VPN 方案应能适用于各种操作平台、协议、各种不同的认证方案及加密算法。

图 8-7　外部网 VPN

外部网 VPN 的主要目标是保证数据在传输过程中不被修改,保护网络资源不受外部威胁。安全的外部网 VPN 要求公司在同他的顾客、合作伙伴之间经 Internet 建立端到端的连接时,必须通过 VPN 服务器才能进行。在这种系统上,网络管理员可以为合作伙伴的职员指定特定的许可权。例如,可以允许对方的销售经理访问一个受到安全保护的服务器上的销售报告。

外部网 VPN 应是一个由加密、认证和访问控制功能组成的集成系统。通常公司将 VPN 服务放在用于隔离内外部网的防火墙上,防火墙阻止所有来历不明的信息传输。所有经过过滤后的数据通过唯一的一个入口传到 VPN 服务器,VPN 服务器再根据安全策略来进一步过滤。

外部网 VPN 并不假定连接的公司双方之间存在双向信任关系。外部网 VPN 在 Internet 内打开一条隧道,并保证经过过滤后的信息传输的安全。当公司将很多商业活动安排在公共网络上进行时,一个外部网 VPN 应该用高强度的加密算法,密钥应选在 128bit 以上。此外应支持多种认证方案和加密算法,因为商业伙伴和客户可能有不同的网络结构和操作平台。

外部网 VPN 应能根据尽可能多的参数来控制对网络资源的访问,参数包括源地址、目的地址、应用程序的用途、所用的加密和认证类型、个人身份、工作组、子网等。管理员应能对个人用户身份进行认证,而不是仅仅根据访问者的 IP 地址确定访问控制。

3. VPN 的工作原理

要实现 VPN 连接,企业内部网络中必须配置一台基于 Windows NT 的 VPN 服务器,VPN 服务器一方面连接企业内部专用网络,另一方面连接 Internet。也就是说,VPN 服务器必须拥有一个公用的 IP 地址。当 Internet 上的客户端通过 VPN 连接与专用网络中的计算机进行通信时,先由 ISP(Internet 服务器提供商)将所有的数据传送到 VPN 服务器,然后再由 VPN 服务器负责将所有的数据传送到目标计算机。VPN 连接的示意如图 8-8 所示。

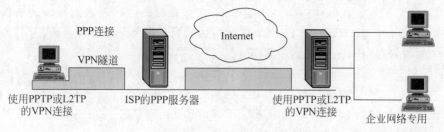

图 8-8　VPN 连接示意

VPN 使用 3 方面的技术保证了通信的安全性：隧道协议、身份验证和数据加密。客户机向 VPN 服务器发出请求，VPN 服务器响应请求并向客户机发出身份质询，客户机将加密的响应信息发送到 VPN 服务器，VPN 根据用户数据库检查该响应，如果账户有效，VPN 服务器将检查该用户是否具有远程访问权限，如果该用户拥有远程访问的权限，VPN 服务器接受此连接。在身份验证过程中产生的客户机和服务器共享密钥将用来对数据进行加密。

常规的直接拨号连接与虚拟专用网连接的异同点在于前一种情形。PPP 数据包流是通过专用线路传输的。在 VPN 中，PPP 数据包流由一个 LAN 上的路由器发出，通过共享 IP 网络上的隧道进行传输，再到达另一个 LAN 上的路由器。

4．VPN 关键技术

实现 VPN 的关键技术主要包括如下内容。

（1）安全隧道技术（Secure Tunneling Technology）。通过将待传输的原始信息经过加密和协议封装处理后再嵌套装入另一种协议的数据包送入网络中，像普通数据包一样进行传输。经过这样的处理，只有源端和目的端的用户对隧道中的嵌套信息进行解释和处理，而对于其他用户而言，只是无意义的信息。这里采用的是加密和信息结构变换的方式，而非单纯的加密技术。

（2）用户认证技术（User Authentication Technology）。在正式的隧道连接开始之前需要确认用户的身份，以便系统进一步实施资源访问控制或用户授权（Authorization）。用户认证技术是相对比较成熟的一类技术，因此可以考虑对现有技术的集成。

（3）访问控制技术（Access Control Technology）。由 VPN 服务的提供者与最终网络信息资源的提供者共同协商确定特定用户对特定资源的访问权限，以此实现基于用户的细粒度访问控制，以实现对信息资源的最大限度的保护。

VPN 区别于一般网络互联的关键在于隧道的建立，数据包经过加密后，按隧道协议进行封装、传送以保证安全性。在 VPN 的关键技术中，最重要的是安全隧道技术。建立隧道有两种主要的方式：客户启动（Client-Initiated）或客户透明（Client-Transparent）。客户启动要求客户和隧道服务器（或网关）都安装隧道软件。后者通常安装在公司中心站上。通过客户软件初始化隧道，隧道服务器中止隧道，ISP 可以不必支持隧道。客户和隧道服务器只需建立隧道，并使用用户 ID 和口令或用数字许可证鉴权。一旦隧道建立，就可以进行通信了，如同 ISP 没有参与连接一样。

如果希望隧道对用户透明，ISP 就必须具有允许使用隧道的接入服务器以及可能需要的路由器。客户首先拨号接入服务器，服务器必须能识别这一连接要与某一特定的远程点建立隧道，然后服务器与隧道服务器建立隧道，通常使用用户 ID 和口令进行鉴权。这样客户就通过隧道与隧道服务器建立对话了。尽管这一方针不要求客户有专门软件,但客户只能拨号进入正确配置的访问服务器。一般来说,在数据链路层实现数据封装的协议叫第二层隧道协议,常用的有 PPTP、L2TP 等;在网络层实现数据封装的协议叫第三层隧道协议,如 IPSec;另外,SOCKSv5 协议则在 TCP 层实现数据安全。

下面我们简要介绍一下第二层隧道协议和第三层隧道协议。L2F/L2TP 是 PPP 的扩展,它综合了其他两个隧道协议:CISCO 的二层转发协议(Layer2 Forwarding,L2F)和 Microsoft 的点对点隧道协议(Point-to-Point Tunneling,PPTP)的优良特点,如 Windows 10 中所带的 PPTP(点对点隧道协议)VPN 解决方法。

它是由 IEIF 管理的,目前由 Cisco、Microsoft、Ascend、3Com 和其他网络设备供应商联合开发并认可。PPTP 的缺点是,其结构都是点对点方式的,所以很难在大规模的 IP-VPN 上使用。同时这种方式还要求额外的设计及人力来准备和管理,对网络结构的任意改动都将花费数天甚至数周的时间。而在点对点平面结构网络上添加任一节点都必须承担刷新通信矩阵的巨大工作量,且要为所有配置添加新站点后的拓扑信息,以便让其他站点知其存在。这样大的工作负担使得这类 VPN 异常昂贵,也使大量需要此类服务的中小企业和部门望而却步。

第三层隧道协议中最重要的是 IPSec 协议。IPSec 是 IEIF(Internet 工程任务组)于 1998 年 11 月公布的 IP 安全标准,其目标是为 IPv4 和 IPv6 提供具有较强的互操作能力、高质量和基于密码的安全性。

IPSec 是实现虚拟专用网(VPN)的一种重要的安全隧道协议。IPSec 在 IP 层上对数据包进行高强度的安全管理,提供数据源验证、无连接数据完整性、抗重放攻击和有限业务流机密性等安全服务。各种应用程序可以享用 IP 层提供的安全服务和密钥管理,而不必设计和实现自己的安全机制,因此减少了密钥协商的开销,也降低了产生安全漏洞的可能性。IPSec 可连续或递归应用,在路由器、防火墙、主机和通信链路上配置,实现端到端安全、虚拟专用网和安全隧道技术。

IPSec 有以下 3 个特点。

(1) 原来的局域网机构彻底透明。透明表现为 3 方面:系统不占用原网络系统中的任何 IP 地址;装入 VPN 系统后,原来的网络系统不需要改变任何配置;原有的网络不知道自己与外界的信息传递已受到了加密保护,该特点不仅能够为安装调试提供方便,也能够保护系统自身不受来自外部网络的攻击。

(2) IPSec 内部实现与 IP 实现融为一体,优化设计,具有很高的运行效率。

(3) 安装 VPN 的平台通常采用安全操作系统内核并以嵌入的方式固化,具有无漏洞、抗病毒、抗攻击等安全防范性能。

作为网络层的安全标准,IPSec 一经提出,就引起计算机网络界的注意,世界上很多计算机网络安全公司的产品都宣布支持这个标准,并且不断推出新的产品。但是由于标准提出的时间很短,而且其中又有一个重要组成部分没有标准化,因此尽管产品种类很多,但真正合格的产品却很少。

8.3.3 防火墙技术

1. 什么是防火墙

当用户与 Internet 连接时,可在用户与 Internet 之间插入一个或几个中间系统的控制关联,防止通过网络进行的攻击,并提供单一的安全和审计控制点,这些中间系统就是防火墙。

（1）基本概念。防火墙是指设置在不同网络（如可信任的企业内部网和不可信的公共网）或网络安全域之间的一系列部件的组合。它是不同网络或网络安全域之间信息的唯一出入口,能根据企业的安全政策控制（允许、拒绝、监测）出入网络的信息流,且本身具有较强的抗攻击能力。它是提供访问控制安全服务,实现网络和信息安全的基础设施。它实际上是一种隔离技术。防火墙是在两个网络通信时执行的一种访问控制尺度,它能允许你"同意"的用户和数据进入你的网络,同时将你"不同意"的用户和数据拒之门外,最大限度地阻止网络中的黑客来访问你的网络,防止他们更改、复制、毁坏你的重要信息。

在逻辑上,防火墙是一个分离器,一个限制器,也是一个分析器,有效地监控了内部网和Internet之间的任何活动,保证了内部网络的安全。防火墙是一种获取安全性的方法,它有助于实施一个比较广泛的安全性策略,用以确定允许提供的服务和访问。就网络配置、一个或多个主系统和路由器以及其他安全性措施来说,防火墙是该策略的具体实施。防火墙系统的主要用途就是控制对受保护的网络（即网点）的往返访问。它实施网络访问策略的方法就是迫使各连接点通过能得到检查和评估的防火墙。

防火墙系统可以是路由器,也可以是个人主机、主系统和一批主系统,专门把网络或子网同那些可能被子网外的主系统滥用的协议和服务隔绝。防火墙系统通常位于等级较高的网关,如 Internet 连接的网关,也可以位于等级较低的网关,以便为某些数量较少的主系统或子网提供保护。

防火墙基本上是一个独立的进程或一组紧密组合的进程,运行在专用服务器上,来控制经过防火墙的网络应用程序的通信流量。一般来说,防火墙置于公共网络（如 Internet）入口处,可以被看作交通警察,它的作用是确保一个单位内的网络与 Internet 之间所有的通信均符合该单位的安全方针。这些系统基本上是基于 TCP/IP 的,与实现方法有关,它能实施安全保障并为管理人员提供下列问题的答案。

① 谁在使用网络?

② 他们在网上做什么?

③ 他们什么时间使用过网络?

④ 他们上网时去了何处?

⑤ 谁要上网但没有成功?

（2）防火墙的分类。防火墙从原理上可以分为两大类：包过滤（Packet Filtering）型和代理服务（Proxy Server）型。

① 包过滤型防火墙：包过滤型防火墙根据数据包的包头中某些标志性的字段,对数据包进行过滤。当数据包到达防火墙时,防火墙根据包头对下列字段中的一些或全部进行判断,决定接受还是丢弃数据包。

- 源地址、目的地址。
- 协议类型（TCP、UDP、ICMP）。
- TCP/UDP 的源端口号、目的端口号。
- ICMP 类型。

不同的防火墙产品还可能附加有其他过滤规则,如 TCP 标志（SYN、ACK、FIN 等）,进入或外出防火墙所经过的网络接口等。

由 TCP 或 UDP 端口进行过滤带来了很大的灵活性。特定的服务/协议是在端口上提供的,阻塞了与特定端口相关的连接也就禁止了特定的服务/协议。应该根据自己的网络访问策略决定要阻塞哪些服务和协议,不过有些服务天生容易被滥用,应该小心对待。例如,TFTP(69 号端口号),X-Windows 和 Open Windows(6000+和 2000 号端口号),RPC(111 号端口号),rlogin、rsh 和 rexec(513、514 和 512 号端口号)。另外的服务通常也要给予限制,只允许那些确实需要它们的系统访问。这些常用的服务包括 TELNET(23 号端口号)、FTP(21 与 20 号端口号)、HTTP(80 号端口号)、SMTP(25 号端口号)、RIP(520 号端口号)、DNS(53 号端口号)等。

通过设置包过滤规则,可以阻塞来自或去往特定地址的连接。例如,从收费方面,校园网可能要阻塞来自或去往国外站点的连接。从安全方面考虑,某组织的内部网可能需要阻塞所有来自外部站点的连接。

包过滤型防火墙的不足之处主要在于规则的复杂性。通常,确定了基本策略(如"拒绝"),然后设置一系列相反的("接受")规则。但很多情况下,需要对已经建立的规则设立一些特例,这样的特例越多,规则就越不容易管理。例如,已经设立了一条规则容许对 TELNET 服务(23 号端口号)进行访问,后来又要禁止某些系统对 Telnet 服务进行访问,那么只能为每个系统添加一条相应规则。有时,这些后来添加的补丁规则会与整个防火墙策略产生冲突。同时,过于复杂的规则不易测试。

从概念上讲,防火墙和网关(路由器)是不同的。但在具体实现中,包过滤型防火墙通常还具有网关的功能,对数据包进行过滤后再转发到相应的网络。这样的包过滤型防火墙或者网关称为"包过滤网关"。事实上,在 UNIX 世界里,包过滤功能与 IP 转发功能都是系统内核的内置功能,在同一些主机上把它们结合起来使用是很正常的事情。

② 代理服务器型防火墙:代理服务器型防火墙可以解决包过滤型防火墙的规则复杂性问题。

所谓代理服务,是指在防火墙上运行某种软件(称为代理程序)。如果内部网需要与外部网通信,首先要建立与防火墙上代理程序的连接,把请求发送到代理程序;代理程序接受该请求,建立与外部网相应主机的连接,然后把内部网的请求通过新连接发送到外部网的相应主机。反过来也是一样,内部网和外部网的主机之间不能建立直接的连接,而要通过代理服务进行转发。

一个代理程序一般只能为某种协议提供代理服务,其他所有协议的数据包都不能通过代理服务程序(从而不可能在防火墙上开后门以提供未授权服务),这样就相当于进行了一次过滤,代理程序还有自己的配置文件,其中对数据包的其他一些特征(如协议、信息内容等)进行了过滤,这种过滤能力比纯粹的包过滤防火墙的功能要强大得多。

包过滤和代理服务器结合起来使用,可以有效地解决规则复杂性问题。包过滤防火墙只需要让那些来自或去往代理服务器的包通过,同时简单地丢弃其他包。其他进一步的过滤由代理服务程序完成。

(3) 典型的防火墙体系结构。

① 双穴网关是包过滤网关的一种替代。与普通(包过滤)网关一样,双穴网关也位于 Internet 与内部网络之间,并且通过两个网络接口分别与它们相连。但是,显然只有特定类

型的协议请求才能被代理服务处理。于是,双穴网关实现了"默认拒绝"策略,可以得到很高的安全性。

另外一种双穴网关的使用方法是,要求用户先远程登录双穴网关,再从上面访问外界。这种方式不值得提倡,因为在防火墙上最好保留尽可能少的账户。

② 屏蔽主机型防火墙。这种防火墙其实是包过滤和代理功能的结合,其中代理服务器位于包过滤网关靠近内部网的一侧。代理服务器只安装一个网络接口,它通过代理功能把一些服务传送到内部主机。而包过滤网关把那些天生危险的协议屏蔽/过滤,不让它们到达代理服务器。

如图 8-9 所示,包过滤网关为代理服务器和 E-mail 服务器提供保护,而代理服务器为 FTP 和 HTTP 提供代理服务。包过滤只放行两种类型的数据包:一种是来自或去往代理服务器的;另一种是来自或去往 E-mail 服务器且使用 SMTP 的信息服务器。

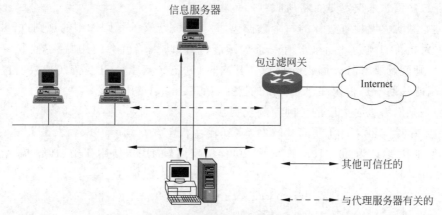

图 8-9　屏蔽主机型防火墙

③ 屏蔽子网型防火墙。这种防火墙是双穴网关和屏蔽主机防火墙的变形。

如图 8-10 所示,该系统中使用包过滤网关在内部网络和外界 Internet 之间隔离出一个屏蔽的子网。有些文献称这个子网为"非军事区"(DMZ)。代理服务器、邮件服务器、各种

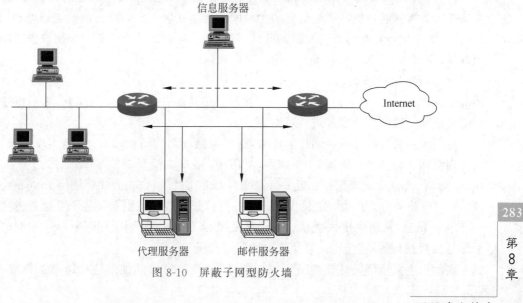

图 8-10　屏蔽子网型防火墙

信息服务器(包括 Web 服务器、FTP 服务器等)、Modem 池及其他需要进行访问控制的系统都放置在 DMZ 中。

与外界 Internet 相连的网关称为"外部路由器",它只让与 DMZ 中的代理服务器、邮件服务器以及信息服务器有关的数据包通过,其他所有类型的数据包都被丢弃,从而将外界 Internet 对 DMZ 的访问限制在特定的服务器范围内。内部路由器的情况也是如此。

这样,内部网与外部 Internet 之间没能直接连接,它们之间的连接要通过 DMZ 中转,这与双穴网关的情况是一样的。不同的是,屏蔽子网防火墙使用了包过滤网关转发到特定系统,使得代理服务器只需要安装一块网络接口即可。

2. 防火墙的基本技术

(1) 网络级防火墙。一般是基于源地址和目的地址、应用或协议以及每个 IP 包的端口来做出通过与否的判断。一个路由器便是一个"传统"的网络级防火墙,大多数路由器都能通过检查这些信息来决定是否将所收到的包转发。

包过滤型防火墙检查过往的每个数据包,并与事先定义的规则库中的规则进行比对,直到发现一条相符的规则。如果没有一条规则能符合,防火墙就会使用默认规则,一般情况下,默认规则就是要求防火墙丢弃该包。其次,通过定义基于 TCP 或 UCP 数据包的端口号,防火墙能够判断是否允许建立特定的连接,如 Telnet、FTP 连接。

下面是某网络级防火墙的访问控制规则。

① 允许网络 123.1.0 使用 FTP(21 口)访问主机 150.0.0.1。

② 允许 IP 地址为 202.103.1.18 和 202.103.1.14 的用户使用 Telnet(23 口)登录到主机 150.0.0.2 E。

③ 允许任何地址的 E-mail(25 口)进入主机 150.0.0.3。

④ 允许任何 WWW 数据(80 口)通过。

⑤ 不允许其他数据包进入。

网络级防火墙简捷、速度快、费用低,并且对用户透明,但是对网络的保护很有限,因为它只检查地址和端口,对网络更高协议层的信息无理解能力。

(2) 应用级网关。应用级网关能够检查进出的数据包,通过网关复制传递数据,防止在受信任服务器和客户机与不受信任的主机间直接建立联系。应用级网关能够理解应用层上的协议,能够进行复杂的访问控制,并进行精细的注册和稽核。但每一种协议需要相应的代理软件,使用时工作量大,效率不如网络级防火墙。

常用的应用级防火墙已有了相应的代理服务器,例如 HTTP、NNTP、FTP、Telnet、Rlogin、X-Windows 等。但是,对于新开发的应用尚没有相应的代理服务,它们将通过网络级防火墙和一般的代理服务进行过滤。

应用级网关有较好的访问控制能力,是目前最安全的防火墙技术,但实现困难,而且有的应用级网关缺乏"透明度"。在实际使用中,用户在受信任的网络上通过防火墙访问 Internet 时,经常会发现存在延迟并且必须进行多次登录(Login)才能访问 Internet。

(3) 电路级网关。电路级网关用来监控受信任的客户或服务器与不受信任的主机间的 TCP 握手信息,从而决定该会话(Session)是否合法。电路级网关是在 OSI 模型的会话层上来过滤数据包的,这样比包过滤防火墙要高两层。

实际上电路级网关并非为一个独立的产品存在,它与其他的应用级网关结合在一起。

另外,电路级网关还提供一个重要的安全功能——代理服务器(Proxy Server)。代理服务器是一个防火墙,在其上运行一个叫作"地址转移"的进程,来将所有公司内部的 IP 地址映射到一个"安全"的 IP 地址,这个地址是由防火墙使用的。但是,作为电路级网关也存在着一些缺陷,因为该网关是在会话层工作的,因此无法检查应用层级的数据包。

(4) 规则检查防火墙。该防火墙结合了包过滤防火墙、电路级网关和应用网关的特点。同包过滤防火墙一样,规则检查防火墙能够根据 IP 地址和端口号过滤进出的数据包。它也像电路级网关一样,能够检查 SYN 和 ACK 标记和序列数字是否逻辑有序。当然它也像应用级网关一样,可以在 OSI 应用层上检查数据包的内容,查看这些内容是否能符合公司网络的安全规则。

规则检查防火墙虽然集成了前三者的特点,但不同于一个应用级网关的是,它并不打破客户/服务器模式来分析应用层的数据,它允许受信任的客户机和不受信任的主机建立直接连接。规则检查防火墙不依靠与应用有关的代理,而是依靠某种算法来识别进出的应用层数据,这些算法通过已知合法数据包的模式来比较进出的数据包,这样从理论上就能比应用级代理在过滤数据包上更有效。

目前在市场上流行的防火墙大多属于规则检查防火墙,因为该防火墙对用户透明,不需要你去修改客户端的程序,也不需要对每个需要在防火墙上运行的服务额外增加一个代理。例如,现在最流行的防火墙中,On Technology 软件公司生产的 On Guard 和 Check Point 软件公司生产的 Fire Wall-1 防火墙都是一种规则检查防火墙。

未来的防火墙将位于网络级防火墙和应用级防火墙之间。也就是说,网络级防火墙将变得更加能够识别通过的信息,而应用级防火墙在目前的功能上则向"透明""低级"方面发展。最终防火墙将成为一个快速注册稽查系统,可保护数据以加密方式通过,使所有组织可以放心地在节点间传送数据。

(5) 分组过滤型防火墙。分组过滤技术(Packet Filtering)工作在网络层和运输层,它根据分组包头源地址、目的地址和端口号、协议类型等标志确定是否允许数据包通过。只有满足过滤逻辑的数据包才被转发到相应的目的地,其余数据包则被从数据流中丢弃。分组过滤或包过滤是一种通用、廉价、有效的安全手段。之所以通用,是因为它不针对各个具体的网络服务采取特殊的处理方式;之所以有效,是因为它能很大程度地满足企业的安全要求。

包过滤在网络层和运输层起作用。它根据分组包的源、宿地址,端口号及协议类型、标志确定是否允许分组包通过。所根据的信息来源于 IP、TCP 或 UCP 包头。

包过滤的优点是不用改动客户和主机上的应用程序,因为它工作在网络层和运输层,与应用层无关。但其弱点也是明显的:由于过滤判别仅限于网络层和运输层的有限信息,因而各种安全要求不可能充分满足;在许多过滤器中,过滤规则的数目是有限制的,且随着规则数目的增加,性能会受到很大的影响;由于缺少上下文关联信息,不能有效地过滤如 UDP、RPC 一类的协议。另外,大多数过滤器中缺少审计和报警机制,且管理方式和用户界面较差;对安全管理人员素质要求高,建立安全规则时,必须对协议本身及其在不同应用程序中的作用有较深入的理解。因此,过滤器通常是和应用网关配合使用,共同组成防火墙系统。

(6) 应用代理型防火墙。应用代理(Application Proxy)也叫应用网关(Application Gateway)。它工作在应用层,其特点是完全"阻隔"了网络通信流,通过对每种应用服务编制专门的代理程序,实现监视和控制应用层通信流的作用。实际中的应用网关通常由专用工作站实现。应用代理型防火墙是内部网与外部网的隔离点,起着监视和隔绝应用层通信流的作用,同时也具有过滤器的功能。它工作在 OSI 模型的最高层,掌握着应用系统中可用作安全决策的全部信息。

(7) 复合型防火墙。由于更高安全性的要求,常把基于包过滤的方法与基于应用代理的方法结合起来,形成复合型防火墙产品。这种结合通常采用以下两种方案。

① 屏蔽主机防火墙体系结构:在该结构中,分组过滤路由器与 Internet 相连,同时一个堡垒机安装在内部网络,通过在分组过滤路由器上过滤规则的设置,使堡垒机成为 Internet 上其他节点所能到达的唯一节点,从而确保了内部网络不受未授权外部用户的攻击。

② 屏蔽子网防火墙体系结构:堡垒机放在一个子网内,形成非军事化区,两个分级过滤路由器放在这一子网的两端,使这一子网与 Internet 及内部网络分离。在屏蔽子网防火墙体系结构中,堡垒主机和分组过滤路由器共同构成了整个防火墙的安全基础。

3. 非法攻击防火墙的基本手段

(1) IP 欺骗。通常情况下,有效的攻击都是从相关的子网进入的。因为这些网址得到了防火墙的信赖,虽说成功与否尚取决于机遇等其他因素,但对攻击者而言很值得一试。下面我们以数据包过滤防火墙为例,简要描述可能的攻击过程。

这种类型的防火墙以 IP 地址作为鉴别数据包是否允许其通过的条件,而这恰恰是实施攻击的突破口。许多防火墙软件无法识别数据包到底来自哪个网络接口,因此攻击者无须表明进攻数据包的真正来源,只需伪装 IP 地址,取得目标的信任,使其认为来自网络内部即可。IP 地址欺骗攻击正是基于这类防火墙对 IP 地址缺乏识别和验证而展开的。

通常主机 A 与主机 B 的 TCP 连接(中间有或无防火墙)是通过主机 A 向主机 B 提出请求建立起来的,而其间 A 和 B 的确认仅仅根据由主机 A 产生并经主机 B 验证的初始序列号 ISN。具体分为以下 3 个步骤。

① 主机 A 产生它的 ISN,传送给主机 B,请求建立连接。

② B 接收到来自 A 的带有 SYN 标志的 ISN 后,将自己本身的 ISN 连同应答信息、ACK 一同返回给 A。

③ A 再将 B 传送来的 ISN 及应答信息 ACK 返回给 B。

至此,正常情况下,主机 A 与 B 的 TCP 连接就建立起来了。

IP 地址欺骗攻击的第一步是切断可信赖主机。这样可以使用 TCP 淹没攻击,使得信赖主机处于“自顾不暇”的忙碌状态,相当于被切断。这时目标主机会认为信赖主机出现了故障,只能发出无法建立连接的 RST 包而无暇顾及其他。

攻击者最关心的是猜测目标主机的 ISN。为此可以利用 SMTP 的端口(25),通常它是开放的,邮件能够通过这个端口,与目标主机打开(Open)一个 TCP 连接,因而得到它的 ISN 的产生和变化规律,这样就可以使用被切断的可信赖主机的 IP 地址向目标主机发送请求(包括 SYN);而信赖主机目前仍忙于处理 Flood 淹没攻击产生的“合法”请求,因此目标主机不能得到来自信赖主机的响应。

现在攻击者发出回答响应,并连同预测的目标主机的 ISN 一同发给目标主机。

随着不断地纠正预测的 ISN,攻击者最终会与目标主机建立一个 TCP 连接。通过这种方式,攻击者以合法用户的身份登录到目标主机而不需要进一步的确认。如果反复试验使得目标主机能够接收 ROOT 登录,那么就可以完全控制目标主机了。

对于 IP 欺骗的防止,可以采用如下几种方法。

① 抛弃基于地址的信任策略。

② 进行包过滤。

③ 使用加密方法。

④ 用随机化的初始序列号。

归纳起来,防火墙安全防护面临的威胁主要原因有 SOCK 的错误配置、不适当的安全策略、强力攻击、允许匿名的 FTP、允许 TFTP、允许 Rlogin 命令、允许 X-Windows 或 Open Windows、端口映射;可加载的 NFS 协议、允许 Windows 10/NT 文件共享、Open 端口。

(2)攻击与干扰。破坏防火墙的另一种方式是攻击与干扰相结合,也就是在攻击期间使防火墙始终处于繁忙的状态。防火墙过分繁忙有时会导致它忘记履行安全防护的职能,处于失效状态。

(3)内部攻击。需要特别注意的是,防火墙也可能被内部攻击。因为安装了防火墙后,随意访问被严格禁止了,这样内部人员无法在闲暇时间通过 Telnet 浏览邮件或使用 FTP 向外发送信息,个别人会对防火墙不满进而可能攻击它、破坏它,期望回到从前的状态。这里,攻击的目标常常是防火墙或防火墙运行的操作系统,因此不仅涉及网络安全,还涉及主机安全问题。

以上分析表明,防火墙的安全防护性能依赖的因素很多。防火墙并非万能,它最多只能防护经过其本身的非法访问和攻击,而对不经防火墙的访问和攻击则无能为力。从技术来讲,绕过防火墙进入网络并非不可能。

目前,大多数防火墙是基于路由器的数据包分组过滤类型,防护能力差,存在各种网络外部或网络内部攻击防火墙的技术手段。

8.4 计算机病毒及黑客入侵

一般来说,计算机网络系统的安全威胁主要来自病毒和黑客攻击。计算机病毒给人们带来无穷的烦恼。早期的病毒通过软盘相互传染,随着网络时代的到来,病毒通过电子邮件等方式大面积传播严重威胁着网络和计算机的安全。尤其是新型的集黑客技术、特洛伊木马技术和蠕虫技术三者一体的计算机病毒更是防不胜防。而现代黑客从以系统为主的攻击转变为以网络为主的攻击,这些攻击可能造成网络的瘫痪和巨大的经济损失。

8.4.1 计算机病毒的特性和分类

1. 计算机病毒的特点

目前发现的计算机病毒有以下特点。

(1)灵活性:病毒程序都是一些可直接运行或间接运行的程序,小巧灵活,一般只有几千字节,可以隐藏在可执行程序或数据文件中,不易被人发现。

(2)传播性:它是病毒的基本特征。病毒一旦侵入系统,它会搜寻其他符合其传染条件的程序或存储介质,确定目标后再将自身代码插入其中,达到自我繁殖的目的。只要一台计算机感染,如不及时处理,那么病毒会在这台机器上迅速扩散,其中的大量文件(一般是可执行文件)会被感染。而被感染的文件又成了新的传染源,再与其他计算机进行数据交换或通过网络接触继续传播。

(3) 隐蔽性:病毒一般是编写巧妙、短小精悍的程序。通常附在正常程序中或磁盘较隐蔽的地方,也有个别的以隐含文件形式出现。目的是不让用户发现它的存在。系统被感染病毒后,一般情况下用户是感觉不到它的存在的,只有在其发作,出现不正常反应时用户才知道。

(4) 潜伏性:病毒具有依附于其他媒介寄生的能力。一个编制巧妙的病毒程序,可以在几周或几个月内进行传播和再生而不被发觉,它可长期隐藏在系统中,只有在满足其特定条件时才启动其破坏模块。只有这样,它才能进行广泛传播。如 PETER-2 病毒在每年 2 月 27 日会提 3 个问题,用户答错后会将硬盘加密。著名的"黑色星期五"病毒在逢 13 号的星期五发作。

(5) 破坏性:任何病毒只要侵入系统,都会对系统及应用程序产生不同程度的影响。轻者会降低计算机工作效率,占用系统资源,重者可导致系统崩溃。

2. 计算机病毒的类型

据统计,目前全球的计算机病毒超过了 180 000 种,按照基本类型划分,可归纳为 4 种类型:引导型病毒、可执行病毒、宏病毒、混合型病毒。

(1) 引导型病毒:主要是感染软盘、硬盘的引导扇区或主引导扇区,在用户对软盘、硬盘进行读写操作时进行感染活动。我国流行的引导型病毒有 Anti-CMOS、GENP/GENB、Stone、Torch、Monkey 等。

(2) 可执行文件病毒:它主要是感染可执行文件。被感染的可执行文件在执行的同时,病毒被加载并向其他正常的可执行文件传染。像我国流行的 Die_Hard、DIR Ⅱ 等病毒都属此列。

(3) 宏病毒:它是利用宏语言编制的病毒。宏病毒仅向 Word、Excel、PowerPoint、Access 和 Project 等办公自动化程序编制的文档进行传染,而不会传染给可执行文件。由于这些办公处理程序在全球存在着广泛的用户,大家频繁使用这些程序编制文档、电子表格和数据库,并通过优盘、Internet 进行交换。所以,宏病毒的传播十分迅速并非常广泛。国内流行的宏病毒有 TaiWan1、Concept、Simple2、ethan、7 月杀手等。我们所说的蠕虫病毒也属于宏病毒范围。

(4) 混合型病毒:顾名思义,是以上几种病毒的混合。混合型病毒的目的是为了综合利用以上 3 种病毒的传染渠道进行破坏。

8.4.2 网络病毒的识别及防治

1. 网络病毒的识别

一般认为,网络病毒具有病毒的一些共性,如传播性、隐藏性、破坏性等。同时具有自己的一些特征,如不利用文件寄生(有的只存在于内存中),对网络造成拒绝服务以及与黑客技术相结合等。在产生的破坏性上,网络病毒都不是普通病毒所能比拟的,网络的发展使得病毒可以在短时间内蔓延整个网络,造成网络瘫痪。

网络病毒大致可以分为两类:一类是面向企业用户和局域网的,这种病毒利用系统漏洞,主动进行攻击,可能造成整个互联网瘫痪的后果。以"红色代码"、"尼姆达"以及"sql 蠕虫王"为代表。另一类是针对个人用户的,通过网络(主要是以电子邮件、恶意网页的形式)迅速传播的蠕虫病毒,以爱虫病毒、求职信病毒为代表。在这两类病毒中,第一类具有很大的主动攻击性,而且爆发也有一定的突然性,但相对来说,查杀这种病毒并不是很难。第二类病毒的传播方式比较复杂和多样,少数利用了微软的应用程序漏洞,更多的是利用社会工程学(如利用人际关系、虚假信息或单位管理的漏洞等)对用户进行欺骗和诱惑,这样的病毒造成的损失是非常大的,同时也是很难根除的。

网络病毒具有病毒的共同特征。但是,它与一般的病毒有很大的差别。一般的病毒是需要寄生的,它可以通过自己指令的执行,将自己的指令代码写到其他程序的内部,而被感染的文件就被称为"宿主"。例如,Windows 下可执行文件的格式为 PE 格式,当需要感染 PE 文件时,将病毒代码写入宿主程序中或修改程序入口点等。这样,宿主程序执行的时候,就可以先执行病毒程序,病毒程序运行完之后,再把控制权交给宿主原来的程序指令。可见,一般病毒主要是感染文件,当然也还有像 DIR Ⅱ 这种链接型病毒,还有引导区病毒。引导区病毒是感染磁盘的引导区,如果是软盘被感染,这张软盘用在其他计算机上后,同样也会感染其他计算机,所以传播方式也是用软盘等方式。网络病毒在采取利用 PE 格式插入文件的方法的同时,还复制自身并在互联网环境下进行传播,病毒的传染能力主要是针对计算机内的系统文件而言,如蠕虫病毒的传染目标是互联网内的所有计算机、局域网条件下的共享文件夹。E-mail、网络中的恶意网页、大量存在着漏洞的服务器等都成为蠕虫传播的良好途径。

2. 网络病毒的防治措施

相对于单机病毒的防护来说,网络病毒的防范具有更大的难度,网络病毒的防范应与网络管理集成。网络防病毒的最大优势在于网络的管理功能,如果没有把管理功能加上,很难完成网络防毒的任务,只有管理与防范相结合,才能保证系统的良好运行。管理功能就是管理全部的网络设备与操作,从 Hub、交换机、服务器到 PC,包括软盘的存取、局域网上的信息互通与 Internet 的接驳等所有病毒能够感染和传播的途径。

在网络环境下,病毒传播扩散快,仅用单机反病毒产品已经难以清除网络病毒,必须有适用于局域网、广域网的全方位反病毒产品。

在选用反病毒软件时,应选择对病毒具有实时监控能力的软件,这类软件可以在第一时间阻止病毒感染,而不是靠事后去杀毒。要养成定期升级防病毒软件的习惯,并且间隔时间不要太长,因为绝大部分反病毒软件的查毒技术都是基于病毒特征码的,即通过对已知病毒提取其特征码,并以此来查杀同种病毒。对于每天都可能出现的新病毒,反病毒软件会不断更新其特征码数据库。

要养成定期扫描文件系统的习惯;对软盘、光盘等移动存储介质,在使用之前应进行查毒;对于从网上下载的文件和电子邮件附件中的文件,在打开之前也要先杀毒。另外,由于防病毒软件总是滞后于病毒的,因此它通常不能发现一些新的病毒。因此,不能只依靠防病毒软件来保护系统。在使用计算机时,还应当注意以下 6 点。

(1)不使用或下载来源不明的软件。

(2)不轻易浏览一些不正规的网站。

(3)提防电子邮件病毒的传播。一些邮件病毒会利用 Active X 控件技术,当以 HTML 方式打开邮件时,病毒可能就会被激活。

（4）经常关注一些网站、BBS 发布的病毒报告，这样可以在未感染病毒时做到预先防范。

（5）及时更新操作系统，为系统漏洞打上补丁。

（6）对于重要文件、数据做到定期备份。

8.4.3 常见的黑客攻击方法

黑客的攻击手段多种多样，对常见攻击方法的了解，将有助于用户达到有效防黑的目的。这些方法包括以下 7 点。

1. Web 欺骗技术

欺骗是一种主动攻击技术，它能破坏两台计算机间通信链路上的正常数据流，并可能向通信链路上插入数据。一般 Web 欺骗使用两种技术，即 URL 地址重写技术和相关信息掩盖技术。首先，黑客建立一个使人相信的 Web 站点的复制，它具有所有的页面和链接，然后利用 URL 地址重写技术，将自己的 Web 地址加在所有真实 URL 地址的前面。这样，当用户与站点进行数据通信时，就会毫无防备地进入黑客的服务器，用户的所有信息便处于黑客的监视之中了，但由于浏览器一般均有地址栏和状态栏，用户可以在地址栏和状态栏中获得连接中的 Web 站点地址及其相关的传输信息，并由此可以发现问题，所以黑客往往在 URL 地址重写的同时，还会利用相关信息掩盖技术，以达到掩盖欺骗的目的。

2. 放置特洛伊木马程序

特洛伊木马的攻击手段就是将一些"后门"和"特殊通道"隐藏在某个软件里，将使用该软件的计算机系统成为被攻击和控制的对象。特洛伊木马程序可以直接侵入用户的电脑并进行破坏，它常被伪装成工具程序或者游戏等，诱使用户打开带有特洛伊木马程序的邮件附件或从网上直接下载。一旦用户打开了这些邮件的附件或者执行了这些程序之后，它们就会留在用户的计算机中，并在系统中隐藏一个可以在 Windows 启动时悄悄执行的程序。当用户连接到因特网上时，这个程序就会通知黑客，报告用户的 IP 地址以及预先设定的端口。黑客在看到这些信息后，再利用这个潜伏在其中的程序，就可以任意地修改用户计算机的参数设定、复制文件、窥视用户整个硬盘中的内容等，从而达到控制用户计算机的目的。

3. 口令攻击

口令攻击是指先得到目标主机上某个合法用户的账号后，再对合法用户口令进行破译，然后使用合法用户的账号和破译的口令登录到目标主机，对目标主机实施攻击活动。

口令攻击主获得用户账号的方法很多，主要是对口令的破译，常用的方法有以下几种。

（1）暴力破解。暴力破解基本上是一种被动攻击的方式。黑客在知道用户的账号后，利用一些专门的软件强行破解用户口令，这种方法不受网段限制，但需要有足够的耐心和时间，这些工具软件可以自动地从黑客字典中取出一个单词，作为用户的口令输入给远端的主机，申请进入系统。若口令错误，就按序取出下一个单词，进行下一次尝试，直到找到正确的口令或黑客字典的单词试完为止。由于这种破译过程是由计算机程序自动完成的，因而在几小时内就可以把几十万条记录的字典里的所有单词都尝试一遍。

（2）密码控测。大多数情况下，操作系统保存和传送的密码都要经过一个加密处理的过程，完全看不出原始密码的模样，而且理论上要逆向还原密码的概率几乎为零。但黑客可以利用密码探测的工具，反复模拟编码过程，并将编出的密码与加密后的密码相比较，如果两者相同，就表示得到了正确的密码。

（3）网络监听。黑客可以通过网络监听得到用户口令，这类方法有一定的局限性，但危害性极大。由于很多网络协议根本就没有采用任何加密或身份认证技术，如在 Telnet、FTP、HTTP、SMTP 等传输协议中，用户账号和密码信息都是以明文格式传输的，此时若黑客利用数据包截取工具，便可很容易地收集到用户的账号和密码。另外，黑客有时还会利用软件和硬件工具时刻监视系统主机的工作，等待记录用户登录信息，从而取得用户密码。

（4）登录界面攻击法。黑客可以在被攻击的主机上，利用程序伪造一个登录界面，以骗取用户的账号和密码。当用户在这个伪造的界面上输入登录信息后，程序可将用户的输入信息记录传送到黑客的主机，然后关闭界面，给出提示信息"系统故障"或"输入错误"，要求用户重新输入。此时，假的登录程序自动结束，才会出现真正的登录界面。

4. 电子邮件攻击

电子邮件是互联网上运用十分广泛的一种通信方式，但同时它也面临着巨大的安全风险。攻击者可以使用一些邮件炸弹软件向目标邮箱发送大量内容重复、无用的垃圾邮件，从而使目标邮箱被占满而无法使用。当垃圾邮件的发送流量特别大时，还可以造成邮件系统的瘫痪。另外，对于电子邮件的攻击还包括窃取、篡改邮件数据，伪造邮件，利用邮件传播计算机病毒等。

5. 网络监听

网络监听是主机的一种工作模式，在这种模式下，主机可以接收到本网段在同一物理通道上传输的所有信息，而不管这些信息的发送方和接收方是谁。网络监听可以在网上的任何一个位置进行，如局域网中的一台主机、网关、路由设备、交换设备或远程网的调制解调器之间等。因为系统在进行密码校验时，用户输入的密码需要从用户端传送到服务器端，这时，黑客就能在两端之间进行数据监听。此时若两台主机进行通信的信息没有加密，只要使用某些网络监听工具，就可轻而易举地截取包括口令和账号在内的信息资料。虽然网络监听获得的用户账号和口令具有一定的局限性，但黑客往往能够获得其所在网段的所有用户账号及口令。

6. 端口扫描攻击

所谓端口扫描，就是利用 Socket 编程与目标主机的某些端口建立 TCP 连接、进行传输协议的验证等，从而得知目标主机的扫描端口是否处于激活状态、主机提供了哪些服务、提供的服务中是否含有某些缺陷等。在 TCP/IP 中规定，计算机可以有 256×256 个端口，通过这些端口进行数据的传输。黑客一般会发送特洛伊木马程序，当用户不小心运行该程序后，就会打开计算机内的某一端口，黑客就可通过这一端口进入用户的计算机系统。

7. 缓冲区溢出

许多系统都有这样或那样的安全漏洞，其中一些是操作系统或应用软件本身具有的，如缓冲区溢出攻击。缓冲区溢出是一个非常普遍、非常危险的漏洞，在各种操作系统、应用软件中广泛存在。产生缓冲区溢出的根本原因在于，将一个超过缓冲区长度的字串复制到缓冲区。溢出带来了两种后果，一是过长的字符串覆盖了相邻的存储单元，引起程序运行失败，严重的可引起死机、系统重新启动等后果；二是利用这种漏洞可以执行任意指令，甚至可以取得系统特权。针对这些漏洞，黑客可以在长字符串中嵌入一段代码，并将过程的返回地址覆盖为这段代码的地址。当过程返回时，程序就转而开始执行这段黑客自编的代码了。一般说来，这段代码都是执行一个 Shell 程序。这样，当黑客入侵一个带有缓冲区溢出缺陷且具有 Suid-root 属性的程序时,就会获得一个具有 Root 权限的 Shell,在这个 Shell 中黑客可以干任何事。恶意地利用缓冲区溢出漏洞进行的攻击,可以导致运行失败、系统死机、重启等后果,更为严重的是,可以利用它执行非授权指令,甚至可以取得系统特权,进而进行各种非法操作,取得计算机的控制权。

8.4.4 防范黑客的措施

各种黑客的攻击程序虽然功能强大,但并不可怕。只要我们做好相应的防范工作,就可以大大降低被黑客攻击的可能性。具体来说,要做到以下几点。

1. 要提高安全意识

不随意打开来历不明的电子邮件及文件,不随便运行不太了解的人送给的程序,防止运行黑客的服务器程序。尽量避免从 Internet 下载不知名的软件、游戏程序。即使从知名的网站下载的软件也要及时用最新的病毒和木马查杀工具对软件和系统进行扫描。密码设置尽可能使用字母与数字混排,单纯的英文或者数字很容易被暴力破解。常用的若干密码不应设置相同,防止被人查出一个,连带到重要密码,密码最好经常更换。要及时下载并安装系统补丁程序。不随便运行黑客程序。

2. 要使用防火墙

防火墙是抵御黑客入侵非常有效的手段。它通过在网络边界上建立起来的相应网络通信监控系统来隔离内部和外部网络,可阻挡外部网络的入侵和攻击。

3. 使用反黑客软件

尽可能经常性地使用多种最新的、能够查解黑客的杀毒软件或可靠的反黑客软件来检查系统。必要时应在系统中安装具有实时检测、拦截、查解黑客攻击程序的工具。

4. 尽量不暴露自己的 IP 地址

保护自己的 IP 地址是很重要的。事实上,即使用户的计算机上被安装了木马程序,若没有其 IP 地址,攻击者也是没有办法的,而保护 IP 地址的最好方法就是设置代理服务器。代理服务器能起到外部网络申请访问内部网络的中间转接作用,其功能类似于一个数据转发器,它主要控制哪些用户能访问哪些服务类型。

5. 要安装杀毒软件

要将防毒、防黑当成日常例行工作,定时更新防毒组件,及时升级病毒库,将防毒软件保持在常驻状态,以彻底防毒。

6. 做好数据的备份

确保重要数据不被破坏的最好办法就是定期或不定期地备份数据,特别重要的数据应该每天备份。

总之,我们应当认真制定有针对性的策略,明确安全对象,设置强有力的安全保障体系。在系统中层层设防,使每一层都成为一道关卡,从而让攻击者无隙可乘,无计可施。

 实施过程

任务 1　设置 VPN 服务器

某公司员工有在家办公需要,需连接至办公室计算机数据库。公司的计算机是通过路由接入公网的,不具有公网 IP,家中的计算机是通过 ADSL 上网的,也不具公网 IP。正好公司有一台具有公网地址的服务器可供使用,那么通过这个服务器可以搭建一个 VPN 虚拟局域网,于是把公司的计算机和家中的计算机都拨入这个 VPN 服务器,那么两台机器就处于一个虚拟局域网中,家中的计算机就可以通过虚拟局域网访问共享数据库。

在架设 VPN 服务器之前,读者需要了解本例部署的需求和实验环境。根据如图 8-11 所示的环境部署远程访问 VPN 服务器。

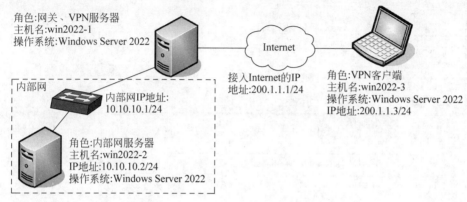

图 8-11　架设 VPN 服务器网络拓扑

部署远程访问 VPN 服务之前,应做如下准备。

(1) 使用提供远程访问 VPN 服务的 Windows Server 2022 操作系统。

(2) VPN 服务器至少要有两个网络连接。IP 地址如图 8-11 所示。

(3) VPN 服务器必须与内部网络相连,因此需要配置与内部网络连接所需要的TCP/IP 参数(私有 IP 地址),该参数可以手动指定,也可以通过内部网络中的 DHCP 服务器自动分配。本例 IP 地址为 10.10.10.1/24。

(4) VPN 服务器必须同时与 Internet 相连,因此需要建立和配置与 Internet 的连接。VPN 服务器与 Internet 的连接通常采用较快的连接方式,如专线连接。本例 IP 地址为200.1.1.1/24。

(5) 合理规划分配给 VPN 客户端的 IP 地址。VPN 客户端在请求建立 VPN 连接时,VPN 服务器需要为其分配内部网络的 IP 地址。配置的 IP 地址也必须是内部网络中不使用的 IP 地址,地址的数量根据同时建立 VPN 连接的客户端数量来确定。在本任务中部署远程访问 VPN 时,使用静态 IP 地址池为远程访问客户端分配 IP 地址,地址范围为 10.10.10.11~10.10.10.20。

(6) 客户端在请求 VPN 连接时,服务器要对其进行身份验证,因此应合理规划需要建立 VPN 连接的用户账户。

子任务 1　安装 VPN 服务

在 Windows 2022 中 VPN 服务又称为"路由和远程访问"。默认状态下已经安装完成,只需对此服务进行必要的配置,使其生效即可。VPN 服务器是双网卡或多网卡的配置,即一块网卡连接内网,另一块连接外网。外网或远程的客户端可以通过建立 VPN 连接,访问内网资源。网络连接窗口(内外网)如图 8-12 所示。

第 1 步:打开网络,修改网卡名称,同时对内外网的静态 IP 地址进行设置,如图 8-13 所示。

图 8-12　网络连接窗口(内外网)

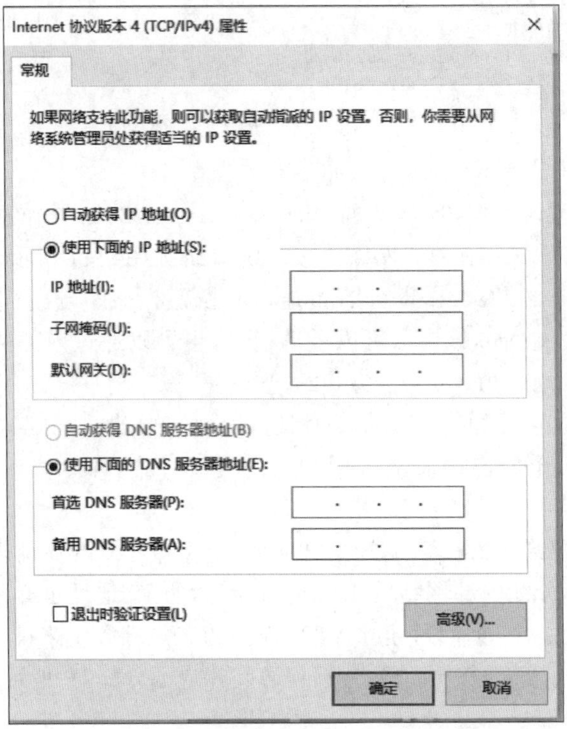

图 8-13　设置 IP 地址

第 2 步：启动"服务器管理器"窗口，选择"仪表板"→"配置此本地服务器"→"添加角色和功能"选项，如图 8-14 所示。

第 3 步：选择安装类型时选择"基于角色或基于功能的安装"选项。选择目标服务器时选择"从服务器池中选择服务器"选项。选择服务器角色时，确保可以看到有两个地址，然后选中"远程访问"复选框，按图 8-15 所示勾选。

第 4 步：选择"角色服务"选项，选中"DirectAccess 和 VPN(RAS)"复选框，如图 8-16 所示。在"添加角色和功能向导"对话框，单击"添加功能"按钮，如图 8-17 所示。

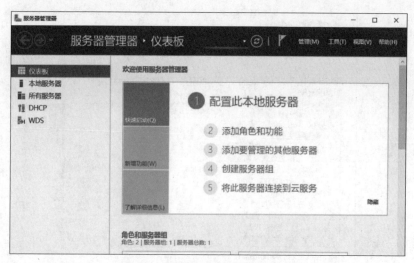

图 8-14　完成"添加角色和功能"配置

目标服务器
WIN-5PODK3T5B7N

选择要安装在所选服务器上的一个或多个角色。

角色

- [ ] Active Directory 轻型目录服务
- [ ] Active Directory 域服务
- [ ] Active Directory 证书服务
- [✓] DHCP 服务器 (已安装)
- [ ] DNS 服务器
- [ ] Hyper-V
- [ ] MultiPoint Services
- [ ] Web 服务器(IIS)
- [ ] Windows Server Essentials 体验
- [ ] Windows Server 更新服务
- [▷] Windows 部署服务 (已安装)
- [ ] 传真服务器
- [ ] 打印和文件服务
- [ ] 批量激活服务
- [ ] 设备运行状况证明
- [ ] 网络策略和访问服务
- [▷] ■ 文件和存储服务 (2 个已安装,共 12 个)
- [✓] 远程访问
- [ ] 远程桌面服务
- [ ] 主机保护者服务

描述

远程访问通过 DirectAccess、VPN 和 Web 应用程序代理提供无缝连接。DirectAccess 提供"始终开启"和"始终管理"体验。RAS 提供包括站点到站点(分支机构或基于云)连接在内的传统 VPN 服务。Web 应用程序代理可以将基于 HTTP 和 HTTPS 的选定应用程序从你的企业网络发布到企业网络以外的客户端设备。路由包括提供 NAT 和其他连接选项在内的传统路由功能。可以在单租户或多租户模式下部署 RAS 和路由。

< 上一步(P)　下一步(N) >　安装(I)　取消

图 8-15　添加"远程访问"服务

添加角色和功能向导

选择角色服务

开始之前
安装类型
服务器选择
服务器角色
功能
远程访问
角色服务
确认
结果

为远程访问选择要安装的角色服务

角色服务

- [ ] DirectAccess 和 VPN (RAS)
- [ ] Web 应用程序代理
- [ ] 路由

图 8-16　选中"DirectAccess 和 VPN(RAS)"复选框

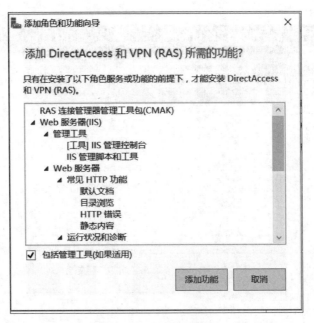

图 8-17　"添加功能"按钮

第 5 步：在向导的提示下完成 Web 服务器角色(IIS)和角色服务等配置。如果需要，自动重新启动目标服务器，确认所选安装内容后，静候安装。安装完成后显示结果如图 8-18 所示。

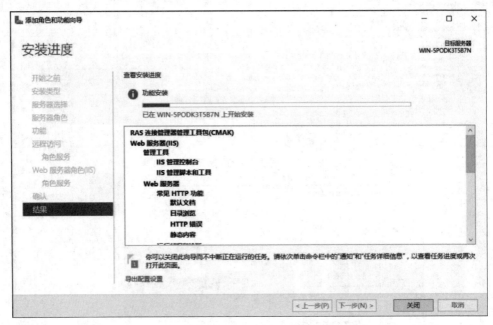

图 8-18　安装进度显示

子任务 2　配置 VPN 服务

第 1 步：在"服务器管理器"窗口的仪表板上，单击红旗感叹号按钮或选择"工具"→"路由和远程访问"选项，如图 8-19 所示。

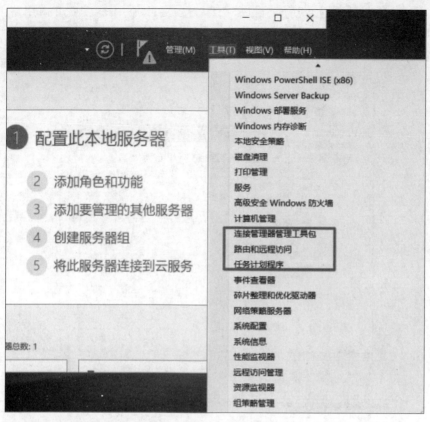

图 8-19 选择"路由和远程访问"

第 2 步：在"配置远程访问"对话框中，选择"仅部署 VPN"选项，如图 8-20 所示。

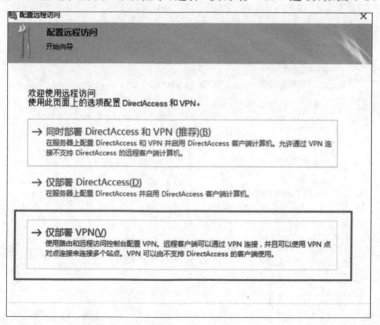

图 8-20 选择"仅部署 VPN"

网络安全技术

第3步：打开"路由和远程访问"窗口，选择"VPN(本地)"→"配置并启用路由和远程访问"选项，如图8-21所示。在"路由和远程访问服务器安装向导"对话框中，选中"自定义配置"单选按钮，如图8-22所示。

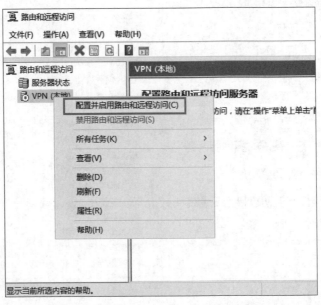

图8-21 选择"配置并启用路由和远程访问"

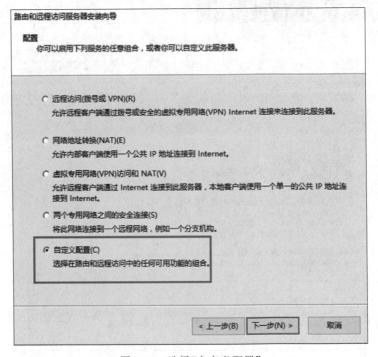

图8-22 选择"自定义配置"

第4步：选中"VPN访问"复选框，单击"下一步"按钮，如图8-23所示。然后，在"路由和远程访问服务安装向导"对话框，单击"完成"按钮，如图8-24所示。

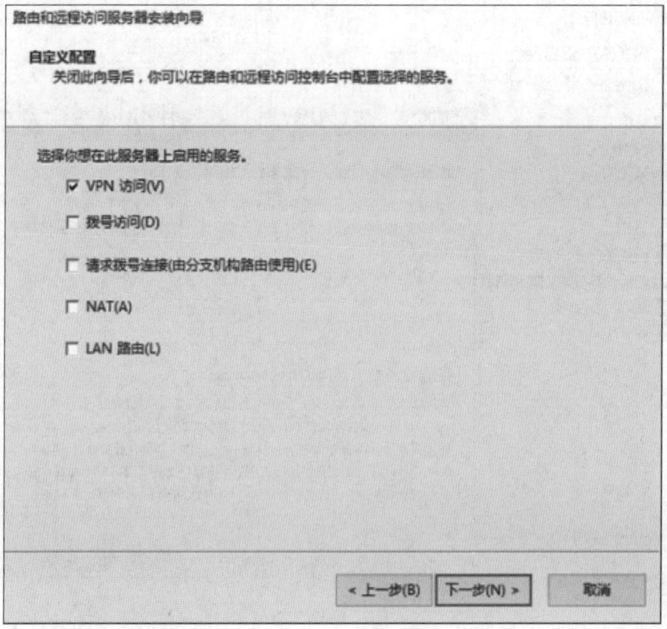

图 8-23　选中"VPN 访问"

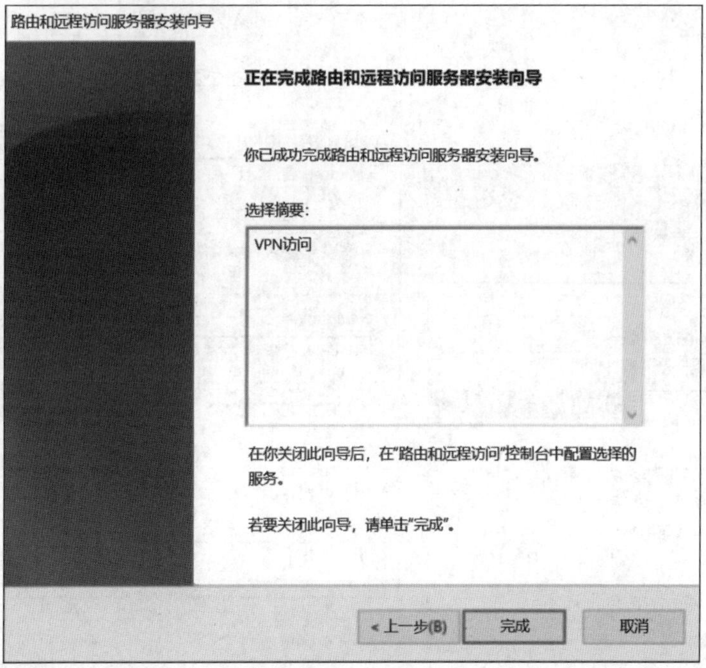

图 8-24　单击"完成"按钮

第 5 步：单击"启动服务"按钮，进入"路由和远程访问"对话框进行设置，如图 8-25 所示。

第 6 步：右击"VPN（本地）"选项，在下拉菜单中选择"属性"选项，如图 8-26 所示。

第 7 步：从弹出的页面中，选中"允许 L2TP/IKEv2 连接使用自定义 IPSec 策略"复选框，并输入共享密钥，自己记录好此共享密钥，以后要提供给其他要连此 VPN 的人，如图 8-27 所示。注意，若要为 L2TP/IKEv2 连接启用 IPSec 策略，则必须重新启动路由和远程访问。

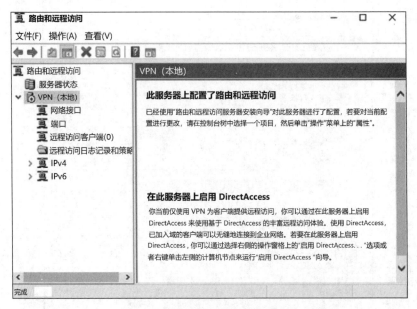

图 8-25 "路由和远程访问"对话框

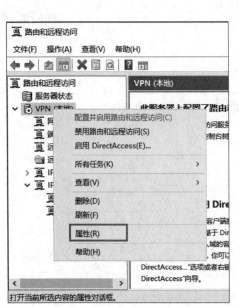

图 8-26 选择"属性"

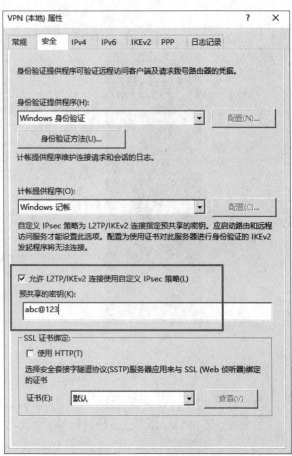

图 8-27 VPN(本地)属性

子任务 3　添加访问用户组

第 1 步：添加一个用户组，这个用户组是之前在域控中添加的。如果没有域控，也可以使用 Windows 组，也就是这台 VPN 本机的用户，如图 8-28 和图 8-29 所示。

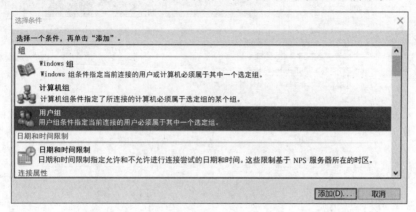

图 8-28　添加用户组

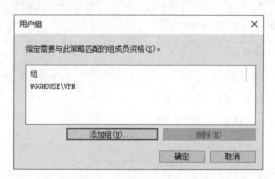

图 8-29　"用户组"页面

第 2 步：单击"添加"按钮，完成后如图 8-30 所示。完成后重启服务，如图 8-31 所示。

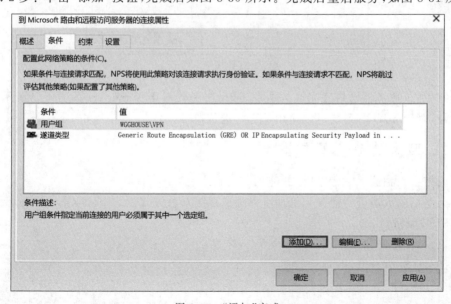

图 8-30　"添加"完成

网络安全技术

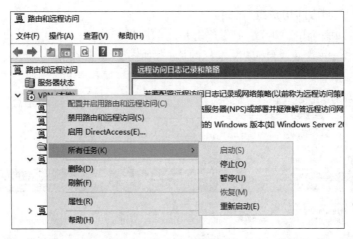

图 8-31　重启服务

子任务 4　客户端设置

选择"LT2P 属性"→"安全"选项,在"高级设置"对话框中,选中"使用预共享的密钥作身份验证"单选按钮,输入前面设置的密钥,以确保正常登录,如图 8-32 所示。

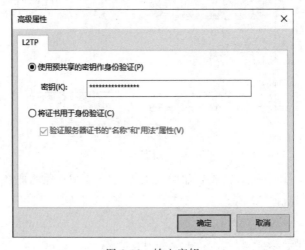

图 8-32　输入密钥

至此 VPN 服务器已搭建完成。注意,这台服务器对于 Windows 系统可以使用 PPTP进行拨号,对于 macOS 系统可以使用 LT2P 进行拨号。

任务 2　防火墙的设置与管理

下面结合天融信 NGFW4000 的应用与配置进行介绍。

对天融信防火墙进行配置与管理可以通过以下 3 种方式。

* 串口管理。
* Telnet 远程管理。
* SSH(Secure Shell)远程管理。

1. 串口管理

用一根 CONSOLE 线缆连接防火墙的 CONSOLE 接口与 PC(或笔记本电脑)的串口。

在 Windows 操作系统中,选择"开始"→"程序"→"附件"→"通讯"→"超级终端"。打开"超级终端"页面,系统提示输入新建连接的名称,用户可以输入任何名称(如 NGFW4000),如图 8-33 所示。

输入名称确定后,提示选择 PC 连接的接口。一般选择 COM1,如图 8-34 所示。

图 8-33　新建连接的对话框　　　　图 8-34　使用计算机的 COM1 接口与防火墙连接

然后,将 COM1 接口设置为每秒位数 9600、8 个数据位、1 个停止位、无奇偶校验和硬件流量控制。成功连接到防火墙后,超级终端会出现输入用户和密码的提示,输入后即可登录防火墙了,如图 8-35 所示。

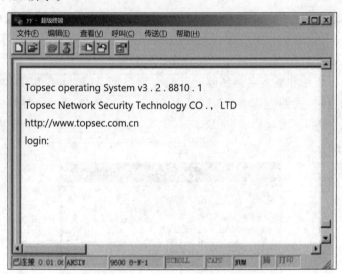

图 8-35　输入用户和密码提示框

2. Telnet 远程管理

Telnet 远程管理的前提条件是要用一根双绞线(交叉线)连接管理 PC 的网卡接口和防火墙的物理接口,或者将管理 PC 连接到防火墙的物理接口所在的网络。

(1) Windows 命令提示符下登录。

在 Windows 10 中,在桌面上选择"开始"→"运行",在"运行"窗口中输入 cmd,如图 8-36 所示。

确定后,DOS 命令窗口打开,输入 telnet(不分大小写)以及防火墙接口的 IP 地址,如图 8-37 所示。

图 8-36　运行 cmd 进入命令提示符对话框

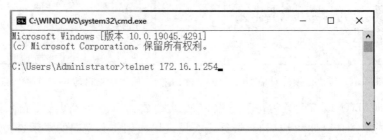

图 8-37　打开命令提示符对话框进行 Telnet 远程连接防火墙

连接到防火墙后,窗口提示输入密码(默认密码为 talent),输入密码后就能成功登录到防火墙了。

（2）使用 HyperTerminal(超级终端)登录。

如何打开超级终端和输入名称在前面已经介绍过了,这里就不再介绍了。唯一不同的是在选择连接接口时,我们应该选择"TCP/IP(Winsock)",并且输入连接防火墙的物理接口的 IP 地址,这里的 IP 地址假设为 172.16.1.254,端口号为 23(telnet 默认端口号),如图 8-38 所示。

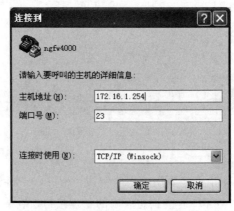

图 8-38　使用基于 TCP/IP 的 23 端口与防火墙连接

出现登录窗口。然后,输入密码(默认密码为 talent)就可以成功登录防火墙了。

3. SSH 远程管理

SSH 的优点:在 SSH 连接中,所有的数据都是经过加密后再进行传输的,这样就保证了防火墙的关键信息(如密码等)在传输过程中不会被窃听而导致泄漏。

SSH 客户端软件可以在网上搜索下载。UNIX 系统使用 OpenSSH；Windows 操作系统(32 位)则使用 PUTTY 来登录防火墙。

运行 PUTTY 程序,设置 Session 的各项参数。具体参数如图 8-39 所示。

图 8-39　Putty 程序的主界面,提供设置各种参数

NGFW4000 在出厂时就有了一些简单的配置,目的是为了方便用户。这些配置如下。

- 初始用户名：superman。
- 初始密码：talent。
- 内网(intranet)：Eth2 接口,IP 地址 192.168.1.250,该区域可 ping 到防火墙。
- 外网(internet)：Eth1 接口,该接口的默认访问权限为可读、可写、可执行,该区域可 ping 到防火墙。
- SSN：Eth0 接口,该区域可 ping 到防火墙。

防火墙登录控制客户列表如表 8-1 所示。

表 8-1　防火墙初始的登录控制客户列表

名　　称	类　　型	防火区域	地　　址
Gui	GUI	内网	0.0.0.0～255.255.255.255
telnet	TELNET	内网	0.0.0.0～255.255.255.255
Upgrade	UPGRADE(防火墙升级)	内网	0.0.0.0～255.255.255.255

防火墙的一些基本命令(严格区分大小写)如下。

- EXIT 和 QUIT：退出命令行。
- HELP/?：获取帮助。
- RELOAD：重载上次保存的配置。
- REBOOT：重启防火墙。
- SHOW：查看基本信息,一些相关命令如表 8-2 所示。

第 8 章

网络安全技术

表 8-2　防火墙的一些基本命令

命　令	作　用
SHOW STAT	显示防火墙的基本状态信息
SHOW VERSION	显示防火墙的版本信息
SHOW CONFIG	显示防火墙的详细配置信息(每次显示一页)
SHOW CONFIGALL	一次全部显示所有基本配置功能
SHOW MAC	显示防火墙各个接口的 MAC 地址

- SYSTEM：防火墙名称，如在命令行中输入"SYSTEM-n name"就是设置防火墙的名称。
- TIME：设置和查看防火墙的时间。
- WRITE：保存设置。
- PASSWD：修改当前登录管理员的密码。
- AREA：防火区的基本属性设置，防火区的基本属性包括防火区的名称、日志格式、访问权限、基本访问控制和接口的 VLAN。

小　　结

计算机网络的重要功能是资源共享和通信。由于用户共处在同一个大环境中，因此信息的安全和保密问题非常重要，计算机网络上的用户对此也特别关注。

安全服务是由网络安全系统提供的用于保护网络安全的服务。保护系统安全所采用的手段称为安全机制，安全机制用来实现安全服务。

计算机网络系统的安全威胁主要来自病毒和黑客攻击。为保证网络的安全，必须采取安全防范措施。首先，通过数据加密技术对需要交换的数据加密；然后，根据网络和现状采用最佳的方式来保证网络的安全，如构建虚拟专用网 VPN 和安装网络防火墙等。

思考与练习

1. 计算机网络安全主要包括哪些内容？
2. 试述数据的端到端加密和链路加密的优缺点。
3. 简述 VPN 的 3 种不同类型，并比较它们的优缺点。
4. 防火墙的主要作用是什么？
5. 计算机病毒有哪些类型？网络病毒的防治措施有哪些？
6. 黑客攻击网络的方法有哪几种？

参 考 文 献

[1] 简碧园,黄君羡.Windows Server 系统配置管理项目化教程(Windows Server 2016)(微课视频版)
     [M].北京:人民邮电出版社,2022.

[2] 杨云,吴敏,邱清辉.计算机网络技术与实训[M].5 版.北京:中国铁道出版社,2022.

[3] 解相吾,左慧平.计算机网络技术基础-微课视频版[M].北京:清华大学出版社,2019.

[4] 李志球.计算机网络基础[M].5 版.北京:电子工业出版社,2020.

[5] 谢希仁.计算机网络[M].8 版.北京:电子工业出版社,2021.

[6] 郭雅,李泗兰.计算机网络实验指导书[M].北京:电子工业出版社,2022.

图书资源支持

感谢您一直以来对清华版图书的支持和爱护。为了配合本书的使用,本书提供配套的资源,有需求的读者请扫描下方的"书圈"微信公众号二维码,在图书专区下载,也可以拨打电话或发送电子邮件咨询。

如果您在使用本书的过程中遇到了什么问题,或者有相关图书出版计划,也请您发邮件告诉我们,以便我们更好地为您服务。

我们的联系方式:

清华大学出版社计算机与信息分社网站:https://www.shuimushuhui.com/

地　　址:北京市海淀区双清路学研大厦 A 座 714

邮　　编:100084

电　　话:010-83470236　010-83470237

客服邮箱:2301891038@qq.com

QQ:2301891038(请写明您的单位和姓名)

资源下载:关注公众号"书圈"下载配套资源。

资源下载、样书申请

书圈

图书案例

清华计算机学堂

观看课程直播